"HULIANWANG+" SHIJIAOXIA
KAN ZHAUNLI SHENCHA GUIZE DE SHIYO

"互联网+"视角下

看专利审查规则的适用

主编◎李永红　副主编◎肖光庭

知识产权出版社
全国百佳图书出版单位

图书在版编目（CIP）数据

"互联网+"视角下看专利审查规则的适用/李永红主编.—北京：知识产权出版社，2017.4
ISBN 978-7-5130-4853-8

Ⅰ.①互… Ⅱ.①李… Ⅲ.①专利—审查—研究—中国 Ⅳ.①G306.3

中国版本图书馆CIP数据核字（2017）第073518号

内容提要

对于专利申请而言，"互联网+"所涉领域的广泛性带来了一系列现实问题，诸如如何判断相关专利申请是否属于保护客体？如何评判这类申请的创造性？如何撰写这类专利申请文件等。对此，无论是专利发明人、申请人、代理人，还是负责审查、审判专利案件的从业人员都十分关注。出于社会的现实需求和职业的内在要求，本书选取"互联网+"作为视角研究专利审查相关规则的理解和适用，针对涉及商业规则、数学算法、数据库等不同领域专利申请的特点，梳理典型案例，提炼审查实践中形成的共识，并期望将有关共识传递给相关从业人员，方便公众了解"互联网+"相关专利申请的创新特点和难点，正确理解和适用有关审查规则。本书的出版只是抛砖引玉，惟望能与业内同仁共同探索相关领域的技术特点、法律特点，不断完善相关领域的审查规则并加深对有关问题的理解。

责任编辑：龚 卫 崔 玲　　　　　责任校对：谷 洋
装帧设计：张 冀　　　　　　　　责任出版：刘译文

"互联网+"视角下看专利审查规则的适用

主　编　李永红
副主编　肖光庭

出版发行	知识产权出版社 有限责任公司	网　址	http://www.ipph.cn
社　址	北京市海淀区西外太平庄55号	邮　编	100081
责编电话	010-82000860转8120	责编邮箱	gongwei@cnipr.com
发行电话	010-82000860转8101/8102	发行传真	010-82000893/82005070/82000270
印　刷	三河市国英印务有限公司	经　销	各大网上书店、新华书店及相关专业书店
开　本	787mm×1092mm 1/16	印　张	18.5
版　次	2017年4月第1版	印　次	2017年4月第1次印刷
字　数	300千字	定　价	66.00元
ISBN 978-7-5130-4853-8			

出版权专有　侵权必究

如有印装质量问题，本社负责调换。

编 委 会

主　编：李永红

副主编：肖光庭

编　委（按姓氏笔画为序）：

　　　王京霞　石　清　朱世菡　许菲菲
　　　苏　丹　邹　斌　陈丽娜　林　柯
　　　骆素芳　高海燕　郭姝梅　黄毅斐
　　　董方源　谢志远　慈丽雁

序

本书选取"互联网+"作为视角研究专利审查的相关规则及案例分析，主要出于两点考虑：一是社会的现实需求，二是职业的内在要求。

"互联网+"的特点之一是所"+"领域的广泛性。2015年7月4日国务院印发的《关于积极推进"互联网+"行动的指导意见》明确了11项重点行动，具体包括"互联网+"创业创新、"互联网+"协同制造、"互联网+"现代农业、"互联网+"智慧能源、"互联网+"普惠金融、"互联网+"益民服务、"互联网+"高效物流、"互联网+"电子商务、"互联网+"便捷交通、"互联网+"绿色生态、"互联网+"人工智能。对于专利申请而言，"互联网+"所涉领域的广泛性带来了一系列现实问题，诸如何判断相关专利申请的保护客体？如何判断这类申请的创造性？如何撰写这类专利申请等等。对此，无论是专利发明人、申请人、代理人还是负责审查、审判专利案件的从业人员都十分关注。

"互联网+"的特点之二是与计算机技术密切相关。国家知识产权局电学发明审查部近一半的审查员负责审查计算机相关领域的专利申请。因此，从计算机专业角度理解发明的本质并正确地理解、适用专利审查规则是我们的职责所在。近年来，我们在审查实践中通过部门业务指导组会审了许多具有典型性的疑难案例，包括涉及商业规则、数学算法、数据库等不同领域的案例，其各自特点互不相同。在指导案例审查的过程中，我们加深了对专利审查规则的理解并完善了审查标准的执行尺度，从而形成了以案例为基础的体系性共识。我们认为，梳理相关案例，提炼有关共识，对于指导部门今后的审查实践具有重要的借鉴意义。同时，通过本书的出版，也可以将有关共识传递给相关从业人员，以方便公众更好地理解，从而帮助我们进一步完善工作。

本书的特点有二：

第一，规则理解与技术发展的同步性。专利制度发源于机械工业时代，由此演变的规则表述在一定程度上带有传统技术领域的特点。因此，在诸如"互联网＋"等新兴的技术领域，如何把握专利保护的本质正确理解相关专利审查规则，在本书中既是难点也是重点。特别是，本书的一些观点已经被纳入到2017年4月1日起实施的《专利审查指南》中。

第二，规则理解与案例分析相依托。规则往往是抽象的，因而从业人员更希望通过案例理解规则。本书系统地提供了许多案例并结合规则进行了详细分析。

为此，全书共分三个部分。

第一部分是"互联网＋"相关专利申请概述，其中包括相关技术发展状况、趋势以及相关专利申请的特点及分布情况。

第二部分是互联网相关专利申请难点问题。这是全书中理论论述的核心部分。其中既包括国内审查规则的分析、阐述，也包括与其他国家相关规则的比较研究。

第三部分是对互联网相关专利申请难点聚集的几个领域进行了案例分析，其中涉及算法、商业方法、数据库及疾病治疗与诊断相关案例。对于希望通过审查实务掌握审查基本规则的同行提供了比较丰富的素材。

本书的出版，只是抛砖引玉。惟望能与业内同仁共同探索相关领域的技术特点、法律特点，不断完善相关领域的规则并加深对有关问题的理解。

李永红

前　言

全书共分三个部分。

第一部分包括两章。第一章是"互联网"技术综述，主要介绍相关行业发展现状、专利申请概况及知识产权保护现状。第二章主要介绍"互联网+"相关专利申请的特点及审查实践中涉及的法律问题。以期让读者了解"互联网+"相关领域的专利申请、保护、运营现状及审查规则适用的难点。

第二部分包括两章。第三章通过对比传统领域与"互联网+"领域专利申请的方法权利要求与产品权利要求的异同，对不同撰写类型的权利要求的保护对象、保护范围进行了分析。第四章结合"互联网+"领域专利申请的特点，介绍了包含非技术性内容的解决方案如何进行客体判断和创造性评判。以期让读者了解"互联网+"领域的专利申请适合的撰写方式以及审查规则的适用。

第三部分包括四章。借助典型案例评析，逐一介绍涉及算法、商业方法、数据库和疾病治疗与诊断四个领域在客体判断和创造性评判过程中的具体审查方式。以期从审查视角让行业内人士了解上述领域专利申请在文件撰写、意见答复、文本修改等方面的要点，促进专利申请质量和审查质量同步提升。

各章节作者如下：

第一部分第一章由邹斌撰写；第一部分第二章由苏丹撰写；第二部分第三章由郭姝梅、林柯撰写；第二部分第四章由石清、王京霞、陈丽娜撰写；第三部分第五章由朱世菡、黄毅斐、董方源撰写；第三部分第六章由王京霞、骆素芳、谢志远撰写；第三部分第七章由高海燕、慈丽雁、许菲菲撰写；第三部分第八章由谢志远、王京霞撰写。

本书统稿人员为：王京霞、邹斌、谢志远、董方源、许菲菲。

本书在编写过程中，对所引用的案例进行了反复的研讨，对审查结论进行了仔细的推敲。期间，组织部门领军人才、高培人才及骨干人才作为主要力量对相关问题展开了深入研究。在此，对于参与研究工作的所有人员表示衷心的感谢！

目 录

第一部分
"互联网+"相关专利申请概述 / 1

概　述 / 2
第一章　"互联网"技术综述 / 4
　　第一节　相关概念及发展现状 / 4
　　第二节　专利申请概况 / 13
　　第三节　对知识产权保护的现实需求 / 19
第二章　"互联网+"相关专利申请概述 / 30
　　第一节　"互联网+"相关专利申请的特点 / 31
　　第二节　"互联网+"相关专利申请审查中的法律问题 / 50

第二部分
互联网相关专利申请难点问题 / 55

第三章　权利要求类型分析 / 57
　　第一节　方法权利要求 / 58
　　第二节　产品权利要求 / 64
第四章　包含非技术特征的权利要求 / 87
　　第一节　专利保护客体判断 / 88
　　第二节　创造性判断 / 105

第三部分
分类案例分析 / 133

第五章　涉及算法的专利申请 / 135

第一节 专利保护客体判断 / 136
第二节 创造性判断 / 151

第六章 涉及商业方法的专利申请 / 171
第一节 专利保护客体判断 / 172
第二节 创造性判断 / 187

第七章 涉及数据库的专利申请 / 216
第一节 专利保护客体判断 / 218
第二节 创造性判断 / 231

第八章 以程序改进为特征的疾病诊断方法和设备 / 252
第一节 "互联网+"医疗的相关政策 / 253
第二节 诊断方法和诊断设备 / 257
第三节 图像处理与疾病诊断 / 263
第四节 涉及疾病诊断方案的创造性评判 / 274

第一部分

"互联网+"相关专利申请概述

概　述

在 2015 年 3 月 5 日召开的第十二届全国人大三次会议上，李克强总理在政府工作报告中首次提出"互联网＋"行动计划，报告提出"制订'互联网＋'行动计划，推动移动互联网、云计算、大数据、物联网等与现代制造业结合，促进电子商务、工业互联网和互联网金融（ITFIN）健康发展，引导互联网企业拓展国际市场"。

2015 年 7 月 4 日，国务院印发《关于积极推进"互联网＋"行动的指导意见》（以下简称《指导意见》）。《指导意见》指出，积极发挥我国互联网已经形成的比较优势，把握机遇，增强信心，加快推进"互联网＋"发展，有利于重塑创新体系、激发创新活力、培育新兴业态和创新公共服务模式，对打造大众创业、万众创新和增加公共产品、公共服务"双引擎"，主动适应和引领经济发展新常态，形成经济发展新动能，实现中国经济提质增效升级具有重要意义。

《指导意见》还明确了 11 项重点行动，具体包括"互联网＋"创业创新、"互联网＋"协同制造、"互联网＋"现代农业、"互联网＋"智慧能源、"互联网＋"普惠金融、"互联网＋"益民服务、"互联网＋"高效物流、"互联网＋"电子商务、"互联网＋"便捷交通、"互联网＋"

绿色生态、"互联网＋"人工智能。

此外，《国务院关于新形势下加快知识产权强国建设的若干意见》在"指导思想"部分提出"促进新技术、新产业、新业态蓬勃发展"，同时在"加强新业态新领域创新成果的知识产权保护"部分，对互联网、电子商务、大数据等领域知识产权保护进行部署，明确了新业态、新领域创新成果知识产权保护的政策方向。

"互联网＋"这一概念从 2012 年被提出到上升至国家战略，围绕"移动互联、云计算、大数据、电子商务、金融、医疗"等方面激发出大量的专利申请。"互联网＋"切实成为大众创业、万众创新的"新引擎"。李克强总理在 2015 年 6 月 24 日国务院常务会议上曾讲道，"中国有近 7 亿网民，互联网市场巨大。集众智可以成大事，要充分发挥"中国智慧"的叠加效应，通过互联网把亿万大众的智慧激发出来"。

那么，总理提到的亿万大众通过互联网激发出的中国智慧是否可以通过申请专利的方式获得保护和运营？当前"互联网＋"概念下的专利申请现状又如何？本章将以涉及"互联网＋"的相关发明专利申请为依据，着重介绍政府报告中提及的相关领域的技术发展现状和专利申请概况。

第一章

"互联网"技术综述

第一节 相关概念及发展现状

一、相关概念

本书将围绕政府报告中提及的"互联网+"重点行动和《国务院关于新形势下加快知识产权强国建设的若干意见》中提及的新业态新领域,以大数据、数据库、算法、电子商务、远程医疗为主要研究内容,介绍上述领域的技术发展现状、知识产权保护现状,并根据上述领域专利申请的特点,结合具体案例分析对各领域专利申请的审查规则适用。

让我们首先对大数据、数据库、算法、电子商务、远程医疗的相关概念有个了解。

大数据(Big Data)是指具有庞大数据量的数据集合,其通常被认为是物联网、互联网环境中生成的 PB(1024 TB)、EB(1EB = 1024PB)

甚至或更高数量级的结构化的、半结构化的和非结构化的数据集合。

大数据技术主要包括大数据的采集、存储、处理分析以及运用等相关技术。可见，大数据的概念仅是数据集合的范畴，大数据技术才是研发创新和知识产权保护的重要内容。

提到大数据存储和处理分析技术，不得不提及数据库。关系型数据库和非关系型数据库在大数据技术中均处于基础性地位。大数据的极速增长，使得关系型数据库在并发查询、系统扩展等方面的瓶颈问题愈发突出，从而促进了非关系型数据库技术的发展，并推动了两种数据库技术的结合，数据库的知识产权保护也受到业内的普遍关注。因此，本书将以数据库作为大数据技术的重要组成之一进行介绍。

（一）数据库

数据库的定义较为广泛，在数据库技术发展的初期，数据库是指相关联数据的集合，数据库管理系统（DBMS）是指支持用户创建和管理数据库的应用程序的集合[①]，通常把数据库和DBMS合称为数据库系统。

随着数据库技术的发展，尤其是在现今大数据技术的推动下，数据库的定义也在变化。最新的维基百科中对数据库的定义是：数据库是有组织的数据集合，其集合了计划、表、查询、报告、视图和其他对象。典型地，将数据组织成模型以支持处理所需求的信息。DBMS与数据库进行交互以获取和分析数据。最新的百度百科中对于数据库的定义是：数据库是按照数据结构来组织、存储和管理数据的仓库。

作为一项计算机领域发展较为成熟的产业，数据库已成为一种确定的产品形式在市场上进行销售和使用，如知名的ORACLE数据库、SAP数据库、用友数据库、金蝶数据库等。作为市场意义上的数据库产品，其不只包含数据本身，而且包含如何管理数据、如何操作数据、如何保证数据安全等一系列方案。因而，现有数据库的概念不仅包含了原有意义的数据集合，也包含了数据库管理系统，可以说是一种数据库系统的简称。

---

① RAMEZ ELMASRI SHAMKANT B. NAVATHEA，等. 数据库系统基础：初级篇 [M]. 5版. 北京：人民邮电出版社，2007.

随着数据库技术的发展，对数据库产品予以专利保护的需求越来越强烈。本书第三部分第七章将以数据库为大数据领域的主要研究对象，对以数据库为主题的发明专利申请的客体审查和创造性评判等业界普遍关注的难点问题提出一些思考和建议。

（二）算法

随着大数据时代的到来，各种算法成为大数据处理分析及解决行业实际问题的重要手段。通过适用不同的算法，可以使计算机在进行数据处理时减少运算量、提高计算精度、解决行业实际问题。因此，本书亦将算法作为一项重要研究内容加以阐述。

算法（Algorithm）一词虽然常被提及，但人们对其含义的理解却不尽相同。最为广义的定义是，算法是一系列解决问题的清晰指令，代表着用系统的方法描述解决问题的策略机制。也就是说，能够对一定规范的输入，在有限时间内获得所要求的输出。不同的算法可能用不同的时间、空间或效率来完成同样的任务。一个算法的优劣可以用空间复杂度与时间复杂度来衡量。

提到算法，最为狭义的理解是数学运算方法。而作为计算机学科的一门重要课程，"算法"有时又被等同于计算机程序。

由于专利保护限定于一定的客体，数学运算方法并非专利保护的客体。因此，清楚地确定《专利法》意义中的"算法"，对于正确判定是否属于专利保护客体至关重要。对此，本书对算法的定义采用的是最为狭义的概念，即数学运算方法。

与之相关的另一概念是算法相关发明专利申请。算法相关发明专利申请是将算法应用于某一领域或者与执行算法的工具相结合，为解决某一问题而形成的解决方案。例如，通过遗传算法进行面部识别以解决判断被识别对象性别问题的解决方案、利用有限元算法检测混凝土内部缺陷的超声成像方法等，这些均属于算法相关发明专利申请。

（三）商业方法

作为"互联网+"行动计划的重点行动之一，"互联网+"电子商务是信息网络技术手段与商务活动的深度融合。例如，在互联网（Internet）、企业内部网（Intranet）和增值网（Value Added Network，VAN）上以电子交易方式进行交易活动和相关服务的活动。换言之，电子商务是传统商业活动各环节的电子化、网络化、信息化。对于涉及社会经济活动领域的商业方法而言，电子商务只是其中一部分。

商业方法是指实现各种商业活动和事务活动的方法，是一种对人的社会和经济活动规则和方法的广义解释，例如，包括证券、保险、租赁、拍卖、广告、服务、经营管理、行政管理、事务安排等。

商业方法相关发明专利申请是指以利用计算机及网络技术实施商业方法为主题的发明专利申请。按照应用领域的不同，可以将商业方法相关发明专利申请主要分为五个分支：（1）行政、管理；（2）支付体系结构、方案或协议；（3）商业（例如，购物或电子商务）；（4）金融、保险、税务策略、公司或所得税的处理；（5）专门适用于特定经营部门的系统或方法（例如，公用事业或旅游）。

与商业方法相关的两个领域是计算机领域与商业（包括事务处理）领域。前者通常归于技术领域，后者则通常归于非技术领域。当一项发明同时涉及这两个领域时是否属于专利保护客体？对这类发明判断创造性时又如何看待所谓"技术特征"与"非技术特征"？这些业界关心的问题将在本书第三部分第六章中通过案例展开论述。

（四）"互联网＋"医疗

随着"互联网＋"益民服务行动的提出，"互联网＋"医疗也逐渐被人们接受。互联网挂号、查取检验报告、缴费、在线咨询等服务给患者带来了极大的便利。通过互联网进行远程医疗相关服务虽然不能代替医生与患者直接面对面进行诊治，但是由此形成的远程医疗模式能够平衡地域间的医疗水平差异，对于改善医疗资源配置，节省医疗费用等方面大有裨益。

"互联网＋"医疗，从广义上说包括了所有结合互联网手段的咨询和诊疗活动。具体而言，"互联网＋"医疗主要包括远程医疗和互联网医疗这两种常见形式。

互联网医疗表达的含义与通常理解的其字面含义有所不同，根据国家卫生和计划生育委员会的定义，互联网医疗指的是非医疗机构向患者用户提供健康咨询、病情咨询等的服务活动，其不包括任何基于互联网的诊断和治疗服务。

按照国家卫生和计划生育委员会的定义，远程医疗指的是医疗机构之间运用通讯、计算机及网络技术来为诊疗患者提供技术支持的医疗活动。

从狭义上讲，远程医疗包括远程影像学、远程诊断及会诊、远程护理等医疗活动。从广义上讲，远程医疗是使用远程通信技术、全息影像技术、新电子技术和计算机多媒体技术发挥大型医学中心医疗技术和设备优势对医疗卫生条件较差及特殊的环境提供远距离医学信息和服务。它包括远程诊断、远程会诊及护理、远程教育、远程医疗信息服务等所有医学活动。远程医疗会诊在医学专家和病人之间建立起全新的联系，使病人在原地、原医院即可接受远地专家的会诊并在其指导下进行治疗和护理，可以节约医生和病人大量的时间和金钱。远程医疗在国外发展已有近40年的历史，但在我国起步较晚。

远程医疗通常涉及两大领域，一是计算机领域，包括计算机设备、网络等相关技术手段，二是医疗领域。由于专利法不保护疾病诊断和治疗方法，因此，涉及远程医疗的发明是否属于专利保护客体，也是业界关心的热点问题。本书第三部分第八章将对此将进一步论述，并附有案例讲解。

二、各行业发展现状

互联网技术自20世纪90年代中叶逐步商业化以来，在现代社会生活、商业活动等过程中得到越来越广泛的应用。全球互联网用户在1995年大约有1600万，到2010年其数量增加了约100倍。在发达国家，互联网经济近年来正以每年8%的速度快速增长。截至2015年12月，我国网民规模达到6.88亿，网民规模居全球第一。近年来，随着移动通信与移动互联网、传感器与物联网等互联网新技术、新应用、新发展模式的推陈出新，互联网变得无所不在，同时，中国的互联网服务提供商的数量不断增加，提供的业务也渗透到各个领域，例如，通讯、社交、网上贸易、云端化服务、资源的共享化和服务对象化等多重交互式的应用。

因为互联网的蓬勃发展和日益普及，大量数据的获取、聚焦、存储、传输、处理、分析等变得越来越便捷，可以说，互联网与大数据的发展相辅相成，一方面，互联网的发展为大数据的发展提供更多数据、信息与资源；另一方面，大数据的发展为互联网的发展提供更多支撑、服务与引用。中国移动研究院在一份简报中称，随着全球信息化的进程加快，数据量的增加已经达到了前所未有的速度，2011年创造的信息数据达到180亿GB，而且每年以60%增加，到2020年全球一年产生的数字信息将达到35ZB，相当于350万亿GB，而对这些数据的分析、处理及应用，变得极为重要。国内及国外多家企业及研究机构都将触角延伸到了大数据技术，例如，国外的IBM公司、甲骨文（Oracle）公司、惠普公司、英特尔公司、麻省理工学院等，都具有自己的大数据研究平台，以期帮助企业更深刻和透彻地理解商业行为，进而为用户提供更好的服务。与此同时，我国的各企业也开始对大数据的存储、处理和应用进行战略布局：百度公司的搜索引擎是中国最大的搜索引擎，截至2012年，其日均抓取约10亿网页，处理超过100PB（1PB＝1024TB）的数据，其大数据战略更多地强调大数据存储与处理能力，2011年8月，百度公司宣布将用3年的时间建立全国最大的数据中心；腾讯公司拥有超过7.52亿QQ用户及1亿微信用户，2012年，腾讯提出了"大数据营销"的概念，其旨在从这些海量数据中挖掘、分辨出用户的行为模式和兴趣爱好等，打造专属于每个人的智慧门户；淘宝作为全国大型的电商平台，每天大约有6000万的用户登录淘宝网，约20亿页面浏览量，早在2009年，阿里巴巴公司就针对淘宝自建了大型数据库，并通过对全国淘宝购买数据的挖掘，发布了2011年淘宝中国地图，对其掌握的大量用户交易数据进行形象的展示；盛大网络公司提供的文学和游戏服务吸引了为数众多的用户，2012年8月，盛大网络公司将研究焦点放到了海量数据挖掘与智能推荐技术，深度把握个性化用户需求，将"介绍一个大家喜欢的内容"变为"推荐一个你喜欢的内容"，不仅提升了用户体验，还将发展大数据作为盛大网络公司向视频和移动领域进军的机遇，将其作为未来10年赖以生存的核心竞争力予以高度重视。

互联网、大数据等高新技术的高速发展，也促进了电子商务技术的迅猛发展。从 2005 年以来，我国电子商务交易规模到 2014 年复合增长率达到 30% 以上，仅 2014 年一年就已经突破了 12 万亿元，同时，我国电子商务的市场规模仍然在不断扩大，其发展也呈现出一些新的特点和趋势，其中比较突出的特点，是手机等移动终端购物的爆发性增长。从 2014 年的移动端购物统计数据可知，在我国网络零售市场中，2014 年我国手机等移动终端购物年增长率超过 234.3%，在全国网上零售交易额中占到 32%，比上年同期增长 19%，且这一趋势仍然在明显上升，2015 年天猫"双十一"当天的交易额突破 900 亿元，移动端消费占 68%。针对这一趋势，电子商务企业也对移动领域进行了积极探索：京东与腾讯联手推出微店、手机 QQ 购物等；当当网对"无线三宝"及时推出；国美与苏宁易购等也纷纷挖掘移动购物端，使我国电子商务发展呈现出明显的移动性趋势。不仅如此，团购模式也迅速在电子商务中取得一席之地，根据《中国团购市场统计报告》，2015 年上半年我国团购累计成交额已经达到 769.4 亿元，而 2014 年全年成交额才 747.5 亿元。在移动终端购物与团购火爆发展的同时，从 2014 年开始，我国电子商务还推出了 O2O 模式，该模式将线上虚拟经济与线下实体店面有效地融合起来，目前，我国本地生活体验行业的各个角落均可见 O2O 模式，如餐饮美食、旅游酒店等，给消费者提供了更加便利的体验。

《国务院关于新形势下加快知识产权强国建设的若干意见》指出：研究完善商业模式知识产权保护制度；加强互联网、电子商务、大数据等领域的知识产权保护规则研究，推动完善相关法律法规；完善授权后专利文件修改制度；依法及时公开专利审查过程信息。本节将主要围绕以上几个方面，从大数据、算法、电子商务和远程医疗 4 个方面介绍相关领域的行业现状。

（一）大数据产业上升至国家战略

2015 年国务院连续发布了《关于运用大数据加强对市场主体服务和监管的若干意见》《关于积极推进"互联网＋"行动的指导意见》《关于促进大数据发展行动纲要》等文件，政府连续出台的一系列关于大数据发展的指导意见及政策，标志着我国大数据产业已经上升至国家战略。

IDC 最近发布的报告显示，全球大数据技术及服务市场复合年增长率（CAGR）将达 31.7%，2016 年收入将达 238 亿美元；中国大数据市场规模将从 2011 年的 7760 万美元增加到 2016 年的 6.17 亿美元，未来 5 年的复合增长率将达 51.4%，市场规模将增长近 7 倍。

此外，根据 Enfo Desk 易观智库发布的《中国大数据整体市场趋势预测报告 2014—2017》数据显示，2014 年进入大数据应用市场的快速增长期，增长速度接近 30%，随后几年将保持持续增长。其中线上市场主要包括互联网用户数据市场，以及以互联网金融为主的线上金融市场；线下市场主要包括 IT 企业的大数据应用及大数据平台业务市场，不包括大数据基础设施服务市场规模。

我国大数据产业链条初步形成，行业应用得到迅速推广，呈现出以下特点。[1]

1. 初步形成三角形供给结构

我国大数据市场的供给结构初步形成，呈现三角形结构，即以百度、阿里巴巴、腾讯为代表的互联网企业，以华为、联想、浪潮、曙光、用友等为代表的传统 IT 厂商，以亿赞普、拓尔思、海量数据、九次方等为代表的大数据企业。

2. 产业链结构发展不均衡

我国在大数据产业链高端环节缺少成熟的产品和服务。面向海量数据的存储和计算服务较多，而前端环节数据采集和预处理，后端环节数据挖掘分析和可视化，大数据整体解决方案等产品和服务匮乏。

（二）算法在行业中的应用日益广泛

算法的形成过程就是对生活中的运行规律和问题的解决方案的不断抽象的过程。当我们提及算法时，比较容易想到数字、公式等。然而，事实上，算法的用途远远超过人们的想象，甚至可以说在我们的生活中算法无处不在。且不说那些和我们生活联系不那么紧密的航空航天领域，其需要大量复杂的算法。就是我们生活中天天使用的产品，如计算机、手机等，背后支撑它们除了硬件部件外，其更加重要的就是运行于其上的算法。

---

[1] 《大数据发展白皮书》（2015 年版）由赛迪智库于 2015 年 11 月发布。

2016年3月的人机大战，其中最终Alpha Go以4:1击败了世界围棋冠军李世石。在Alpha Go背后就是目前计算机领域的研究热点——人工智能技术，实际上谷歌通过蒙特卡洛搜索算法和两个深度神经网络合作来完成下棋。

算法除了用于搜索技术外，其在计算机领域的其他方面也运用广泛，如常见的在安全领域中所应用的信息加密算法，近几年兴起的在大数据领域中广泛使用的数据挖掘算法，如聚类算法、支持向量机算法、挖掘关联规则频集算法等等；甚至在结合互联网的商业领域也有着越来越广泛的应用，如Amazon的有名的"啤酒和尿布"规律就是通过大数据挖掘出来的，这两年所使用的"网络约车"也是对于大数据挖掘算法的具体应用。

算法在各个领域中为了解决其领域内的特定问题起到了基础性的作用。虽然算法研究是一种基础理论研究，其具有高度的概括性和抽象性，一般不能被直接应用于工业生产上，但其对科学技术的发展可以产生巨大的推动作用，其推动作用体现在需要将算法理论成果与具体技术领域相结合，在不同的技术领域可以产生不同的技术效果，以鼓励人民不断在工业生产上进行创新。

（三）电子商务促进微创新蓬勃发展

随着互联网的快速发展，中国的网民数量每年都以惊人的速度在增长，电子商务在中国得以迅猛发展，再加上第三方支付平台及安全性的保障，逐渐使得网络购物成为当今社会的一种时尚。根据移动网购统计数据显示，2014年中国网购用户数量就已经超过3.1亿人，中国电子商务市场交易规模达13.4万亿元。其中，B2B电子商务市场交易额达10万亿元。根据当前我国宏观经济的发展趋势，网购人数的迅速扩大，信息产业的快速发展，结合我国电子商务交易额的历史发展规律，预计未来5年我国电子商务的交易额增速在20%左右，到2020年我国电子商务交易额将达到37.7万亿元。

在电子商务交易过程中，智能终端充当着重要的角色。以智能终端为接入界面，互联网内容由门户网站主导网页转向app应用软件，腾讯、阿里巴巴、百度等企业通过深度挖掘移动即时消息、手机支付和地图等能力，在自身核心应用领域搭建超级 APP 平台，国内智能终端应用软件的开发已经取得突出的表现。

（四）远程医疗愈发普及

远程医疗运用计算机、通信、医疗技术与设备，通过数据、文字、语音和图像资料的远距离传送，实现专家与病人、专家与医务人员之间异地"面对面"的会诊。远程医疗会诊在医学专家和病人之间建立起全新的联系，使病人在原地、原医院即可接受远地专家的会诊并在其指导下进行治疗和护理，可以节约医生和病人大量的时间和金钱。因此，远程医疗会诊在我国的农村和城市逐渐得到广泛的应用。

此外，远程医疗在心脏科、脑外科、精神病科、眼科、放射科及其他医学专科领域的治疗中发挥了积极作用。远程医疗具有强大的生命力，也是经济和社会发展的需要。随着信息技术的发展、高新技术（如远程医疗指导手术、电视介入等等）的应用，以及各项法律法规的逐步完善，远程医疗事业必将会获得前所未有的发展契机。

第二节　专利申请概况

一、大数据相关发明专利申请概况

大数据技术主要包括大数据的采集、存储、处理分析以及运用等相关技术。

对于与数据采集相关的专利申请，其大致可以分为 3 类：基于传感器技术的数据采集，基于互联网信息采集技术的数据采集，以及基于大数据的存储模型或索引结构的数据采集。其中所占比重最大的是基于传感器技术的数据采集，在与数据采集相关中国专利申请中，比例约为 68%，而基于互联网信息采集技术的数据采集所占比例约为 26%，基于存储模型或索引结构的数据采集所占比例仅为 6%。基于传感器进行数据采集时，通常要考虑到传感器使用的工作环境、强度与方式等复杂因素，从而该领域的相关专利申请量相对突出。

在大数据处理分析技术相关的中国专利申请中，相比于发明涉及数据采集与数据清洗的专利申请量，涉及数据关联分析或数据挖掘的专利申请量明显要高。在大数据处理分析的相关技术中，数据采集与数据清洗通常是对数据进行预处理的操作，而数据关联分析是从大数据挖掘出有价值信息的处理，其重要性不言而喻。

对于与数据清洗相关的专利申请，其大致可以为两类：基于既定清洗规则的数据清洗与基于分布式计算关联分析的数据清洗。其中，基于既定清洗规则的数据清洗所占比例约为78%，基于关联分析的数据清洗所占比例约为22%。数据清洗通常是作为数据计算关联分析的预处理步骤，大部分情况下都基于既定的清洗规则来进行数据清洗。当对数据清洗效果有更高的要求时，也会基于分布式计算关联分析来进行数据清洗。

由于数据关联分析所针对的源数据种类多样，与数据关联分析或数据挖掘相关的专利申请的类型也相对较多。其中，所占比重最大的是通用数据关联分析、电力电网数据关联分析相关的专利申请，两者比例均为30%；其次针对用户行为数据进行关联分析的申请所占比例为12%；针对电子政务、商务或企业管理等方面的业务管理数据所进行的数据关联分析，其比例约为7%；针对互联网公开信息或媒体数据所进行的数据关联分析，其比例约为9%；针对工业数据或设备数据所进行的数据关联分析，其比例约为4%；针对其他种类数据所进行的数据关联分析，其比例约为8%。

对于比重最大的与通用数据关联分析相关的专利申请，其并不针对特定种类的源数据，通用性较高，从而关注度较高。对于电力行业，由于其数据体量巨大并且有领域特殊性，因而专利申请量也相对较高。对于数据关联分析而言，其本质是依赖于分布式计算技术对大数据进行关联分析或规则挖掘，分布式计算技术也是大数据领域中的核心技术。

从全球视野来看，涉及大数据分析的分布式计算技术的相关专利申请主要集中在美国和中国，欧洲、日本和韩国的相关专利申请数量相对于中、美两国而言非常低，并且该领域中，在中、美两国进行专利申请的通常都是以本国企业为主。对于该领域的中国专利申请而言，创新活跃度较高的国内的申请人包括浪潮公司、百度公司、中国移动公司以及国内高校、研究所，还有美国IT巨头IBM公司。对于该领域的美国专利申请而言，创新活跃度较高的申请人主要是美国本土的传统IT巨头公司，如微软公司和IBM公司等。

对于涉及分布式计算技术的中国专利申请，其大致分为两类：涉及分布式计算模式改进的专利申请，以及涉及分布式计算任务调度改进的专利申请，前者所占比例约为30%，而后者所占比例约为70%。分布式计算模式也是分布式计算技术领域中的核心技术，但其申请量所占比例远低于分布式计算任务调度相关的专利申请。

对于中国专利申请而言，该领域活跃的国内申请人主要包括运营商中国移动、国内几大IT巨头公司以及北京大学。从这些申请人的申请分布来看，中国移动、北京大学、浪潮公司以及百度公司的专利申请中，涉及分布式计算任务调度的申请量要明显高于涉及分布式计算模式改进的申请量；而腾讯、华为与阿里巴巴的专利申请中，两者的数量大致相当。

二、算法相关发明专利申请概况

算法的种类多种多样，应用领域非常广泛，例如，专家系统、认知模拟、规划和问题求解、数据挖掘、网络信息服务、图像识别、故障诊断、自然语言理解、机器人和博弈等领域。随着智能化的提升，涉及人工智能、机器学习的发明专利申请越来越多，这些申请中所涉及的算法更是越来越多。

算法构建与改进是软件开发过程中最为重要和最具创造性的工作，互联网、大数据、电子商务领域中的创新或者体现为算法的创新或改进，或者体现为应用了某种算法。在发明专利申请中，算法也有许多不同的体现形式，例如，有请求保护单纯算法的还有请求保护算法在特定技术领域的应用的等。

由于算法本身的多样性以及其应用领域的广泛性，对于算法的专利申请概况无法穷举，因此本节仅以涉及"有限元"算法的发明专利申请统计数据为例，以期让读者了解算法以及算法相关发明专利申请可以涉及哪些内容。在中国专利申请中,涉及"有限元"算法的发明专利申请共2689件,最早的申请是1993年提交的。这些申请中,已审查案件是1226件,其中,授权899件,占73%;驳回103件,仅占8%。可见,虽然单纯的算法不能获得专利保护,但是大部分的算法相关发明专利申请还是可以获得专利权。

在授权的899件涉及"有限元"算法的相关发明专利中,其IPC分类号从A部到H部均有,可见该算法应用领域之宽。其中,涉及测量(G01)的发明专利有206件,例如,一种检测混凝土内部缺陷的有限元超声成像方法、基于三维有限元神经网络的缺陷识别和量化评价方法等;涉及电数字数据处理(G06F)的发明专利有373件,其中涉及计算机辅助设计类的发明专利申请占比最大,达328件。

以上仅以有限元算法在不同领域的应用为例,简要介绍了算法在应用过程中所形成的解决方案是可以获得专利保护的。本书第三部分第五章将结合该领域典型案例,具体介绍此类申请要想获得专利权的必备条件。

三、涉及商业方法的相关发明专利申请概况

2015年,国务院发布《国务院关于大力发展电子商务加快培育经济新动力的意见》国发[2015]24号,其中提及加强电子商务领域知识产权保护,研究进一步加大网络商业方法领域发明专利保护力度,并提及知识产权局按分工负责相关工作。

另外,《中共中央国务院关于深化体制机制改革 加快实施创新驱动发展战略的若干意见》中提及改进互联网、金融、环保、医疗卫生、文化、教育等领域的监管,支持和鼓励新业态、新商业模式发展。本书第三部分第六章将主要围绕涉及商业方法的发明专利申请,结合该领域典型案例来介绍此类申请如何才能获得专利保护。

随着新商业模式的发展和中央政策的创新鼓励,涉及商业方法的相关专利申请量也呈快速增长的态势,且专利申请总量可观,特别是中国大陆优势明显。最早涉及金融商务领域的专利申请是在1990年由申请人"长沙金融电子技术研究所"提交的,发明名称为"校验变码与记账复

核的银行校验器"。2015 年 4 月的统计数据显示，IPC 分类号为 G06F 17/60 和 G06Q（专用于行政、商业、金融、管理、监督或预测目的的数据处理系统或方法）的中国专利申请有 46 155 件。其中，来自中国大陆的 33 414 件，占 72.39%，数量优势明显。截至 2016 年 10 月，该领域公开的中国专利申请量已达 71 067 件。也就是说，在一年半的时间内，该领域的专利申请量增加了近 50%。可见，万众创新不仅驱动了经济的发展，也引起了商业方法领域专利申请量的激增。

涉及商业方法的专利申请最早兴起于买卖交易和金融服务等最为典型的商业领域，后续不断在行政（例如，办公自动化或预定）、管理（例如，资源或项目管理）、专用于特定经营部门的（例如，保健、公用事业、旅游或法律服务）等非典型的商业领域得到越来越广泛的应用，涉及越来越多的人类行为和社会活动。

四、远程医疗相关发明专利申请概况

虽然远程医疗的概念在近两年才引起社会关注，但实施远程医疗所依赖的诊断仪器和设备以及数字化、多媒体、图像处理、数据采集、网络互联等技术已经有了数十年的发展和积累，应运而生的专利申请在数量上也在逐年增长。

截至 2016 年 7 月，在中国专利申请中，涉及远程医疗相关技术的发明专利申请共 1340 件。其中，国内申请人的申请量为 930 件，占该领域发明专利申请总量的 69.4%，申请量排名第二的国家是美国，申请量为 155 件，占申请总量的 11.6%。

从专利申请的技术侧重来看，在 155 件美国申请中，有 95 件专利申请的 IPC 分类号涉及 A61（医学中用于诊断、测量、护理、急救等的仪器和方法），也就是说，在美国申请的涉及远程医疗的发明专利申请中，涉及近端或远端诊断设备、仪器的申请占近 2/3，例如，对诊断信息和图像有全球入口的超声诊断成像系统，这件申请也是美国最早在我国提交的涉及远程医疗相关领域的专利申请，该专利申请的申请日是 1997 年 9 月 25 日。同时，美国在华申请还包括用于远程医疗应用的多功能医疗设备，用于远程操纵外科手术或诊断工具的活动连接装置等。此外，涉及远程医疗的数据采集、分析、监测、诊断、数据库管理等的发明专利申请有44件，仅占申请量的28%，例如，包括用于从远程患者采集生理数据并且检索所述生理数据的系统、用于远程监控至少一个医疗装置的系统、健康数据聚合和分析方法，还包括使用户能够与远离医疗机构的医疗提供方进行实时或接近实时的远程会议的用户视频会议系统。除此之外，还有部分申请涉及用于远程医疗监测用的可穿戴类设备和医学远程机器人系统，简言之，这种机器人可以由远程控制台控制，机器人在家中移动，从而定位和/或跟随病人，实时向控制台反馈病人的情况。

在930件国内申请中，远程医疗的发明专利申请最早出现在1996年，该申请涉及一种由显微镜摄像头与微机工作站相结合的病理工作站系统的组成方法，采用256级灰度照明生物显微镜配双目双口镜筒分别设黑白和彩色摄像头以及缩比视频接头组成显微摄像系统，摄像头分别连接主体工作站前台及后台服务器，同时配有图像显示器、打印机、电话、传真机、不间断电源等为主体工作站与各分支工作站通过电话线联网组成整个病理工作站系统，用于完成病理的科研、教育、日常分析检测、病理管理和远程会诊。虽然该件申请最终未能获得专利权，但从该申请所反映出的发明构思来看，由于医疗领域在我国存在地域间发展不平衡的差异，因而为了获得准确及时的诊断结果，远程会诊在中国早已引起了关注。

不过，在2000年以前，国内在该领域的专利申请量仅为9件，在2000年至2010年的11年间，该领域的专利申请量也仅为218件，相较于随着互联网发展下数字数据处理及网络通信相关领域的发明专利申请的数量增长情况来看，该领域的技术发展较为缓慢。但从2011年开始至今的几年里，远程医疗相关领域的发明专利申请达到704件，2015年一年的申请量就达200件，比2010年以前10年间累计的专利申请量都高。

从国内申请的技术侧重来看，涉及远程医疗用的仪器和设备的发明专利申请为510件，占国内申请总量的1/2左右。申请的内容包括能够实现远程操控的智能医疗设备，例如，一种智能听诊器，包括信号采集装置、信号接收与处理装置、远程诊疗单元、电子医疗信息单元、显示装置、智能手机连接端；医生通过远程诊疗单元结合体温检测数据进行诊断得出病情结论。此外，国内申请还包括利用互联网、云计算环境下形成的解决方案，例如，一种远程云胎心监护系统，将胎儿及孕妇本身的生理指标实时地传送到医院，医生可通过得到的生理信息，从而达到孕妇在家也能享受到医院的各种医疗资源；一种基于移动互联网的动态心电实时监控方法，一种基于云服务的远程医疗监护系统、基于云平台的远程心电监护与健康管理系统及其实现方法，一种基于物联网的智能医疗检验标本转运箱及其实现方法等。

同时，国内申请中涉及远程医疗的数据采集、分析、监测、诊断、数据库管理、交互等的发明专利申请有412件，除了包括涉及医学图像的处理、病历或健康档案等数据存储和处理、专家系统、远程诊断、医疗数据监测等解决方案外，国内申请中还包括大量涉及独居老人起居监测系统、家庭健康服务或健康干预系统、跌倒监测报警系统、远程医疗呼叫系统、社区医疗监护系统等，这与我国步入老龄化社会的社会因素密不可分。在国内的申请中，也包括一定数量的可穿戴类设备和远程医疗辅助机器人的发明专利申请。随着互联网的发展，相信远程医疗领域的相关发明专利申请在远程诊断、远程护理、远程教育、远程医疗信息服务等方面会有更大的申请空间。

第三节 对知识产权保护的现实需求

一、知识产权保护现状

互联网、电子商务及大数据领域的创新方案多以计算机和网络通信系统为依托，通过软件完成特定功能和处理流程，创新方案主要是基于软件改进来实现的。

从我国软件产业的现状来看，应用软件尤其是智能终端相关的应用软件创新活跃度高，而基础软件的技术创新相对较弱。以操作系统为例，核心专利和基础专利掌握在国外申请人手中，底层技术被他国垄断。另一方面，开源技术在互联网相关领域所占的比重越来越大。Linux操作系统、Hadoop等分布式平台或架构等均属于开源技术。国内企业参与开源项目的积极性不断提升，例如，华为加入Cloud Foundry基金会，阿里巴巴集团加入Linux基金会，通过参与开源软件的发展来推动自身产品和服务的发展。开源技术的共享理念与专利制度的独占性之间存在根本冲突，使得开源软件的专利保护问题更为复杂。

总体而言，国内产业的软件创新更多的是基于基础软件的二次应用开发，形式上体现为定制化的业务处理系统或者数据分析系统，然而，数据库、中间件、分析挖掘工具等底层技术多采用国外商用软件或基于开源技术。因此，我国在互联网、商业方法、数据库、算法领域的创新优势更多地体现在应用层面。

下面，本节将针对软件创新，从版权和专利权两个角度来浅析其利弊。

（一）版权保护现状

1. 现行法律法规

1991年6月4日，国务院第84号令发布了《计算机软件保护条例》。1992年4月6日，《计算机软件著作权登记办法》由当时主管全国计算机软件登记工作的原机械电子工业部颁布并实施。1994年7月11日，国务院办公厅将计算机软件著作权的行政管理工作由原机械电子工业部移交给国家版权局负责。1998年9月22日，中国版权保护中心在北京成立，计算机软件著作权登记的具体承办工作由原中国软件登记中心划归到中国版权保护中心。2001年12月和2012年2月国家版权局分别对软件保护条例和登记办法进行了修订。

现行的保护条例遵从著作权的自动产生原则，2001年修订的《计算机软件保护条例》将计算机软件著作权登记制度修正为自愿性登记，加之《最高人民法院关于深入贯彻执行〈中华人民共和国著作权法〉几个问题的通知》也明确要求："计算机软件著作权案件，凡当事人以计算机软件著作权纠纷提起诉讼的，经审查符合《中华人民共和国民事诉讼法》第108条规定，无论其软件是否经过有关部门登记，人民法院均应予以受理"。此后，无论计算机软件是否登记，其著作权人在权利受侵害时均有权请求行政处理或者提起诉讼,我国的软件著作权登记由"强制"走向"自愿"。然而自愿登记制度却有着天生的缺陷,即登记效力不确定,这导致了计算机软件权属不清,内容不清,成为我国计算机软件产业发展的阻力。

2. 登记数量及类别

随着一系列鼓励促进高新技术企业创新发展、软件企业自主开发的产业政策的出台,我国的软件产业发展正处于快速发展时期,软件著作权的登记量也呈现出阶段性跨越式增长:2006 年至 2014 年,全国软件著作权登记量以平均年 35% 以上的速度保持高速增长。

年份	软件著作权登记量	增幅
2006	21 495	
2007	24 518	14.06%
2008	47 398	93.32%
2009	67 912	43.28%
2010	81 966	20.69%
2011	109 342	33.40%
2012	139 228	27.33%
2013	164 349	18.04%
2014	218 783	33.12%

从登记软件类别来看,2014 年我国登记的软件主要包括基础软件、中间件、应用软件和嵌入式软件 4 大类。其中,应用软件登记 157 220 件,约占全国登记总量的 71.86%,登记数量最多。

从热点领域软件登记情况来看,以 APP、物联网、嵌入式、地理信息等为代表的热点领域软件登记量在 2014 年均呈现出不同程度的快速增长。其中,APP 软件登记 30 742 件,登记量较 2013 年增加 20 120 件。目前,APP 软件已成为我国增速最快的热点软件类别之一。

从登记软件著作权人情况来看,2014 年,我国共有 72 147 个著作权人进行了软件登记,著作权人数量同比增长 30.21%。其中,企业著作权人 51 340 个,约占著作权人总量的 71.16%,登记软件合计 172 570

件，约占我国登记总量的 78.88%。①

3. 侵权判断的基本原则

国际通行的计算机软件著作权侵权判断准则之一是"实质性相似＋接触"原则。"实质性相似＋接触"原则在我国司法实践中得到了发展，即如果被告的软件与原告的软件相同或者是实质性相同，同时原告又有证据证明被告在此前接触过原告的软件或者有接触的可能，那么就必须由被告来证明其所使用的软件资料有合法来源，否则将承担侵权赔偿责任，即"实质性相似＋接触＋排除合理解释"原则。②

4. 局限性

（1）著作权法只保护作品的形式，不保护作品的内容。

著作权法保护的客体是表达，即以某种形式表现出来的智力成果，如文字作品保护的是文字的表达，音乐作品保护的是声音的表达，绘画作品保护的是线条的表达等，而软件作品与传统的文字作品不同，软件间的区别大部分就在于"构思"。而著作权法并不保护思想、观念创意等的抽象领域，即非客观的表达不受著作权法的保护。

（2）著作权法只禁止抄袭，并不禁止两份独立创作作品的相似。

对两人独立开发出来类似的软件怎样区别：怎么界定他人通过逆向工程分析法开发出来的类似软件；对通过修改或改变语言形式制作的抄袭品、仿制品怎样处理，现行著作权法无所适从。善良的软件作品独立开发者的合法权益将极容易受到损害，其症结同样是因为软件构思得不到法律保护。

（3）著作权保护的期限太长，不利于软件产品的优化。

我国《著作权法》规定，法人或者其他组织的作品，其发表权、著作权财产权的保护期限为作者的有生之年加上死后 50 年，而软件产品更新换代快，寿命短，著作权保护的期限太长，不利于软件产品的优化。所以在实践中，著作权保护期限相对于软件作品的实际效用不大。

---

① 《中国计算机软件著作权登记现状》，2012 年、2013 年、2014 年中国软件著作权登记情况分析报告。

② 《计算机软件著作权侵权责任的认定》。

5. 不予保护的内容

（1）数据结构和算法。

数据结构属于软件的功能设计部分，算法在本质上仅属于一个计算机程序背后所表现的思考方法或原理。

（2）运行参数、用户界面、数据库。

根据1997年"曾小坚、曹荣贵诉连樟文、刘九发、深圳市帝慧科技实业有限公司计算机软件侵权纠纷案"，最高人民法院发函指出：（《鉴定报告》）并未对原被告软件的源程序或目标程序代码进行实际比较，而是通过比较程序的运行参数（变量）、界面和数据库结构，就得出了两个软件实质相似的结论。运行参数属于软件编制过程中的构思而非表达；界面是程序运行的结果，非程序本身，且相同的界面可以通过不同的程序得到；数据库结构不属于计算机软件，也构不成数据库作品，且本案原告的数据库结构实际上就是公安派出所的通用表格，不具有独创性。因此，《鉴定报告》所称的两个软件存在实质相似性，并非著作权法意义上的实质相似性。

2001年《著作权法》第14条规定：汇编若干作品、作品的片段或者不构成作品的数据或者其他材料，对其内容的选择或者编排体现独创性的作品，为汇编作品，其著作权由汇编人享有，但行使著作权时，不得侵犯原作品的著作权。

按照《著作权法》的规定，数据库的著作权保护不延及数据库的内容，即"行使著作权时，不得侵犯原作品的著作权"。另外，保护也不延及操作数据库的计算机程序。

根据《著作权法》第14条的规定，享有著作权的汇编作品，对其内容的选择或者编排应体现出独创性。具有独创性的数据库，指对信息进行选择、编排、分类时体现了独创性的数据库，对于这类数据库，由于制作者可以依据自己对作品的理解进行汇编，制作者的大量的体力、脑力劳动和个人判断力在作品的选取上可以充分体现，一般能得到著作权法的保护。但是对于那些制作者虽然在数据库内容的收集上进行了重大投资，但在对信息的选择与编排上未体现独创性的数据库，则由于它不为用户提供思想，而只是追求信息搜集全面，只进行了"额头流汗"

的体力劳动，没有独创性，因此对于这类数据库，不能依据著作权法保护。

（3）程序的结构、顺序和组织。

程序的结构就是一个程序的各个组成部分，如指令、语句、程序段、子程序以及数据等；所谓顺序指的是程序构成要素的安排次序，是对计算机先执行哪些结构，后执行哪些结构所做的顺序设计，也称为程序的处理"流程"；程序的组织则是指程序的结构之间、流程之间以及结构与流程之间相互关系的总体设计。

在实践中，有独创性的SSO（Structure Sequence Organization）经过"三步判断法"的前两步后一般会落入著作权法的保护范围，而没有独创性的SSO则一般被认定为"思想"了。更进一步讲，由于软件是一种实用功能性的作品，为实现一项功能往往表达有限，所以对其保护的范围应该比一般作品更窄一些。也就是说，大部分软件的SSO是不受著作权法保护的。

（4）软件接口代码。

对于软件接口代码不予保护的原因主要有以下观点。

① 操作方法说。

此观点认为软件接口属于操作方法，因此不受著作权法保护。例如在Lotus v. Borland一案终审判决中指出，菜单命令层次结构属于操作方法，因此不受著作权法保护。在2012年Oracle v. Google一案中，Alsup法官认为Java类库和方法的命名以及组织构成了"一个系统的命令结构或者其应用程序编程接口的操作方法"，因此不受著作权法保护。

② 不具独创性说。

此观点认为许多接口达不到独创性的要求，故不受著作权法保护。

③ 思想表达合并说。

此观点认为，如果想与某一程序兼容或进行互操作，则必须遵循相同的接口标准，在这一限制下代码编写方式极为有限，思想和表达难以分割，故为了不致使思想被垄断，著作权法对该表达不予保护。

6. 云计算环境下的新问题

云用户通过网络享受服务，本身并没有实际占有软件或者复制软件，这样的软件使用传播很难被现有的著作权权利内容所涵盖。

有学者主张使用著作权中网络信息传播权来对云计算 SaaS（软件即服务）模式下用户行为进行规制。但是，网络信息传播权中基本？最重要的要求是用户"获得"作品，在 Saas 模式下，用户是在享受软件的服务，也就是说用户把软件当作工具进行运用，并没有获得软件，仅仅是获得软件的使用功能。

有学者主张将 Saas 模式下软件使用行为纳入复制权范围之内。在 Saas 模式下软件虽然分布在云服务商的服务器之上，但是在使用过程中，不可避免地会将软件代码复制保存在内存之上。这种复制是临时的存储，并不是永久的，被称为临时复制。内存中形成的复制，是任何条件软件使用中都存在的技术现象，这种复制是不稳定存在的。而且这种复制不是用户为获得作品主动进行的，用户不可以获得复制件，甚至用户不会注意到这种复制的存在。可见 Saas 模式下的临时复制不属于复制权的范围。

还有学者主张用出租权来规制云计算下软件使用行为。我国《著作权法》没有对出租的作品有形与否进行规定。著作权法中设置出租行为时，借鉴了传统民法的租赁制度，因此规定必须交付出租物，所以要求出租物必须是有形实体物。而且反对方认为，这种模式下作品只是在网上传输，在显示器上显示使用，不应该受到出租权的限制。

（二）专利保护现状

版权因不保护软件构思、观念创意等抽象内容，因此对于软件创新的保护具有其局限性，而符合技术方案要求的软件构思可以通过专利权予以保护。

1. 客体审查与保护

针对互联网领域创新相关的软件相关专利的权利要求主要保护形式主要有：方法权利要求、混合式产品权利要求、功能模块构架权利要求、计算机可读存储介质权利要求和计算机程序产品权利要求、计算机程序权利要求。

计算机可读存储介质和计算机程序产品权利要求相对于方法等其他类型的权利要求而言，具有保护范围大、举证相对容易等优势，因此对于软件创新的专利保护更为有利。

目前，发达国家普遍将流程限定的介质和程序产品权利要求纳入专利保护的法定主题，而在我国当前的审查规则及实践中，上述两种保护形式的权利要求被认为是属于《专利法》第 25 条第 1 款第（二）项规定的智力活动规则和方法，进而否定其专利保护的客体。

在软件相关专利的技术方案判断方面，我国不再依赖于现有技术状况，而是强调将方案作为一个整体。涉及商业方法的相关发明专利申请的客体审查标准与一般的计算机领域的相应标准一致。具备技术三要素的方案，即便其涉及商业方法也属于保护客体，需要进一步审查其是否符合新颖性、创造性等要求。

2. 撰写与保护

相对于发达国家，我国关于软件相关专利的撰写要求还是相对严格。例如，对于发达国家普遍认可的"混合式"和"程序限定产品"的撰写方式在审查实践中执行结果依然存在不一致，个别领域目前还仅允许撰写功能模块构架的产品权利要求。

另外，对于功能模块构架以及其他形式的产品权利要求的理解，无论在行政审批与救济程序中，还是司法程序中还存在需要进一步统一认识的问题，以便有利于专利权人的维权与保护。

3. 创造性审查与保护

目前我国针对涉及互联网、数据库、商业方法、远程医疗领域申请的创造性审查标准与欧洲专利局的审查标准比较接近。对于商业规则方面的差异在创造性评判中的考量，在遵循显而易见性标准和避免割裂的原则下，相对谨慎。

二、相关产业在创造、运用、保护等方面的需求

当前，我国民生产品和服务业处于加速发展期、创新空间很大，政府通过引导、提供基础性条件和服务，调动全民积极性，大力推动微创新，掀起微创新热潮，对创新型国家建设和经济发展方式的转变都具有重要意义。我国当前科学技术水平和科研能力的发展提高很快，在众多科技活动中，企业的科技活动为主体，试验改进型发明创造的比例最大，

技术迅速市场化的需求强烈。作为中小企业众多、小商品市场活跃的我国，改进型小发明在我国的科技活动中占有相当重要的比例。因此，在我国当前的经济和科技环境下，迅速保护改进型小发明对于国家科技的发展有着至关重要的作用。

此外，很多中小企业的开发人员对于如何对软件进行保护感到非常懵懂，很多小团队没有类似孵化器的指导和帮助，根本没有人力、财力和知识进行专利申请。与此相比，大型企业拥有大量的现金储备、完备的知识产权制度、成熟的知识产权部门、高端的知识产权人才，手握近千件专利，且每天都在增长。还有很多软件专利的技术方案是跨平台的，移动互联网这个新市场对于其保护范围没有阻隔效果。只要愿意，即便不凭借产品，大公司都可以用专利"杀死"创业企业。因此，中小企业亟须对"互联网＋"引发的微创新的政策引导和专利保护的合理形式。

（一）数据库领域

虽然世界的主要国家和地区都在著作权的范畴下对数据库产品提供了知识产权保护，欧盟也以特殊权利来对数据库产品给予了知识产权保护，然而在这种保护模式下，对数据库产品所提供的保护仍然具有较突出的局限性。以著作权的形式来保护的数据库，通常保护的是在信息的选择、编排等方面具有独创性的数据库。这一层面上的著作权保护无法延及构建数据库的核心思想及构建方法，也无法对数据内容给予保护，且容易导致侵权行为的发生。即便是《欧盟数据库保护指令》（以下简称《指令》），其对数据库产品的保护也存在局限性。虽然该《指令》将保护延及了数据内容，但是其也无法体现出对构建数据库的核心思想及构建方法的保护；另一方面，根据《指令》在数据库产品的实质性投入、修改及保护期限等方面的规定，容易导致对数据库产品的特殊权利保护的无限期延长，由此使得社会公众的利益受损。

（二）算法领域

在涉及算法的发明专利申请中，申请人一般都会在解决方案中撰写算法应用的技术领域，且尽可能体现出两者密切结合。在特殊情况下，也会考虑尽可能撰写得抽象一些，以扩大保护范围。

对于后台数据算法，由于不了解竞争对手的实际情况，难以获得算法侵权的证据，所以在申请专利方面有所顾虑。

对于开源软件或算法，部分申请人会选择回避，更希望进行自主开发，他们会把最优的算法写成专利，并根据算法的运行结果的接近程度来判断竞争对手是否存在侵权行为。

（三）商业方法领域

涉及商业方法的发明专利申请因大多依赖现有的网络技术架构，改进点可能并不直接体现在技术上，而是体现在商业上的应用，比如一种新的商业模式，这种新的应用往往在投入市场后会取得商业上的成功，而这种成功在专利审查阶段是很难判断和预料的。

注重创新的企业期待放宽对商业方法相关专利申请的审查要求，从其解决方案的整体上考虑技术效果，从专利立法和审查操作方面给予商业方法相关发明专利申请和审查以清晰的指引，鼓励商业方法的技术创新，这有利于国内企业积累专利资产，获得与国外巨头抗衡的资本。

另外，国内银行作为涉及商业方法的发明专利申请的重要申请人之一，由于其自身技术研发能力不足，很多技术领域的业务都外包给第三方技术公司，虽然这样规避了可能出现侵权等知识产权方面的问题，但同时也丧失了获得专利行政许可的权力，在同行竞争中尚未有效形成对于商业方法的专利布局，因此，他们对放宽商业方法相关发明专利申请的审查标准还是持谨慎、保守的态度。

（四）远程医疗领域

《国家卫生计生委关于推进医疗机构远程医疗服务的意见》中指出：远程医疗服务是一方医疗机构（以下简称邀请方）邀请其他医疗机构（以下简称受邀方），运用通讯、计算机及网络技术（以下简称信息化技术），为本医疗机构诊疗患者提供技术支持的医疗活动。并且特别提出非医疗机构不得开展远程医疗服务。利用互联网开展远程医疗会诊服务，属于医疗行为，必须遵守卫生部《关于加强远程医疗会诊管理的通知》等有关规定，只能在具有《医疗机构执业许可证》的医疗机构之间进行。亦即将诊断行为限制在医疗机构之间的远程会诊，而不允许在执业医生和病患之间的远程诊断。

随着《关于积极推进"互联网+"行动的指导意见》和《关于推进分级诊疗制度建设的指导意见》的出台，国务院明确提出了发展基于互联网的医疗卫生服务，充分发挥互联网、大数据等信息技术手段在分级诊疗中的作用。明确了要积极探索互联网延伸医嘱、电子处方等网络医疗健康服务应用。因此，远程医疗领域的专利春天即将来临。

第二章

"互联网+"相关专利申请概述

专利申请文件通常包括权利要求书、说明书、说明书附图、说明书摘要和摘要附图5个部分（说明书附图和摘要附图对于发明专利申请来说不是必须的）。其中，权利要求书和说明书是记载发明或实用新型以及确定其保护范围的法律文件，也是专利申请文件最为重要的组成部分，决定了其实体内容。专利申请文件既是专利获权阶段的审查基础，也是专利确权和维权阶段主张权利的法律依据。

发明专利申请的申请文件需符合《专利法》及其实施细则的相关要求，以符合授予专利权的条件。例如，说明书应当对发明作出清楚、完整的说明，以满足"充分公开"的要求；权利要求请求保护的主题应当属于专利保护的客体；权利要求请求保护的技术方案应当具备新颖性、创造性和实用性；权利要求应当以说明书为依据，以满足"保护范围得到说明书支持"的要求；权利要求应当清楚、简要地限定专利要求保护的范围等。

以上是对专利申请文件的一般性要求，无论是机械、化学、医药等传统领域，还是新兴的"互联网＋"领域，其申请文件都必须符合《专利法》及《专利法实施细则》的各项规定。然而，与传统领域相比，"互联网＋"领域的专利申请由于在产业形态、产品形态、创新形态等方面的特点，使其申请文件在撰写形式上呈现出该领域特有的典型性，同时在法律适用方面也存在一些特殊的规定。本章旨在概括性地介绍"互联网＋"领域发明专利申请的特殊性和典型性。

第一节 "互联网＋"相关专利申请的特点

在互联网产业蓬勃发展的时代背景下，"互联网＋"相关的专利申请也呈现出急剧增长的态势，以 BAT[①] 三家互联网公司在华专利申请为例，仅公开日在 2015 年 1 月 1 日至 2016 年 8 月 31 日期间的发明专利申请数量就极为可观，百度公司（Baidu）的发明专利申请量超过 2600 件，腾讯公司（Tencent）的发明专利申请量超过 5700 件，阿里巴巴集团（Alibaba）的发明专利申请量超过 2100 件。除各大互联网公司之外，"互联网＋"相关专利申请的申请主体覆盖面广，传统 IT 企业、软件厂商、应用互联网技术开发各类行业应用的企业、研究机构、高校和个人均占据了一定的比例。

从"互联网＋"领域的专利申请来看，其创新方案大都以互联网技术为基础。一方面离不开计算机、服务器、通信网络、智能终端等硬件设备；另一方面应用了分布式计算、大数据分析、仿真建模、人工智能、神经网络等数据处理技术，此外，还包括根据特定的行业应用定制开发专用的数据处理流程和处理规则。简言之，以计算机和通信技术（尤其是移动通信技术）为基础、以软件改进为主、结合各种行业应用的创新方案，都可以纳入"互联网＋相关专利申请"的范畴。

"互联网＋"相关专利申请与传统领域的专利申请在呈现形态上存在一定的差异，这种差异主要是由于产业形态和技术形态两方面的特点

[①] B：百度（Baidu）；A：阿里巴巴（Alibaba）；T：腾讯（Tencent）。

共同促成的。

就产业形态而言,"互联网+"意味着利用通信技术(尤其是移动通信技术)和互联网平台,让互联网与传统行业进行深度融合,创造新的发展生态。例如,"互联网+"金融,出现了余额宝、理财通、P2P投融资等在线理财投资产品;"互联网+"餐厅,促成了诸多订餐、团购和外卖网站的出现;"互联网+"交通,促成了滴滴、优步、易到等打车软件、拼车平台以及机票、火车票等在线购票的普及;"互联网+"医疗,诞生了远程医疗、在线预约、在线预诊等求医问药的新形式……互联网技术与传统行业的深度融合,形成了交互渗透式的新业态,这种新的产业形态体现在专利申请中就呈现为技术领域的交叉性。

就技术形态而言,"互联网+"依托的硬件基础设施可概括为"云+网+端","云"是指云计算、云存储等大数据基础设施;"网"不仅包括传统互联网,还包括物联网和移动互联网;"端"则是指手机、PC、可穿戴设备等智能终端。与传统工业时代相比,"互联网+"时代的技术创新更多地体现为以上述硬件设备依托、以程序开发和软件改进为核心的解决方案。从这一领域的专利申请数量上看,针对硬件本身的改进所占比重不大,大量专利申请涉及软件改进或者硬件与软件相结合的整体解决方案。很多情况下,解决方案中具备创新性的技术构思也更多地在于软件控制下的业务处理流程。不同于传统领域中的机械或者电子设备,其改进主要在于装置结构、组成元件、连接关系、装配方式等方面,由于互联网创新的主要改进在于软件或者程序,体现在专利申请中就使得互联网领域的技术方案呈现为"产品软件化"。

一、权利要求的主题类型多样

互联网创新方案大多涉及应用层的软件改进,其核心在于利用计算机程序实现流程控制计算机程序流程各处理步骤之间的先后关系、数据在不同处理阶段的输入/输出流向等具备明显的"方法"特性。因而,以程序改进为核心的技术方案最易于撰写为方法权利要求。

此外,互联网创新方案通常处于开放、互联的网络环境下,大多涵盖了终端到后台的多个参与主体,通过多参与方之间的数据传输和信息交互完成处理流程。因此，互联网相关专利申请同样易于撰写为涉及多参与方的系统的权利要求。

同时，基于整体系统架构进行功能分解，将实现特定功能的系统组成部分撰写为装置权利要求，或者按照不同处理阶段分别撰写对应的装置权利要求也较为常见。

此外，还存在权利要求主题名称为"计算机存储介质""计算机程序""计算机程序产品"以及其他撰写形式。

（一）典型案例

"互联网+"领域的专利申请从权利要求的类型来看，既可以撰写为方法权利要求，也可以撰写为产品权利要求。其中，撰写为方法权利要求、与方法对应的装置权利要求以及相应的系统权利要求的形式居多。

【案例1-2-1】

【申请概述】

现有无线终端设备可采用多种不同的方式向电信网络或另一个终端设备传送消息，例如，文本形式的短消息、多媒体消息、电子邮件消息等。然而，每种不同的消息类型配备了各自对应的编辑器，当用户要传送消息时，首先必须选择数据传送应用以用于传送该消息，然后在用户界面打开消息编辑器，用户再利用键盘等输入消息。这些操作方式非常不便。

本发明提出一种统一消息编辑器，能够自动识别输入信息的类型，自适应地选择与其匹配的协议，从而根据消息的特性自动选择数据传送方式，减少了用户需要事先正确理解和选择具体消息编辑器和数据传送方法的困扰。

【权利要求】

1. 一种用于在存在多种数据传送方法可供选择的电信系统中选择数据传送方法的方法；所述方法包括基于从用户接收的输入来确定待传送消息，其特征在于：

检查涉及正在输入或已经输入的消息的至少一部分特性信息；以及

选择在预定选择条件下与所述特性信息相关联的数据传送方法,以便传送所述消息。

2. 一种被配置为基于从用户接收的输入来确定待传送消息的终端设备,其特征在于:

所述终端设备还被配置为:检查涉及正在输入或已经输入的消息的至少一部分特性信息;以及

所述终端设备被配置为:为了传送所述消息,选择在预定选择条件下与所述特性信息相关联的数据传送方法。

3. 一种可下载到终端设备的存储器并在所述终端设备的处理器中执行的计算机程序产品,其特征在于:所述计算机程序产品包括:

用于控制所述终端设备执行如下操作的程序代码部分:检查涉及正在输入或已经输入的消息的至少一部分特性信息;以及

用于控制所述终端设备执行如下操作的程序代码部分:为了传送所述消息,选择在预定选择条件下与所述特性信息相关联的数据传送方法。

【案例1-2-2】

【申请概述】

电视台在节目的直播期间公布互动活动的短信参与方式,用户可以通过发送短信参与该互动活动。然而,现有技术中,用户通过发送短信参与互动活动,需要手动输入短信内容,提高了参与互动活动的难度,限制了参与互动活动的用户范围;而且编辑短信内容需要花费用户大量的操作,延长了参与互动活动的操作时间,降低了互动活动的参与效率。

本发明提出一种利用音频指纹实现节目互动的方法:根据第一音频指纹检测音频信号是否为对应于直播节目的音频信号;若音频信号是对应于直播节目的音频信号,则向终端反馈对应于直播节目的互动信息,从而解决了通过发送短信参与互动活动造成延长参与互动活动的操作时间,降低互动活动的参与效率及便利性的问题,达到提高互动活动的参与效率及参与活跃度的效果。

【权利要求】

1. 一种节目互动方法，其特征在于，所述方法包括：

根据终端发送的信号获取第一音频指纹，所述第一音频指纹对应于所述终端所处环境的音频信号；

对于音频指纹库中的每一组第二音频指纹，计算所述第一音频指纹与所述第二音频指纹的匹配度，所述音频指纹库包括至少一组所述第二音频指纹，且每一组所述第二音频指纹对应于一个直播节目；

确定与所述第一音频指纹具有最大匹配度的第二音频指纹；

检测所述最大匹配度是否超过预设阈值；

若所述最大匹配度超过所述预设阈值，则将与所述第一音频指纹具有最大匹配度的第二音频指纹确定为所述音频指纹库中与所述第一音频指纹匹配的第二音频指纹；

若所述音频指纹库中存在与所述第一音频指纹匹配的第二音频指纹，则确定所述音频信号为对应于直播节目的音频信号；

若所述音频信号是对应于直播节目的音频信号，则向所述终端反馈对应于所述直播节目的互动信息，以便所述终端根据所述互动信息参与对应于所述直播节目的互动活动。

【案例 1-2-3】

【申请概述】

现有技术中，用户在移动终端上安装各种应用程序，这些应用程序会不断发布更新版本，但是，随着版本的迭代更新，应用程序的安装包体积一般会越来越大，消耗的网络流量以及在移动终端所占用的存储空间也会越来越大。

为了解决这一问题，本发明提供一种终端设备、插件加载运行装置及插件加载运行方法，能利用加载插件来节省用户下载安装包的流量，提升应用程序的下载量和安装量。

【权利要求】

1. 一种终端设备，其特征在于，包括：存储器、触摸式显示屏和处理器；

所述存储器中存储宿主应用程序；

响应于用户在所述触摸式显示屏上打开所述宿主应用程序后的所述宿主应用程序的初始化操作，所述处理器执行加载插件安装包并基于所述插件安装包的设定信息修改所述宿主应用程序的运行环境使得所述宿主应用程序指向所述插件安装包的操作；

响应于所述宿主应用程序的执行，所述处理器执行在修改后的所述运行环境中运行所述指向的插件安装包的操作。

2. 一种插件加载运行装置，其特征在于，包括：

第一处理模块，用于响应于宿主应用程序的初始化，加载插件安装包并基于所述插件安装包的设定信息修改所述宿主应用程序的运行环境使得所述宿主应用程序指向所述插件安装包；

第二处理模块，用于响应于所述宿主应用程序的执行，在所述第一处理模块修改后的所述运行环境中运行所述指向的插件安装包。

3. 一种插件加载运行方法，其特征在于，包括：

响应于宿主应用程序的初始化，加载插件安装包并基于所述插件安装包的设定信息修改所述宿主应用程序的运行环境使得所述宿主应用程序指向所述插件安装包；

响应于所述宿主应用程序的执行，在修改后的所述运行环境中运行所述指向的插件安装包。

【案例1-2-4】

【申请概述】

现有技术中，车辆通信接口实现车辆与主系统（如计算机）的通信，其中，不同的软件应用程序采用不同的协议与车辆的数个电子系统通信，不同的驱动程序采用不同的协议与主系统进行通信，为了使软件应用程序与驱动程序进行通信，在软件应用程序与每个驱动程序之间需要编制单独的应用程序接口，因而生产车辆通信接口的复杂性和成本增加。

本申请提出了使用一个协议分别与软件应用程序和驱动程序通信标

准化接口，在车辆通信接口的软件应用程序和多个驱动程序之间采用该标准化接口，能够使得车辆通信接口的软件应用程序和驱动程序之间的应用程序接口数量最小化，节省成本。

【权利要求】

1. 一种车辆通信接口，包括：

软件应用程序，其被配置为处理从车辆处接收到的数据，其中，处理从所述车辆处接收到的数据包括将从所述车辆处接收到的所述数据转换至第三通信协议；

第一驱动程序，其被配置为使用第一通信协议与第一主系统接口进行通信；

第二驱动程序，其被配置为使用第二通信协议与第二主系统接口进行通信；以及

标准化接口，其被配置为使用所述第三通信协议与所述软件应用程序、所述第一驱动程序以及所述第二驱动程序中的每一个进行通信。

（二）撰写特点小结

案例1-2-1的权利要求1以信号处理流程为时序、以程序执行步骤为限定特征，撰写为方法权利要求；权利要求2以执行该计算机程序的终端设备为主题名称撰写为产品权利要求；权利要求3则以计算机程序产品作为权利要求的主题名称。

案例1-2-2中的节目互动方法涉及用户终端、电视机、后台服务器等多个参与方，其撰写的方法权利要求以该方法中的信号流向为时序、以各参与方之间的交互步骤为限定特征，对节目互动过程进行整体描述，是一种常见的方法权利要求撰写形式。此外，以产品权利要求类型撰写一组对应的系统也较为常见。

案例1-2-3的权利要求1以硬件（存储器、触摸式显示屏、处理器）和软件（应用程序及其实现的功能）相结合的形式撰写为产品权利要求；权利要求2按照程序执行的流程步骤撰写为方法权利要求；权利要求3则对应于权利要求2限定的方法步骤撰写为另一种形式的产品权利要求。

在审查实践中，除了上述3个案例所示的常规撰写方式外，还存在一些不同方式撰写的权利要求，如案例1-2-4的权利要求1所示，其

采用了将计算机程序撰写为产品权利要求组成部分的撰写方式,显然与涉及计算机程序的常规产品权利要求撰写形式有所区别。

二、技术内容与非技术内容交织

技术创新和模式创新并存,是互联网创新的典型特点之一。以电子商务为例,创新点大多源自购物流程、订单处理、支付方式、物流配送等环节,虽然硬件设施和数据处理技术存在一定程度的改进,但其区别于现有方式的改进点可能更在于实施交易的模式和规则。此类专利申请在权利要求的撰写中体现为:其限定内容既包括线上装置也包括线下设备,除了线下的各种仓储、物流、卖场、银行等实体外,其主要技术手段依赖计算机、通信领域普遍认可的服务器、智能终端、POS、传感器等设备,这些内容通常被视为技术特征,与此同时,解决方案也涵盖大量涉及交易、支付、营销、核算等商业或管理领域的规则,从而整体方案呈现出"技术内容"与"非技术内容"相交织的特点。

此外,对于算法领域的发明专利申请,大多是将具体的数学算法应用于特定领域以解决该领域的特定问题。因而,在权利要求记载的方案中会包括算法本身、数学运算公式等,同时根据方案要解决的问题记载算法各运算步骤与解决方案各流程之间的技术关联,写明算法涉及的计算因子在该应用领域的物理技术含义等。因此,对于算法相关发明专利申请而言,其权利要求记载的解决方案中也呈现出"算法本身"与"技术内容"相交织的情形。

(一)典型案例

此类专利申请从权利要求的撰写形式来看,既有方法权利要求,也有装置权利要求,既包括输入/输出设备、存储装置、服务器、数据处理步骤等"技术特征",又包含商业模式、营销方式、管理规则、公式、函数、运算规则等非技术内容。此外,方案因可能涉及多个参与方之间的交互处理,因而方案较为复杂,篇幅也较长。

【案例1-2-5】

【申请概述】

目前的网络购物,物流配送人员从购物网站的线下仓储中提出用户订购的物品,打包后送达客户,送达方式主要通过配送员将货物配送到用户的手中或用户前去自提点提取两种方式来实现。然而,采用前一种方式,则用户需要配合配送员的时间,采用后一种方式,则用户需要花费较多时间和体力去自提(自提点数量较少且配置成本较高),从而造成诸多不便。

本发明提出了一种自助式配送方法:当用户通过电商平台下单后,电商平台的配送系统将订单商品或包裹投递到用户预先选择的寄存柜,并将提货凭证(例如,提货码或电子条形码等)发送给用户,用户凭借提供凭证在适合自己的时间完成提货。这种新的配送方式,使得用户既不需要配合配送员的时间等待货物被送到家里,同时,由于寄存柜的配置成本较低,可被配置在居民区或企业的建筑物里,用户也不需要花费太多时间就能在自己合适的时间内取到货物,从而为用户提供了更好的订单配送服务,改善了用户的购物体验。

【权利要求】

1. 一种自助式配送系统,包括电子商务系统和通过网络与所述电子商务系统相连的寄存柜终端,所述电子商务系统包括下单子系统、库房及配送子系统、寄存柜管理子系统;

所述寄存柜终端用于存放客户订购的商品或包裹并允许客户从其中提取所订购的商品或包裹;

所述下单子系统用于客户在线下单,并将订单传送给所述配送系统进行执行;

所述库房及配送子系统用于存储和管理商品,根据订单进行备货、进行商品出库,并由配送员将订单商品或包裹投递到客户所选择的寄存柜;以及

所述寄存柜管理子系统用于与所述下单子系统和所述库房及配送子

系统进行对接，接收所述寄存柜终端发送的信息和发送指令给所述寄存柜终端以管理所述寄存柜终端。

【案例1-2-6】

【申请概述】

近年来在线广告业务量不断增长，传统的广告服务技术和广告宣传策略属于静态推广，没有对消费人群的需求或兴趣进行细分，尽管某些因特网搜索服务已经实现了通过检测用户位置从而进行区域性推广，但是这种方式仍然没有考虑用户偏好、历史或潜在兴趣等因素。

本发明提出了一种用于针对不同用户、生成配合广告内容的广告宣传系统和方法，中间层广告引擎或其他控制逻辑可通过标识符检测参与的用户，然后基于预先设定的策略将具有区分度的广告或其他内容供应给用户，例如，基于过去的用户行为（包括访问站点的历史、站点停留时间、过去的交易历史等）来检查用户标识符，广告引擎可访问存储有不同广告宣传和关联内容的内容数据库，从而进行个性化的广告推送。

【权利要求】

1. 一种用于生成可选择配合广告内容以供通过网络传送的计算机系统，包括：

对客户机的接口，用于接收来自用户的对网络站点的访问请求，其中所述客户机开启与所述网络站点的会话，获取该用户的访问和交易历史，在所述网络站点内提供一个或多个占位符，并为用户生成用户标识符，所述用户标识符将用户位置、货币偏好，以及将包含在所述访问和交易历史中的网络站点的最近访问的平均停留时间或对包含在所述访问和交易历史中的网络站点的长期访问的平均停留时间编码为概况，所述概况概括了用户过去的交易历史和过去的浏览历史；以及

内容引擎，所述内容引擎与所述接口通信，所述内容引擎基于所述网络站点的标识和所述用户标识符生成配合广告内容，以用于结合所述网络站点传送，所述内容引擎还确定被包含在所述网络站点中的内容是

否与对应于所述用户的概况相匹配,并且:

当网络站点中包含的内容与概况匹配时,在用户的会话期间将与网络站点中包含的内容相似的配合广告内容发送给用户用于在所述占位符中显示,其中配合广告内容包括一组广告宣传,并且所述一组广告宣传包括同步广告宣传和顺序广告宣传中的至少一个,所述同步广告宣传和顺序广告宣传都在所述占位符中呈现各种媒体类型,所述一组广告宣传的所呈现的媒体类型取决于包含在用户概况中的平均停留时间;以及

当网络站点内容与概况不匹配时,将一般广告内容发送给用户。

【案例1-2-7】

【申请概述】

网上银行的在线交易通常是以相同方式处理每个交易,不考虑与特定交易相关的风险。然而,这种方式下,交易服务提供商如果实施过于苛刻的安全措施则可能失去客户,但如果安全不严格则可能丢失大量的金钱并且失去客户的信任。

本发明基于现有的网银交易系统,提出一种动态安全性交互系统及交互方法。该方法能够根据交易的风险级别,使用不同的验证策略,根据所需信息生成响应代码,以实现在网银交易系统安全性与易用性之间的平衡。

【权利要求】

1. 一种用于在交易服务提供商与具有代码生成设备的用户之间进行安全交互的方法,所述代码生成设备包括:

信息获取装置;以及

处理电路,

所述方法包括以下步骤:

经由所述信息获取装置来接收由所述交易服务提供商生成的交易特定代码;

评估所述交易特定代码;

基于所述交易特定代码的评估来执行预定功能的交易特定序列,每

个所述预定功能包括提示所述用户指示各自的功能相关值，产生由所述用户指示的功能相关值的序列；以及

基于所述功能相关值的序列来确定响应代码，从而进行对所述交易的安全认证。

【案例1-2-8】

【申请概述】

线性回归/判别、SVM/SVR、RVM等算法被称为用于执行回归或判别的学习算法，这些学习算法接收特征量向量 $x = \{x1, \cdots, xm\}$，并通过机器学习生成估计函数 $f(x) = \sum wm\varphi m(x) + w0$，其中，用于输出标量的基函数 $\varphi m(x)$（$m = 1$ 到 M）被线性地组合。当给定特征量向量 x_j（$j = 1$ 到 N）和目的变量 t_j 时，获得估计函数 $f(x)$，其用于从特征量向量 x 估计目的变量 t 的估计值 y。现在技术存在的问题在于：在线形回归/判别的情况下，使用模型 $\varphi m(x) = xm$，如果在所给定的特征量向量 x_j 和目的变量 t_j 之间存在非线性，则难以基于该模型通过估计函数 f 准确地拟合一组特征量向量 x_j 和目的变量 t_j，降低了估计函数 f 的估计准确性。

本发明提出了一种信息处理方法，其使用基函数、基于标量和与标量相对应的目的变量，通过机器学习来生成用于从标量估计目的变量的估计函数，能够在保持估计准确性的同时进一步降低估计函数的计算量。

【权利要求】

1. 一种信息处理方法，包括：

输入特征量向量和与所述特征量向量相对应的目的变量；

生成用于通过对所述特征量向量进行映射来输出标量的基函数；

使用所述基函数对所述特征量向量进行映射，并计算与所述特征量向量相对应的标量；

使用所述目的变量连同所述标量以及与所述标量相对应的特征量向量，评估用来计算所述标量的基函数对于估计所述目的变量是否有用；

使用被评估为有用的基函数、基于所述标量和与所述标量相对应的

目的变量，通过机器学习来生成用于从所述标量估计所述目的变量的估计函数；以及

输出所述估计函数。

【案例1-2-9】

【申请概述】

数字视频信号在获取、传输、存储或重建时经常会引入噪声，这些噪声会导致图像模糊不清，使图像发白或者过暗，因此需要对含噪声的视频信号进行去噪处理。现有的去噪方法主要是空间域滤波（例如，均值滤波法、自适应维纳滤波法、中值滤波法、小波滤波法等）、频率域滤波和时间域滤波（例如，帧间均值滤波法、非局部均值滤波法、三维块匹配帧间滤波法等）。但是，这些方法也都存在各自的技术缺点，例如，均值滤波法破坏了图像的边缘和细节部分，使图像变得模糊；自适应维纳滤波法能保护图像的边缘和细节信息，但计算量较大；中值滤波法可以保护边缘信息，但会造成细节模糊。近年来提出的非局部滤波算法和三维块匹配滤波法是目前认为去噪效果最好的方法，但算法复杂难以硬件实现。

本发明提出一种基于运动检测的帧间降噪方法，能实时地利用相邻帧图像的相关性和噪声的非相关性对输入的视频图像进行降噪处理，提高视频图像的清晰度，该算法还能自适应调整叠加帧的数目，具有多级可调功能。

【权利要求】

1. 一种基于运动检测的帧间降噪方法，其特征在于，包括以下步骤：

步骤1：输入含噪声的视频图像序列 $v(x, y, k) = u(x, y, k) + n(x, y, k)$，其中 $v(x, y, k)$ 表示人眼所观察到的图像，$u(x, y, k)$ 表示成像系统的理想图像，$n(x, y, k)$ 表示随机噪声，(x, y) 表示图像像素点的位置，k 表示视频序列的第 k 帧图像；

步骤2：采用多高斯混合背景模型方法对输入的视频图像序列 $v(x, y, k)$ 进行背景建模，当输入图像与建模得到的背景图像的差值大于设

定的阈值时，认为是运动目标，灰度值设置为1；否则认为是静止区域，灰度值设置为0；根据上述灰度值，得到只含有运动目标的前景图像 f (x, y, k)；

步骤3：由于输入的视频图像序列 v (x, y, k) = u (x, y, k) + n (x, y, k) 中含有大量的随机噪声 n (x, y, k)，所以前景图像 f (x, y, k) 中含有大量被检测成运动目标的噪声，因此需要对 f (x, y, k) 进行中值滤波，滤除掉背景区域，即图像中的非运动区域的噪声，滤波后的前景图像记为 g (x, y, k)；

步骤4：对前一帧的前景图像 g (x, y, k-1) 和当前帧的前景图像 g (x, y, k) 中相同位置的像素进行或运算，根据或运算的结果和当前帧的运动目标区域判断选择帧间滤波算法、帧内滤波算法或背景模型替代算法，得到去噪后的视频图像 vnew (x, y, k)。

【案例1-2-10】

【申请概述】

集装箱码头的效率是衡量一个码头生产能力的最重要的指标，能否高效率地装卸船对于减少运输成本，遵守船期有着重大的影响。由于出口箱由道口进入堆场时的顺序是随机性的，海关多采用的先进港再查验的流程，以及堆放出口箱时多采用集卡司机或轮胎吊司机个人经验，无法全面考虑出口箱装船顺序等因素，当出口箱进入箱区后，堆放状态较为无序。在进行装船时，需要边翻箱边装船，不仅翻箱次数较多，而且降低装船效率。

针对现有集装箱装船操作方法中存在的不足，本发明提出一种装船时减少集装箱翻箱量的优化方法，集装箱进入相应堆场后在空闲时间对集装箱的排布进行有目的的翻箱整理，从而将无序的集装箱堆放状态整理为有序，提高出口箱装船效率。

【权利要求】

1. 一种装船时减少集装箱翻箱量的优化方法，由航次和港口决定装船顺序时的步骤如下：

(a) 确定模糊目标状态：先对栈中的集装箱数目进行分类别统计，同航次同港口的集装箱为同一类别，然后计算各类别集装箱需要占用的列数，需要混合的类别则进行混合，接着根据初始栈状态尽量使最多数的集装箱不移动把相同类别的集装箱分配到相同的列；

(b) 搜索确定目标状态：采用广度搜索的算法，数据结构为一队列，初始状态为队列的第一个元素，从队列的第一个未处理元素开始进行如下处理，取出第一个未处理元素作为当前栈状态，对当前栈状态移箱一次产生一个新的栈状态，然后以新的栈队列依次和步骤 (a) 所产生的"模糊目标队列"进行比对，通过遍列新的栈队列元素，在"模糊目标队列"中查找该元素，若新的栈队列中的每个元素在两个队列中位置相同，则判断此栈状态符合模糊目标状态，并把此栈状态记为确定目标状态，否则将其插入队列，然后再对当前栈状态移箱一次产生新状态，然后判断是否符合模糊目标状态，重复这种操作直至当前栈状态不能再产生新的栈状态为止，再然后到队列中取出最前一个栈状态作为当前栈状态进行上述操作直至搜索出确定目标状态或队列满为止；

(c) 确定具体翻箱步骤：用步骤 (b) 中算法确定目标状态，且在搜索过程中记录搜索顺序，在搜索到确定目标状态后进行回溯，把搜索的过程输出为一个具体的翻箱步骤。

(二) 撰写特点小结

案例 1-2-5 的自助式配送系统既涵盖了线上部分又包括了线下部分，属于典型的互联网技术在购物和配送领域的应用，其请求保护的方案中，订单数据的生成、存储、传送、处理，库存数据的处理，管理系统中指令的发送、接收、执行等必然是采用计算机数据处理技术来实现的，至于取放包裹等用户的活动则具有"非技术"特性。

案例 1-2-6 的计算机系统中，客户机与网络接口、服务器之间的通信、请求的发送、传输与处理、相关数据的提取、标识与存储、会话管理等特征显然属于技术特征，而广告宣传相关的特征则是用于精确推送广告，具有"非技术"特性。

案例 1-2-7 中的安全交互方法虽然用于解决金融领域交易安全的问题，权利要求中限定的信息获取装置、处理电路等属于计算机组成设备,方法步骤也属于基于计算机和通信技术进行的金融数据处理,其请求保护的方案具有技术特性。

案例1-2-8中信息处理方法是通过机器学习,根据基函数获得估计函数,以提高运算准确性,而机器学习又可以采用多种具体算法来实现。

案例1-2-9的视频图像降噪方法中采用了多高斯混合背景模型,利用图像处理算法对视频图像进行优化,高斯混合模型是图像处理最为常用的基础模型之一,可以衍生出大量改进算法。

案例1-2-10用于优化集装箱装载问题的优化方法用到了分类统计、队列和堆栈处理、广度优选搜索等数学算法。

可见,此类专利申请的方案本质或者核心所在都是其基于的数学算法或者算法模型,对算法加以优化或者对其具体应用。

三、技术方案与应用领域密切相关

"互联网+"的解决方案与应用环境和行业需求密切相关。一方面,随着物联网和移动互联网的发展,大量的信息处理系统从传统PC端移植到手机、PAD、手持设备等智能终端,硬件环境的改变,使得配套软件的程序设计、数据格式、通信方式等需要相应调整;另一方面,不同行业的应用需求不同,定制开发的解决方案也各具特点。例如,同样是趋势预测,气象预测要求涵盖的数据维度丰富,交通预测要求数据的实时性和准确性,营销预测要求历史数据的积累和数据间的关联性。为此,数据存储结构、分析模型、处理算法等均需要适应性调整以满足特定的行业特点和应用需求。

(一)典型案例

此类专利申请具有明显的应用行业或者应用场景,利用基于计算机技术的解决方案来解决交通、农业、食品、电力、工业制造等行业的具体应用需求。因而,在权利要求的撰写中出现了明显的行业特点,特定的应用领域以及行业内采用的特定硬件对技术方案中所体现的信息来源、数据格式、处理流程、交互方式等均具有一定程度的限制或者限定作用。

【案例1-2-11】

【申请概述】

目前获取农田信息的方式非常有限，主要手段是人工测量，获取过程需要消耗大量的人力、物力，同时传统农业中，大量农田设施的操作也多凭借经验依靠人工完成，这样的方式不但操作不便，而且无法实现大规模的、准确的标准化操作。传统农业的模式产生出如产品质量问题，资源严重不足及普遍浪费、环境污染、产品种类需要多样化等诸多问题。

本发明提出一种智能化管理系统，收集作物生产的土壤数据信息、调节对作物的投入，解决了如何对作物的培植养育过程实现实时监测、实时操作及规避潜在风险的技术问题。

【权利要求】

1. 一种基于物联网的农业大数据植保系统，其特征在于：包括前端信号采集及作业装置、信号传输装置、多个对应的分布在各个区域的前端控制装置、一个后期监控控制装置、远程操作装置；前端信号采集及作业装置包括前端信号采集机构、前端作业机构，其中信号采集机构为对土壤和/或作物外界环境的信息进行采集的传感器，前端作业机构为对作物进行喷灌和/或通风和/或加热处理的装置；信号传输装置为采用WiFi或zigbee无线局域网实现远程无线传输的装置；上述前端信号采集及作业装置、信号传输装置均与前端控制装置连接；前端控制装置采集前端信号采集机构的信号并通过信号传输装置发送给后期监控控制装置；后期监控控制装置包括网络路由器、数据库服务器、数据分析服务器以及客户端；其中网络路由器和数据分析服务器实现云计算，数据库服务器实现形成大数据，客户端实现操作人员的操作；该后期监控控制装置通过信号传输装置实现对前端信号采集机构的数据接收以及对前端作业机构的指令下达；远程操作装置为手机或者手持终端。

【案例1-2-12】

【申请概述】

微博是一个基于用户关系来分享、传播以及获取信息的平台，注重时效性和随意性，微博能表达出每时每刻的思想和最新动态。通过监督微博内容，能够真实、实时地跟踪重点关注人员的思想动态、言论倾向以及关联关系。现有技术中还没有处理基于云计算、大数据对重点人员言论监督与关联关系的合理的方法。

本发明提出一种对重点人员言论监督与关联关系挖掘的方法和系统，在大数据平台基础上，应用分布式存储和处理技术，采集网民在微博的注册信息和浏览信息，经过信息匹配和关联关系挖掘，分析出给定重点关注人员的言论倾向与关联关系，将挖掘数据进行可视化展现，并根据微博刷新情况持续跟踪。

【权利要求】

1. 一种对重点人员言论监督与关联关系挖掘的方法，其特征在于该方法步骤如下：

1）建立Hadoop大数据平台：建立由11个节点组成的Hadoop集群；

2）微博数据采集及解析：网络爬虫采用经过二次开发的nutch，实现主题爬虫采集；将与给定重点关注人员的相关信息作为主题，爬取互联网上的微博数据，并根据自定义词库进行分词解析，将预定义的特征属性值存入数据库，形成结构化数据；

3）数据清洗及人员匹配：对结构化数据进行数据预处理，使用欧式距离，与提供的重点关注人员特性向量进行相似度计算，选取相似度超过阈值的网民信息作为分析对象；

4）言论倾向及关联关系分析：根据自定义词库，采用语义分析与词频统计等技术对重点关注人员言论倾向进行分析；根据从微博采集的人员互动信息，采用关联关系算法挖掘重点关注人员的关系网，并根据微博更新情况进行追踪；

5）数据可视化展现：对重点关注人员的言论倾向和关联关系进行可视化展现。

【案例1-2-13】

【申请概述】

个人电子日历的使用越来越普遍，与因特网连接的移动电话使得"基于云"的日历变得实用。云架构中，各种设备可以访问基于云的日历并且同步日历数据，用户可以查看、添加、编辑和自动更新来自网络的任何连接的节点的日历信息。但是普遍使用电子日历仍未提供用于从机动车辆环境内访问电子日历。在汽车环境中，移动设备的小屏幕和为了操作它们而需要的注意力妨碍驾驶员在访问日历数据时的安全驾驶。

本发明提供了一种用于在车辆内显示电子日历的移动设备，移动设备将日历数据从本机日历格式转换到适于向车载系统传送的车辆日历格式，从而允许车辆所有者向他们的移动设备简单地下载应用程序而无需安装新车载系统，并且使得驾驶员可以安全查看和管理电子日历而最少分散注意力。

【权利要求】

1. 一种用于为车辆内的显示器提供电子日历的方法，所述方法包括：

由移动设备从第一日历源接收第一日历数据，所述第一日历源以所述第一日历源专属的第一本机日历格式存储所述第一日历数据；

将以所述第一本机日历格式而格式化的所述第一日历数据转换到适于向车载系统传送的车辆日历格式；以及

使用短程通信协议从所述移动设备向所述车载系统传送所转换的日历数据。

（二）撰写特点小结

案例1-2-11将物联网技术应用于农业生产，前端采集并传输农业数据，后台接收、处理、存储农业数据，系统架构的设置和相应的数据处理显然需要满足农业生产环境的特定需求。

案例1-2-12将大数据技术应用于社会学领域，利用大数据关联分析技术处理社交网络的舆情信息，数据分析结果具有明显的行业特点。

案例1-2-13对常规电子日历数据的数据格式和显示方式加以调整，以适应车载系统的硬件设备和应用环境，应用环境的限定作用更为明显。

第二节 "互联网+"相关专利申请审查中的法律问题

"互联网+"相关专利申请的审查需遵循《专利法》《专利法实施细则》以及《专利审查指南2010》的相关规定。然而，正如本章第一节所述那样，因该领域专利申请所呈现出的上述特点，因此在权利要求保护范围的解释、客体判断、创造性评判等过程中存在难点。

一、涉及计算机程序的产品权利要求如何解读

如前所述，涉及计算机程序的发明，当其寻求产品类型的专利保护时，可采用不同撰写形式描述其解决方案，常见形式包括：（1）全部以与方法步骤一一对应的程序模块限定的"程序模块构架"类型的权利要求；（2）程序模块或者程序与硬件设备相结合的混合式权利要求；（3）以"功能性限定"描述的软件与硬件相结合的混合式权利要求；（4）存储介质类型的权利要求；（5）计算机程序产品类型的权利要求。

对于上述各种撰写形式，权利要求限定的解决方案如何解读和认定？是否符合专利保护客体？能否得到说明书的支持？解决方案的描述是否清楚？专利确权阶段，权利要求的保护范围如何解释？这一系列问题既是审查和司法实践中长久以来的难点问题，也是业界和学术界普遍关心的热点问题。

二、客体判断中的相关问题

涉及专利保护客体的法律条款包括《专利法》第25条第1款第（二）项和《专利法》第2条第2款。

《专利法》第 25 条第 1 款第（二）项规定：智力活动的规则和方法，不授予专利权。

《专利法》第 2 条第 2 款规定：发明，是指对产品、方法或者其改进所提出的新的技术方案。

关于智力活动的规则和方法，《专利审查指南 2010》第二部分第一章第 4.2 节规定：

智力活动，是指人的思维运动，它源于人的思维，经过推理、分析和判断产生出抽象的结果，或者必须经过人的思维运动作为媒介，间接地作用于自然产生结果。智力活动的规则和方法是指导人们进行思维、表述、判断和记忆的规则和方法。由于其没有采用技术手段或者利用自然规律，也未解决技术问题和产生技术效果，因而不构成技术方案。它既不符合专利法第二条第二款的规定，又属于专利法第二十五条第一款第（二）项规定的情形。因此，指导人们进行这类活动的规则和方法不能被授予专利权。

在判断涉及智力活动的规则和方法的专利申请要求保护的主题是否属于可授予专利权的客体时，应当遵循以下原则：

（1）如果一项权利要求仅仅涉及智力活动的规则和方法，则不应当被授予专利权。如果一项权利要求，除其主题名称以外，对其进行限定的全部内容均为智力活动的规则和方法，则该权利要求实质上仅涉及智力活动的规则和方法，也不应当被授予专利权。

【例如】

审查专利申请的方法；

组织、生产、商业实施和经济等方面的管理方法及制度；

交通行车规则、时间调度表、比赛规则；

演绎、推理和运筹的方法；

图书分类规则、字典的编排方法、情报检索的方法、专利分类法；

日历的编排规则和方法；

仪器和设备的操作说明；

各种语言的语法、汉字编码方法；

计算机的语言及计算规则；

速算法或口诀；

数学理论和换算方法；

心理测验方法；

教学、授课、训练和驯兽的方法；

各种游戏、娱乐的规则和方法；

统计、会计和记账的方法；

乐谱、食谱、棋谱；

锻炼身体的方法；

疾病普查的方法和人口统计的方法；

信息表述方法；

计算机程序本身。

(2) 除了上述（1）所描述的情形之外，如果一项权利要求在对其进行限定的全部内容中既包含智力活动的规则和方法的内容，又包含技术特征，则该权利要求就整体而言并不是一种智力活动的规则和方法，不应当依据专利法第二十五条排除其获得专利权的可能性。

关于技术方案，《专利审查指南2010》第二部分第一章第2节规定：

专利法所称的发明，是指对产品、方法或者其改进所提出的新的技术方案，这是对可申请专利保护的发明客体的一般性定义，不是判断新颖性、创造性的具体审查标准。

技术方案是对要解决的技术问题所采取的利用了自然规律的技术手段的集合。技术手段通常是由技术特征来体现的。

未采用技术手段解决技术问题，以获得符合自然规律的技术效果的方案，不属于专利法第二条第二款规定的客体。

审查实践中突出的问题在于：上述不同撰写形式描述的解决方案，哪些可以归为《专利法》意义上的"智力活动的规则和方法"，哪些包括了技术特征而不能排除其获得专利权的可能性？对于包含了技术特征的权利要求，"技术三要素"中技术问题、技术手段、技术效果三者的相互关系如何？是否满足其中之一就必然符合《专利法》第2条第2款的规定？简言之，《专利法》第25条和《专利法》第2条第2款的适用标准也是审查实践中长期存在的难题之一。

三、创造性评判中的相关问题

创造性评判历来是专利审查程序中的重点和难点，与现有技术相比，如果发明具有突出的实质性特点和显著的进步，则其具备《专利法》第22条第3款规定的创造性。根据《专利审查指南2010》的规定，采用"三步法"来评判权利要求请求保护的技术方案是否具备创造性。当发明的技术方案与现有技术存在区别技术特征时，要基于区别技术特征确定实际解决的技术问题，判断要求保护的发明对本领域技术人员来说是否显而易见，上述审查过程中，判断"现有技术是否存在技术启示"是审查难点和关键所在。而互联网相关专利申请的创造性评判，除了公知常识的认定、结合启示的判断等各领域普遍存在的难点外，还存在以下其他难题：

（1）技术内容与非技术内容并存的方案，是否需要将技术特征与非技术特征相剥离？非技术特征在创造性评判中是否一定无需考虑？若采用整体判断原则，对现有技术作出了技术贡献的特征如何认定？

（2）涉及算法的发明，是否需要考虑应用领域对技术方案的限定作用？仅公式或参数设定不同的技术方案如何评判其创造性？

（3）商业或者管理问题是否一定没有技术性？在涉及商业方法的特定领域，是否需要考虑"商业上的成功"这一辅助判断因素？

（4）数据库相关主题的发明，当区别特征涉及数据的类型、性质、格式的情形，创造性评判应当如何考量？

四、计算机技术应用到医疗领域存在的特殊问题

《专利法》第25条第1款第（三）项规定，疾病的诊断和治疗方法不授予专利权，并且《专利审查指南2010》第二部分第一章进一步明确："以有生命的人体或者动物体为直接实施对象，进行识别、确定或消除病因或病灶的过程"属于疾病的诊断和治疗方法，不能被授予专利权。但是，用于实施疾病诊断和治疗方法的仪器或装置属于可授予专利权的客体。随着计算机技术的发展，基于计算机装置和计算机程序实现

的解决方案被广泛应用于医疗领域，医疗数据获取、医疗图像分析、决策支持、远程诊断、专家知识库等越来越普及，与疾病诊断治疗相关的法律适用问题也随之而来。

审查实践中，争议较大的难点问题包括：如何界定"直接作用于人体"的疾病诊断方法？如何区分应用于医疗领域的图像处理方法与疾病诊断方法？按照与计算机程序流程各步骤一一对应的方式撰写的产品权利要求如何解读，应当按照主题类型划分，还是将其理解为本质为计算机程序？创造性评判中涉及疾病治疗相关特征如何考量，技术效果如何认定？

本书后续章节对审查实践中存在的上述典型问题进行梳理、归纳，从法理层面给出原则性的解释，并结合若干具体案例进行分析和解读。第二部分以理论阐述为主，从法理层面解决基础性的法律问题，通过对我国及主要国家/地区的审查规则的对比分析，旨在厘清一般性的原则。本书第三部分各章将聚焦 4 个重点领域，聚焦业界关注的难点问题，借由若干典型案例的深入解析，具体阐释了审查程序中的法律适用。

第二部分

互联网相关专利申请难点问题

第三章
权利要求类型分析

概　　述

根据我国《专利法》中关于权利要求的规定，权利要求书中可以包括一项或多项权利要求。权利要求的类型按保护对象区分，可以分成方法权利要求和产品权利要求。

与"互联网+"相关的专利申请通常为计算机领域范畴的专利申请，由于所作出的发明创造均或多或少与计算机程序相关，具有计算机领域的方法与产品权利要求的特殊属性。因而，这一领域的权利要求与传统领域中的权利要求在技术方案的描述方式上存在一定的差异，所形成的技术方案也具有此领域中特殊的含义。下面将按照权利要求的类型对此特殊性加以分析。

第一节 方法权利要求

根据《专利审查指南 2010》第二部分第二章的相关规定，权利要求有两种基本类型，即产品权利要求和方法权利要求。方法权利要求是有关活动的权利要求，它主要表现为有时间过程要素的活动（方法、用途）。属于活动的权利要求有制造方法、使用方法、通讯方法、处理方法以及将产品用于特定用途的方法等权利要求。[①]

一、传统领域的方法权利要求

传统领域的方法权利要求的主要特点是其发明目的在于实现生产制造或产品使用，执行主体一般为人，产品时序通常依靠部件之间的机械驱动关系实现。

在传统领域中，最典型的方法权利要求是产品的制造方法和使用方法，撰写权利要求时，通常会按照产品的制造工序、使用操作的前后顺序，撰写成对应的方法步骤，从而形成权利要求的技术方案。所属领域的技术人员根据权利要求中所记载的方法步骤即能够制造出该产品或者实现产品的使用操作，达到最终的发明目的。

以下通过案例来举例说明传统领域中方法权利要求的特点。

【案例 2-3-1】

【发明名称】一次编程存储器的制造方法

【背景技术】

一次编程存储器由一个电容和一个晶体管组成，电容的下极板为 N 井或 P 井，上极板为平铺在井上的多晶硅。在一次编程存储器编程过程中，大面积的多晶硅和井电容耦合系数使电容耦合过程快速、有效，使

[①] 《专利审查指南 2010》第二部分第二章第 3.1.1 节，第 141 页。

编程时间缩短，编程电压降低。现有的一次编程存储器以大面积的多晶硅覆盖在硅表面以达到足够高的耦合系数，其缺点是增加了硅的表面积，不利于芯片集成度的提高。

【解决的问题和效果】

本发明要解决的技术问题是提供一次编程存储器的制造方法，它可以在不降低多晶硅和井耦合系数的同时，减少硅表面积，提高芯片的集成度。

本发明的一次编程存储器的制造方法，耦合电容形成于硅基板的沟槽中。在硅基板上刻出槽后，形成电容介质膜，再以多晶硅填满沟槽，形成立体的电容。

【实施方式】

在硅基板上用等离子体干刻的办法刻出槽，槽深300~600nm。然后用高能离子注入或者气相掺杂的方法，形成N井或P井，作为一次编程存储器电容的下极板。然后做一次编程存储器晶体管源和漏的注入。为增大电容的表面积，可以在槽内的硅上成长半球形晶粒，使槽的内表面起伏不平。半球形晶粒的直径为0.2~1μm。然后做电容介质膜，半球形晶粒表面先氧化、再氮化、再氧化，形成氧化物－氮化物－氧化物的电容介质膜，电容介质膜的膜厚是5~10nm。然后沉积300~600nm的多晶硅，多晶硅可以很好地把整个槽填满，做成一次编程存储器电容的上极板。再用化学机械抛光把硅基板表面的多晶硅磨去，化学机械抛光停止在硅基板表面的氧化硅上。然后沉积并刻蚀一次编程存储器晶体管的门多晶硅，使其覆盖在一次编程存储器电容多晶硅上，并和槽里的电容多晶硅形成电学导通，这样一次编程存储器电容的电压信号就可以传递到晶体管上。

【权利要求】

1. 一种一次编程存储器的制造方法，其特征在于，包括以下步骤：

第一步，在硅基板内挖出沟槽；

第二步，注入一次编程存储器晶体管的源和漏；

第三步，成长电容介质膜；

第四步，沉积多晶硅，将整个槽填满；

第五步，抛光硅基板表面，去除多余的多晶硅；

第六步，成长晶体管门多晶硅，并和槽内的多晶硅接触形成电学导通。

【案例分析】

以上权利要求涉及一种存储器的制造方法，即某种工业产品的制造方法，从权利要求技术方案的描述顺序可以看出，方法权利要求的每个步骤对应于该产品的每一道制造工序，并且步骤的前后顺序与制造工序的前后顺序相同。本领域技术人员只要按照该方案的描述顺序进行操作就能制造出所述工业产品。

二、计算机领域的方法权利要求

计算机领域的方法权利要求的特点：以流程图为基础，具有时序性和逻辑性的双重特性，由计算机和/或网络设备来执行。计算机领域方法权利要求通常是基于流程所概括的，计算机流程与传统的方法步骤有其共性的地方，如具有时序性，但也存在差异的地方，例如传统的方法尤其是制造方法，其执行主体通常为人，如制造者，而计算机流程步骤其执行主体是计算机和/或网络设备。

计算机领域的方法权利要求通常是一种涉及计算机程序的方法权利要求。这类方法权利要求以计算机程序的流程图为基础，此时，方法权利要求的各个步骤按照程序流程图的逻辑关系进行撰写，它体现的是所涉及的计算机程序的流程关系及计算机如何根据所述程序流程来解决相应问题的方法步骤，即其要保护的是与所述程序流程相关的方法。因而，从属性上讲，涉及计算机程序的方法权利要求兼顾时序性与程序执行的逻辑性。一方面，涉及计算机程序的方法权利要求描述了计算机执行程序的时间顺序；另一方面，也要兼顾程序跳转、中断等的逻辑性，从而描述出如何解决某类客观问题的方法。

以下通过案例来举例说明计算机领域中方法权利要求的特点。

【案例2-3-2】

【发明名称】 一种获取页面数据的方法、装置和外部网站插件

【背景技术】

现有无线终端获取页面数据的过程中，服务器记录外部网站的页面格式，即记录外部网站的页面所采用的模板结构，当收到用户的页面获取请求时，根据记录的外部网站的页面所采用的模板结构获取请求的页面并发送给用户使用的无线终端。然而，由于外部网站的多样性，常见的有论坛、个人主页、团购网等，通常服务比较复杂和多变，当外部网站的页面所采用的模板结构会发生调整即网页格式发生调整，此时就会导致页面获取失败。

【解决的问题和效果】

本发明提供了一种获取页面数据的方法、装置和外部网站插件，以便于解决因外部网站的页面格式发生调整会导致页面获取失败的缺陷。

本发明通过在外部网站设置能够读取外部网站的底层存储服务单元的外部网站插件，并在外部网站插件和云端服务器之间约定协议，云端服务器在接收到移动终端发送的页面请求后，将页面请求转换为与外部网站插件约定的协议格式后发送给外部网站插件，使外部网站插件能够根据页面请求读取外部网站的底层存储服务单元获取原始的页面数据，然后再将该页面数据按照移动终端适用的页面模板组装页面数据后发送给移动终端。由于云端服务器通过外部网站插件读取底层存储服务器单元获取到的是原始页面数据，当外部网站的页面格式发生变化时不会影响原始页面数据，因此不会对通过本发明获得的页面数据产生影响。

【实施方式】

步骤101：云端服务器接收移动终端发送的页面请求。

当用户向通过移动终端访问页面时，会向云端服务器发送页面请求，该页面请求可以表现为一个统一资源定位符。

除此之外，还可以在页面请求中携带用户代理（User Agent，UA）信息，UA信息可以包括但不限于：移动终端的分辨率、操作系统、机型等。

步骤102：云端服务器将页面请求转换为与外部网站插件约定的协议格式后发送给外部网站插件。

云端服务器向外部网站插件发送HTTP的页面请求时，同样会通过参数的方式表示页面类型和访问数据信息，但是云端服务器会根据与外部网站插件之间的协议的请求方式映射关系，将页面请求转换为与外部网站插件约定的协议格式后发送给外部网站插件。由于云端服务器可能会跟多个外部网站插件进行交互，而多个外部网站可能采用不同的协议，因此，云端服务器可以预先存储云端服务器与外部网站插件之间的协议的请求映射关系，按照该映射关系将来自移动终端的页面请求转换为外部网站插件映射到的协议。

由于通常的URL（即移动终端发来的URL）指示的是具体的页面，在本发明实施例中，外部网站插件能够读取底层的存储服务单元从而获取页面原始数据，即能够获取页面的结构化内容，因此，转换后的URL需要指向该外部网站插件的地址，在转换后的URL中需要进一步包含外部网站插件地址信息。

步骤103：外部网站插件接收到页面请求后，读取外部网站底层的存储服务单元获取移动终端请求的页面数据，将页面数据转换为与云端服务器约定的协议格式后发送给云端服务器。

外部网站插件与外部网站的存储服务单元通过接口直接连接，可以直接调用外部网站的存储服务单元。对于支持插件形式的外部网站而言，按照建站工具指定的插件模式就可实现外部网站插件对存储服务单元的调用。现有的多数外部网站都支持插件模式，例如论坛插件、内容发布系统插件等。

外部网站插件与云端服务器约定的协议格式可以包括上述各页面数据的标识方式，按照该标识方式对页面数据进行标识，使得云端服务器可以根据这些标识获取并识别页面数据。在发送页面数据给云端服务器时，可以采用可扩展超文本标记语言（xhtml）或者可扩展标记语言（xml）。

步骤104：云端服务器按照与外部网站插件约定的协议格式对页面数据进行解析，按照移动终端适用的页面模板组装页面数据，并将组装后的页面数据按照与移动终端约定的协议发送给移动终端。

云端服务器按照xhtml或者xml中对页面数据的标识解析出各部分内容。在大多数情况下，不同移动终端可能具有不同的渲染能力、操作系统或者分辨率等，相应地会使用不同的页面模板，因此，作为一种优选的实施方式，云端服务器可以按照从页面请求中获取的移动终端的 UA 信息，确定与该 UA 信息对应的页面模板，按照确定的页面模板对解析出的页面数据进行组装，从而提供给适合移动终端展现的页面数据，使移动终端能够达到最佳的内容展现效果。此时需要预先在云端服务器中设置 UA 信息与页面模板之间的对应关系。

【权利要求】

1. 一种获取页面数据的方法，其特征在于，在外部网站设置能够读取外部网站的底层存储服务单元的外部网站插件，该方法包括：

S1. 云端服务器接收移动终端发送的页面请求；

S2. 将所述页面请求转换为与所述外部网站插件约定的协议格式后发送给所述外部网站插件；

S3. 接收所述外部网站插件根据所述页面请求读取所述底层存储服务单元获取的页面数据；

S4. 按照所述云端服务器与所述外部网站插件约定的协议格式对所述页面数据进行解析，按照所述移动终端适用的页面模板组装页面数据，并将组装后的页面数据按照与所述移动终端约定的协议发送给所述移动终端。

【案例分析】

从保护范围的角度来看：权利要求 1 请求保护一种云端服务器根据移动终端请求从外部网站插件获取底层网页数据再将其转换后传递给移动终端的方法。该方法是基于程序所概括的，该方法中执行所述接收页面请求、转换格式后发送请求、接收页面数据、解析与组装和发送页面数据步骤的是云端服务器，云端服务器通过执行相关程序实现与移动终端、外部网站插件之间上述数据传递与转换等过程。权利要求 1 所述方法中大部分步骤是由云端服务器所执行的，对应于云端服务器上相应程序的处理流程，但其中 S3 中所接收的页面数据是"外部网站插件根据所述页面请求从所述底层存储服务单元获取的"，对应于外部网站插件程序。上述方法并非是人直接执行的，而是由计算机来执行，不同于一般的方法步骤；方法的各个步骤依照所述获取页面数据的程序中的信号流向和执行顺序而进行，对应于计算机处理过程中的信号逻辑关系。云端服务器硬件与程序是协同配合关系，并非"实现关系"。

从权利的义务主体角度来看，本案方法限定的是从云端服务器侧描述的多方交互过程，其中不仅包括与用户的移动终端的数据往来，还限定了"所述外部网站插件根据所述页面请求读取所述底层存储服务单元获取的页面数据"的内容，而外部网站插件设置在外部网站上。也就是说，仅仅云端服务器执行其上的程序不可能覆盖该权利要求的全部技术特征，还至少需要外部网站服务器执行其插件程序。因而权利的义务主体涉及的不是单一主体。

第二节　产品权利要求

根据《专利审查指南2010》第二部分第二章的相关规定，产品权利要求是一种关于物的权利要求，其保护对象通常是人类技术生产的物（包括产品、设备），属于物的权利要求有物品、物质、材料、工具、装置、设备等权利要求。在产品权利要求的撰写过程中，通常采用产品的结构、参数特征来限定产品权利要求要保护的产品，但当产品权利要求中的一个或多个技术特征无法用结构特征并且也不能用参数特征予以清楚地表征时，允许借助方法特征表征。其中方法特征在产品权利要求中的实际限定作用取决于对所要求保护的产品本身带来何种影响。

此外，对于主题名称中含有用途限定的产品权利要求，其中的用途限定在确定产品权利要求的保护范围时应当予以考虑，但其实际的限定作用取决于对所要求保护的产品本身带来何种影响。

一、传统领域的产品权利要求

在传统技术领域中，产品权利要求所请求保护的对象在现实的物理世界中通常是有形的，属于人类可见或者可感知的物品范畴。在产品权利要求的描述中，通常记载有产品的层次结构、连接关系、部件功能、材料及其配比，大多数情况下，可采用产品的结构部件及其连接关系的限定方式而清楚地描述，当无法用结构予以清楚表征时，也可采用参数、制造功能等特征加以描述。

【案例2-3-3】

【发明名称】 照相机镜头组件及具有该镜头组件的便携式无线终端

【背景技术】

由于信息和通信技术行业的发展，具有各种功能的各种类型的便携式无线终端正在市场上销售。随着已经延伸到使用便携式无线终端的图像通信和运动图像服务，照相机镜头已经逐渐成为便携式无线终端的必要部件。

然而，便携式无线终端趋向于微型化和轻质化，很难将照相机安装在无线终端中的空间。另外，因为镜头已经安装在显示屏旁或本体的上表面且已经指向特定的方向，所以它必须改变终端的方向以便拍摄位于不同角度的目标。此外，虽然存在能使用耳塞式传声器插孔等可移动地连接到便携式无线终端的照相机镜头，然而，这种照相机镜头的不便之处在于要求其用户分别携带并且根据需要将其连接到终端上。

【解决的问题和效果】

提供一种能够很容易从不同角度拍照并且确保用于安装照相机镜头的空间的镜头组件。

【实施方式】

图1是表示根据本发明的第一优选实施例的便携式无线终端的照相机镜头组件100的分解透视图，以及图2是表示连接到该便携式无线终端的照相机镜头组件100的透视图。如图1和图2所示，根据本发明的第一优选实施例的便携式无线终端的照相机镜头组件100包括容纳在外壳120和前后盖110、140内的照相机镜头131，以及它们经后盖140和阴铰接件160转动连接到终端的机身内的组件接纳部件300。

该组件接纳部分300可分为镜头接纳部分301和铰接部件接纳部分302。在机身上端侧面，以曲线形形成镜头接纳部分301，以及照相机镜头组件100的镜头部件101位于镜头接纳部分301中。以圆柱形形成铰接部件接纳部分302，其在与镜头接纳部分301相邻的侧面中具有开口端以及在其他侧面具有封闭端 304。为外观目的，最好当组装好照相机镜头组件 100 时，使镜头部件 101 和铰接部件接纳部分 302 的外圆周面彼此对准。同时，在铰接部件接纳部分 302 的封闭端 304 中形成通孔 306，通过该通孔，使铰接组件 103 的尖头端伸出，以便通孔 306 提供用于所述照相机镜头组件 100 的连接装置。另外，在第一凸缘 141 和第二凸缘 163 间提供弹性装置 150。所示的弹性装置 150 是以卷曲垫圈形状的片簧，在形状方面，将其切割成与分别在后盖 140 和阴铰接件 160 中形成的狭缝 143 和 163 对应。另外，可通过将橡皮垫圈 250 粘接在后盖 140 的第一凸缘 141 上形成弹性装置 150。弹性装置 150 在阴铰接件 160 的轴向中为阴铰接件 160 提供弹力。

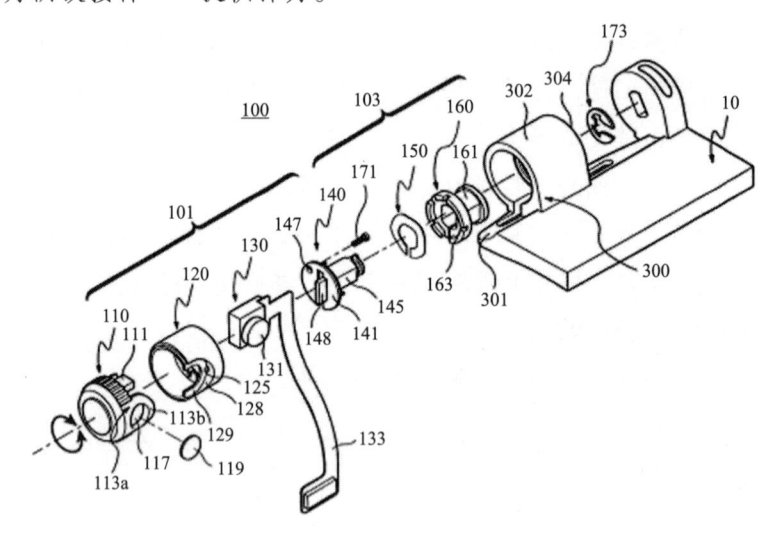

图 1

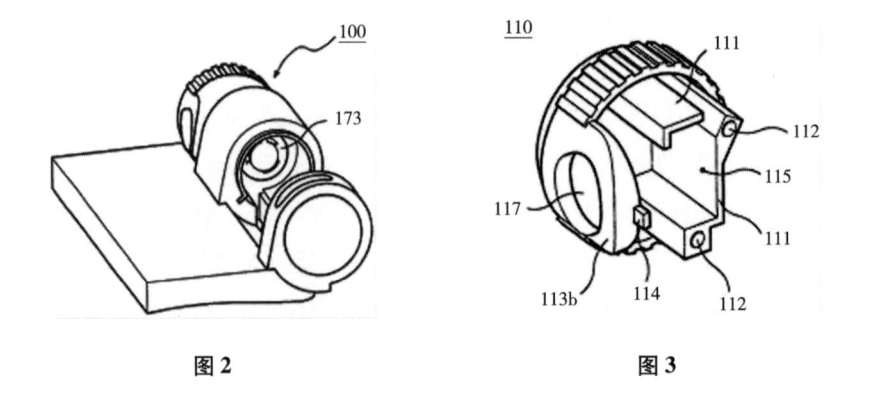

图 2

图 3

参考图1和图3，从前盖110侧延伸肋条111（rib），从而形成用于接纳照相机镜头131的凹槽。将形成镜头容纳凹槽115的肋条111弯曲到能安置照相机镜头131同时支撑照相机镜头131的底部和相对侧面的程度，因此肋条111限制照相机镜头的顶面。另外，前盖110具有暴露开口部分113a。暴露开口113a由镜头盖113b和在镜头盖113b中形成的开口117组成，镜头盖113b从平行于肋条的前盖110的外圆周面延伸。通过开口117暴露照相机镜头131。由透明窗119覆盖开口117以便切断内外侧的互连，以便保护照相机镜头131。同时，肋条111具有一个或多个螺丝孔112。

【权利要求】

1. 一种用于便携式无线终端的照相机镜头组件，包括：

照相机单元，由照相机镜头和为所述照相机镜头提供电连接的柔性印刷电路组成；

前盖，包括用于暴露所述照相机镜头的开口部分；

外壳，其一端与前盖连接，并且该端具有在预定的内部位置的隔板，其中所述隔板暴露所述前盖的镜头容纳凹槽，以及在隔板中形成通孔以便提供用于允许所述照相机单元的柔性印刷电路通过的通路；

后盖，包括连接到所述外壳的另一端并接近外壳的通孔的第一凸缘，和从第一凸缘延伸的阳铰接件；

阴铰接件，包括接纳所述后盖的阳铰接件的圆柱体，以及从所述圆柱体的一端延伸的第二凸缘；以及

弹性装置，安装在所述第一凸缘和所述第二凸缘之间，用于在所述阴铰接件的轴向中提供弹力。

【案例分析】

本申请请求保护的是一种照相机镜头组件，所述照相机镜头组件在物理上是有形的并且是可感知的，组成该产品的每一个结构也都是物理上有形且可感知的，用户可以通过感官看到、触摸到镜头组件这一产品。

从权利要求的保护范围的角度来看，权利要求应当清楚，是指权利要求的类型应该清楚，权利要求主题名称、组成要素含义应当清楚、要素之间的关系也应当清楚。审查指南中提及一般情况下，产品权利要求应当用产品的结构特征来描述。在当前产品权利要求所请求的技术方案

中，清楚地描述了要求保护的产品主题、所述产品的结构组成部件以及各组成部件之间的物理连接关系，所属领域的技术人员能够根据权利要求中的技术方案复制出相同的产品。

从权利的义务主体角度来看，本案产品权利要求保护对象是用于便携式无线终端的照相机镜头组件，上述权利的侵权主体指向：制造、销售、许诺销售、使用及进口相关照相机镜头组件的个人或单位。

二、计算机领域的产品权利要求

计算机系统通常由计算机软件和计算机硬件共同组成，二者相互配合、协同作用，从而使得计算机系统能够完成各项功能。与计算机系统的特定构成相适合，在计算机领域中，产品权利要求有多种不同的表现形式，即涉及计算机硬件的产品权利要求、涉及计算机软件以及涉及计算机软件与硬件相结合的产品权利要求。

下面分别对这几种不同的权利要求表现形式进行示例分析。

（一）涉及硬件改进

计算机硬件是指计算机系统中由电子、机械和光电元件等组成的各种物理装置的总称。这些物理装置按照系统结构的要求构成一个有机的整体，为计算机软件运行提供物质基础。主要结构部件包括：显示器、CPU、内存、主板、电源、冷却系统、各种输入设备等。

与计算机硬件结构改进相关的产品权利要求与传统领域的产品权利要求具有等同的特性，即产品结构在物理上有形且可感知，用于组成产品的各个结构部件及连接关系在物理上同样有形且可感知。根据产品权利要求中所限定的产品结构，所属领域的技术人员能够复制出相同结构的产品。

【案例2-3-4】

【发明名称】具有改进的辐射传输功能的无线键盘

【背景技术】

在便利性的考虑下，红外线无线键盘配合各种计算装置的使用已经广为人知。红外线无线键盘只是简单地利用键盘上的红外线发射器与计算装置上的红外线接收器,来建立键盘与计算装置之间的连接。红外线无线键盘不需要一个实体金属线来连接键盘与计算装置,因此不会有线路纠缠的问题。

然而,红外线无线键盘有许多缺点。特别是,红外线无线键盘的红外线发射器与计算装置的红外线接收器之间的传输路径中,不能存有障碍物。每当在计算装置本身的"奇怪的"位置上装设红外线接收器时,在红外线无线键盘的红外线发射器与计算装置的红外线接收器之间建立传输路径的可能性,即成为该无线键盘是否可被采用的准则。

即使无线键盘的红外线发射器可以调整本身发射的红外线方向,但对于红外线接收器设置在其顶边或靠近顶边的计算装置来说,无线键盘仍不能应用。

此外,红外线无线键盘与计算装置之间的距离不能太大,否则计算装置上的红外线接收器不能检测到红外线无线键盘的红外线发射器所发射的红外线。因此,在发射器与接收器之间的路径不能有障碍物,并需要较小的传输距离等条件,因为这些在红外线无线键盘与计算装置之间存在的人为因素及距离因素,将限制使用者使用键盘的灵活性。

此外,红外线无线键盘因为有红外线发射器而需要大量耗电。红外线无线键盘通常需要4个1.5伏电池所提供的6伏电源运作。如增加耗电量,将减少所有电池寿命,致使必须经常更新电池。

【解决的问题和效果】

提供一种通用键盘,该键盘可与设置辐射信号接收器(例如,红外线接收器)的计算装置相配合使用,并且该红外线接收器可装设在计算装置的任何位置上。

提供一种具有一辐射信号发射器(如红外线发射器)的无线键盘,可配合一计算装置的辐射信号接收器(如红外线接收器)进行传输信号。特别是在无线键盘的辐射信号发射器与计算装置的辐射信号接收器之间不会存有障碍物。

提供一种具有一辐射信号发射器的无线键盘,该无线键盘可以利用低耗电量的元件实施。

【实施方式】

图 1A 为根据本实用新型的第一优选实施例的一无线键盘 1 的外观图。如图 1A 所示，一计算装置（例如个人数字助理）2 具有一顶边 21、一腰边 22 以及一背边 23。该计算装置 2 包含一辐射信号接收器，无线键盘 1 可以配合辐射信号接收器传输信号。

辐射信号接收器可能装设在计算装置 2 的任何位置上。例如，图 1A 中标号 24A 所指的辐射信号接收器设置于计算装置 2 的顶边 21 上。图 1A 中标号 24B 所指的辐射信号接收器设置于靠近计算装置 2 的顶边附近处。图 1A 中标号 24C 所指的辐射信号接收器设置于该计算装置 2 的腰边 22 上。图 1A 中标号 24D 所指的辐射信号接收器设置在计算装置 2 的背边 23 上。通常，计算装置 2 仅具有一个辐射信号接收器。为了便于描述，以下将叙述无线键盘 1 如何配合计算装置 2 的辐射信号接收器 24A 来传输信号。

图 1B 以功能方块图方式概略地表示无线键盘 1 的一些必要元件。图 1B 中并且概略地表示出在无线键盘 1 与计算装置 2 之间的信号与辐射线传输。

如图 1A 和图 1B 所示，该无线键盘 1 包括一座体 10、一使用者输入装置 12、一处理器 14、一辐射信号发射器 16 以及一使用者可调整的导引装置 18。

使用者输入装置 12 装设于座体 10 中。如图 1A 所示，使用者输入装置 12 包括多个供使用者操作的按键 122。使用者输入装置 12 并包含一支撑架 13。该支撑架 13 安置于座体 10 上，并且用以支撑计算装置 2 到一预定直立位置。当计算装置 2 放置于支撑架 13 上时，使用者可调整导引装置 18 能够朝向由支撑架 13 所支撑的计算装置 2 发射辐射线。

处理器 14 能响应多个按键 122 中的一个按键的键入动作，从而产生一对应的按键信号。

辐射信号发射器 16 的功能在于，将来自处理器 14 的对应的按键信号转换成一辐射线，并且随后将该辐射线发射出去。在该实施例中，辐射线可以是一红外线，辐射信号发射器 16 可以是一红外线发射器，辐射信号接收器 24A 也可以是一红外线接收器。

如图 1A 所示，使用者可调整的导引装置 18 具有一第一端 182 以及一第二端 184。该第一端 182 抵靠辐射信号发射器 16，使由辐射信号发射器 16 所发出的辐射线从第一端 182 进入导引装置 18 内。导引装置 18 并从第二端 184 辐射线导引出去。需注意的是，从导引装置 18 的第二端 184 处被导引出的辐射线具有一覆盖区 Z1。众所周知，在无线键盘 1 配合计算装置 2 的辐射接收器 24A 传输信号过程中，计算装置 2 的辐射线信号接收器 24A 必须位于辐射线的覆盖区 Z1 内。

当无线键盘 1 配合辐射信号接收器 24A 传输信号时，导引装置 18 的第二端 184 通过调整导引装置 18 本身来靠近辐射信号接收器 24A，使辐射信号接收器 24A 位于辐射线的覆盖区 Z1 内。

在该实施例中，如图 1C 所示，导引装置 18 包含一可弯曲的管 186 以及一束由该可弯曲的管所包覆的光纤 188。

在该实施例中，如图 1A 和图 1D 所示，座体 10 具有一凹孔 102，辐射信号发射器 16 装设于凹孔 102 内。在本案例中，导引装置 18 以其本身的第一端 182 可插拔地插入到凹孔 102 内。

由于配置了使用者可调整的导引装置 18，本实用新型的无线键盘 1 可以广泛地与各式计算装置 2 配合使用。即该计算装置 2 的辐射信号接收器可以装设于任何位置上，甚至是装设在"奇怪的"位置上。以辐射信号接收器 24A 设于计算装置 2 的顶边 21 上为例，如果无线键盘 1 与一立起的计算装置 2 进行信号传输，导引装置 18 的第二端 184 可以通过调整导引装置 18 本身以便举起高过计算装置 2 的顶边 21。因此，当该无线键盘 1 配合辐射信号接收器 24A 传输信号时，辐射信号接收器 24A 位于辐射线的覆盖区 Z1 内。

再以图 1A 中的辐射信号接收器 24D 作为另一例进行说明，并以图 1D 说明。图 1D 中的无线键盘 1 与图 1A 的无线键盘 1 相同。图 1D 中的计算装置 2 大体上也与图 1A 中的计算装置 2 相同，但图 1D 中的辐射信号接收器 24D 装设在计算装置 2 的背边 23 上。图 1D 中，仅表示出装设于计算装置 2 的背边上的辐射接收器 24D。如图 1D 所示，导引装置 18 的第二端 184 的位置可以通过调整导引装置 18 本身进行调整。因此，当无线键盘 1 配合辐射信号接收器 24D 传输信号时，辐射信号发射器 16 同样地可以靠近辐射信号接收器 24D，并且由此使辐射信号接收器 24D 位于辐射线的覆盖区 Z1 内。

如图 1B 所示，无线键盘 1 进一步包含——电池 19，例如，充电电池或干电池。该电池 19 用以对处理器 14 和辐射线信号发射器 16 的操作提供电力。

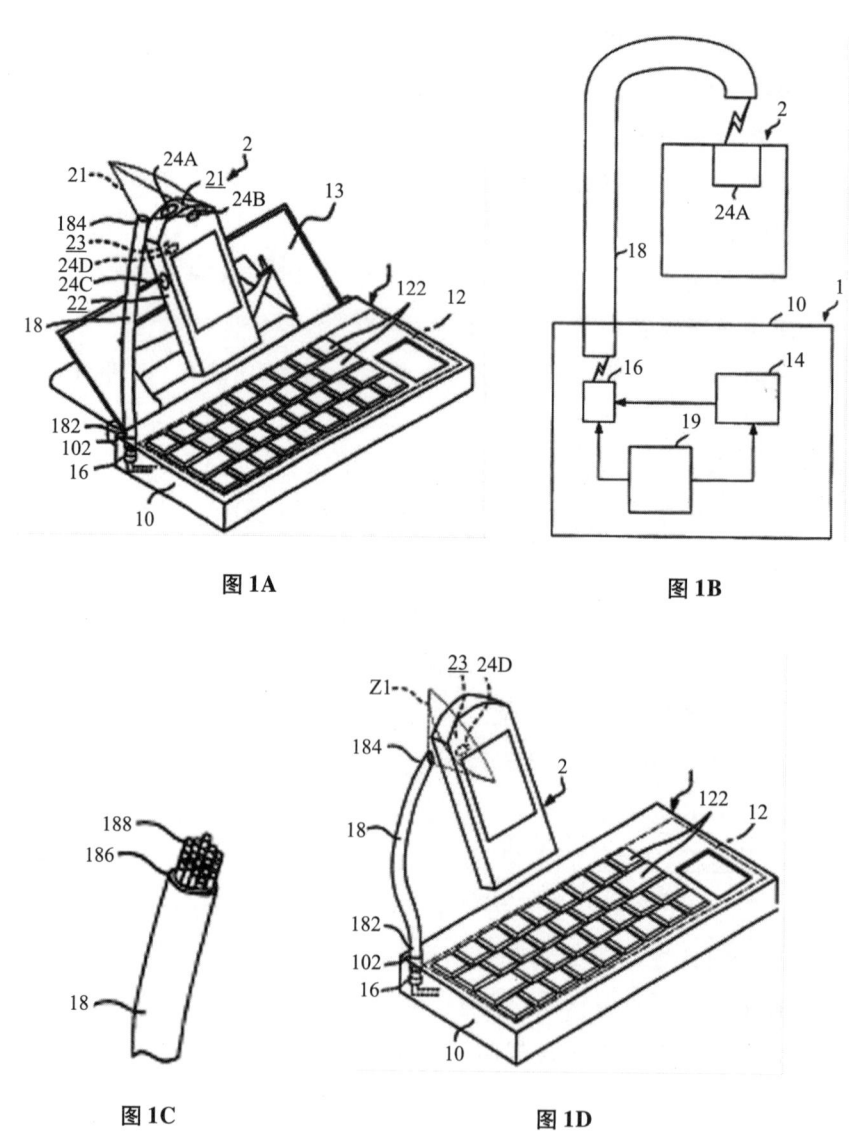

图 1A

图 1B

图 1C

图 1D

【权利要求】

1. 一种键盘，该键盘可配合计算装置的辐射信号接收器传输信号，其特征在于，所述键盘包括：

座体；

使用者输入装置，该使用者输入装置装设在该座体内，使用者输入装置包括多个供使用者操作的按键；

处理器，该处理器产生对应的按键信号，该按键信号响应多个按键中的一个按键的键入动作；

辐射信号发射器，该辐射信号发射器将对应的按键信号转换成一辐射线，并且将辐射线发射出去；

使用者可调整的导引装置，该导引装置具有第一端以及第二端，第一端抵靠辐射信号发射器，由辐射信号发射器所发出的辐射线从第一端进入导引装置并从第二端传送出去，从第二端传输出的辐射线具有覆盖区；

当键盘配合辐射信号接收器传输信号时，导引装置的第二端通过调整导引装置本身靠近辐射信号接收器，使该辐射信号接收器位于辐射线的覆盖区内。

【案例分析】

本申请请求保护一种键盘，并且详细记载了构成该键盘的产品结构。首先，该键盘本身及构成键盘的所有结构部件在现实世界中都是可见、可感知的；其次，在权利要求中详细记载了所有结构部件之间的结构连接关系，此外还进一步记载了该键盘在发挥作用的过程中的信号传递方式及信号流向关系。在当前产品权利要求所请求的技术方案中，清楚地描述了要求保护的产品主题，所述产品的结构组成部件以及各组成部件之间的物理连接和信号关系，所属领域的技术人员能够根据权利要求中的技术方案复制出相同的产品。

从权利的义务主体角度来看，本案产品权利要求保护对象是键盘，上述权利的侵权主体指向：制造、销售、许诺销售、使用及进口相关键盘的个人或单位。

（二）涉及软件改进

计算机领域产品与传统领域的产品的不同之处更多地表现在，当申请改进仅在于程序时，其硬件可能没有变化，但装载不同的计算机程序，计算机产品则具有不同的功能。其中，计算机程序不是用来限定硬件的结构，而是作为一个独立的组成部分与硬件协同工作。程序存在于计算机产品中的状态具有多样性，例如，一种是程序没有与存储或承载该信息的载体或介质发生功能性的联系，例如，U盘上存储的PDF格式的程序源代码，各国对于此种非执行状态存储的程序一般不给予专利保护；另一种是计算机程序以可执行状态静态存储在非瞬时的存储介质上，与介质发生功能性的联系；再一种是程序被加载在目标体系结构上，其被处理器调用执行时与计算机内外的其他元素之间存在结构性或功能性的交互关系，并通过协同作用共同解决一定的问题。因此这也是各局在基于程序改进撰写的计算机产品权利要求中为什么写明其程序的存在状态的原因。例如，在美国与欧洲所允许的介质和程序产品权利要求中，明确写明所述程序是被加载在介质或者存储器上，可执行或被处理器执行，使得上述产品中的程序能够与硬件协同作用、发生功能性的联系，以便实现其发明目的。

当产品权利要求的改进之处为软件程序的改进时，其表现出与传统领域的产品权利要求不同的特性：从技术角度来看在计算机系统中软件与硬件是一个整体，具有不可分割的特性；软件的执行要依赖于硬件，硬件脱离软件则无法运行；虽然计算机软件在物理上无形、不可感知，但其被执行时能够使得计算机系统完成特定功能，即能够使得执行了该软件程序的计算机与未执行该软件程序的计算机呈现出完全不同的产品状态及功能，因而从本质上说计算机软件程序在技术上具有产品特性。

因此，从产品权利要求的表现形式来看，涉及计算机软件以及涉及计算机软件与硬件结合的产品权利要求，在专利申请中通常表现为涉及计算机程序的产品权利要求，所描述的产品各部件要由计算机设备执行，并使得计算机设备完成各部件所限定的特定功能，具有动态可执行性、而非仅是静态地提供方法指导和阅读。

下面通过不同表现形式的案例来进一步解析涉及计算机软件以及涉

及计算机软件与硬件结合的产品权利要求。

（三）常见表达形式

1. 软件与硬件相结合

【案例 2-3-5】

【发明名称】通过在解锁图像上执行手势来解锁设备

【背景技术】

在本领域中，触敏显示器（也被称为"触摸屏"或"触控屏"）是众所周知的。在很多电子设备中都使用了触摸屏来显示图形和文本，以及提供可供用户与设备进行交互的用户界面。触摸屏检测并响应于该触摸屏上的接触。设备可以在触摸屏上显示一个或多个软按键、菜单以及其他用户界面对象。用户可以通过接触其希望与之交互的用户界面对象所对应的触摸屏位置，来与设备进行交互。

在移动电话和个人数字助理（PDA）之类的便携设备上，越来越普遍地使用触摸屏作为显示器和用户输入设备。如果在便携设备上使用触摸屏，伴随而来的一个问题是：无意地接触触摸屏会导致无意中激活或停用某些功能。因此，一旦满足预定锁定条件，例如进入主动呼叫，经过预定空闲时间或是用户手动锁定，那么便携设备、此类设备的触摸屏和/或运行在此类设备上的应用可被锁定。

具有触摸屏的设备和/或运行在此类设备上的应用可以被多种公知解锁过程中的任何一种解锁，例如按下预定的一组按钮（同时或顺序地）或是输入代码或密码。但是，这些解锁过程存在缺点。按钮组合可能难以执行。创建、记忆和回忆密码、代码等可能会很麻烦。这些缺点可能降低解锁过程的易用性，从而通常降低设备的易用性。

需要更有效和用户友好的过程来解锁此类设备、触摸屏和/或应用。更一般地，需要更有效和用户友好的过程来使此类设备、触摸屏和/或应用在用户界面状态之间转换（例如，从第一应用的用户界面状态转换到第二应用的用户界面状态，在同一应用的用户界面状态之间转换，或者在锁定与解锁状态之间转换）。此外，还需要给用户关于发生转换所需要的用户输入条件的满足进度的感觉反馈。

"互联网＋"视角下看专利审查规则的适用

【解决的问题和效果】

现有技术中电子设备的解锁方式一般是通过密码或按下一组按钮等方式，操作烦琐，降低了设备的易用性。本申请的改进在于提供了一种计算机程序流程，使得装载该程序的设备可以按照如下流程运行：在触摸屏上提供解锁图像及可视提示（例如，指示手势移动方向的箭头），检测用户使用该图像的解锁动作（如手势），判断用户对解锁图像执行的手势是否满足预定手势，从而控制电子设备的解锁状态，以便提供更加有效而友好的解锁过程。

【实施方式】

通过使用解锁图像而将设备转换到用户界面解锁状态的过程300流程如下：

在满足锁定条件时，设备将被锁定（302）。解锁图像和使用该解锁图像的解锁动作的可视提示被显示（304）。在操作304中，除了可视提示之外还会显示解锁图像。

如上所述，解锁动作包括与解锁图像进行交互。在某些实施例中，解锁动作包括用户针对解锁图像执行预定手势。在某些实施例中，该手势包括将解锁图像拖曳到触摸屏上满足一个或多个预定的解锁判据的位置。换句话说，用户在与解锁图像相对应的位置接触触摸屏，然后在持续接触触摸屏的同时执行预定手势，将图像拖曳到满足预定的解锁判据的位置。在某些实施例中，该解锁动作是在完成预定手势时通过中断与触摸屏的接触（由此释放解锁图像）来完成的。

满足一个或多个预定的解锁判据的位置仅仅是触摸屏上的为了解锁设备而预先定义的解锁图像将被拖曳到的位置。所述一个或多个位置可以定义得较窄或较宽，并且它可以是触摸屏上的一个或多个特定位置，触摸屏上的一个或多个区域，或其任意组合。例如，这些位置可以被定义为被特别标记的位置，触摸屏四个角的每一个的区域，或是触摸屏的一个象限等等。

在某些实施例中，交互过程包括将解锁图像拖曳到触摸屏上的预定位置。例如，该解锁动作可以包括将解锁图像从触摸屏的一个角拖到该触摸屏的另一个角。另举一例，该解锁动作可以包括将解锁图像从触摸屏的一个边缘拖到其相对的边缘。这里的重点是解锁图像（以及手指）的最终目的地。由此，用户能够将解锁图像从其初始位置沿着任何希望的路径拖曳。只要解锁图像到达预定位置并在该位置释放，设备将被解锁。应该了解的是，如上所述，该预定位置可以被定义得较窄或较宽，并且可以是触摸屏上的一个或多个特定位置，触摸屏上的一个或多个区域，或其任意组合。

在某些其他实施例中，解锁动作包括沿着预定路径拖曳解锁图像。例如，解锁动作可以包括从一个角开始沿着触摸屏圆周（该路径是触摸屏的圆周）顺时针拖曳解锁图像并返回。另举一例，解锁动作可以包括沿着一条直线路径将解锁图像从触摸屏的一个边缘拖到其相对的边缘。这里的重点是移动解锁图像（和手指）所沿的路径。由于重点在于路径，解锁图像所要移至的最终位置可以定义得较为宽泛。例如，解锁动作可以是将解锁图像从它的初始位置沿预定路径拖到触摸屏预定区域内部的任意一点。该预定路径可以包括一条或多条直线，或是扭曲和转向的线路。

用户与触摸屏进行接触（306）。设备检测与触摸屏的接触（308）。如果该接触不与针对图像的解锁动作的成功执行相对应，设备保持锁定。如果该接触与针对图像的解锁动作的成功执行相对应，设备被解锁（314）。

【权利要求】

1. 一种电子设备，包括：

触敏显示器；

一个或多个处理器；

存储器；以及

一个或多个程序，其中所述一个或多个程序被存储在所述存储器中，并且被配置成由所述一个或多个处理器执行，所述程序包括用于执行以下步骤的指令：

当所述设备处于用户界面锁定状态时，检测与所述触敏显示器的接触；

根据所述接触，沿所述触敏显示器上的预定显示路径移动解锁图像，其中所述解锁图像是用户与之交互以解锁所述设备的图形交互式用户界面对象；

如果检测到的接触与预定手势相对应，将所述设备转换到用户界面解锁状态；以及

如果检测到的接触不与所述预定手势相对应，将所述设备保持在所述用户界面锁定状态。

【案例分析】

权利要求1请求保护一种电子设备，属于产品权利要求，该产品权利要求既包含硬件结构特征（触敏显示器、存储器、处理器），又包含程序特征，这里的程序"被存储在所述存储器中，并且被配置成由所述一个或多个处理器执行"，通过这一描述可知，该方案实质改进在于计算机软件，通过软件与硬件的协同配合，共同完成对该电子设备解锁状态进行控制的技术方案。

从表达的权利范围的角度来看，权利要求的保护对象为电子设备，非常明确，权利要求中的各组成部分也是清楚的，所提及的"程序"其含义清楚，技术上无歧义；并且该程序在电子设备中存在状态也是清楚的，即程序存储在存储器上并被处理器执行。因此，上述权利要求中直接以"程序"限定的方式，保护范围的理解上也不存在歧义，明确地表示出所保护的是一种装载着包含上述流程特征的计算机程序的电子设备，保护范围是清楚的。

另外，权利要求中体现了申请对现有技术作出的贡献主要在于计算机软件，权利要求所请求范围与说明书所公开的程序流程改进方案相匹配。

本申请欧洲同族专利的授权文本中保留了这一用程序直接限定产品的权利要求，并且在后续的司法诉讼中，无论是法官还是双方当事人，关注的都是技术术语及方案的实质内容，并没有质疑"程序""指令"在产品权利要求中的撰写形式，这也证明了这种限定方式在欧洲的司法实践中并不会给权利要求的解释与侵权判定带来困扰。

从权利的义务主体角度来看，本案产品权利要求其侵权主体指向：制造、销售、许诺销售、使用及进口装有相关软件的电子设备个人或

单位。

通过上述案例可知,传统领域的产品权利要求通常用产品的结构特征来描述。而对于计算机领域产品权利要求而言,产品的组成部分不仅可以包括硬件,还可以包括程序。

2. 以存储介质为主题的产品权利要求

【案例2-3-6】

【发明名称】通过在解锁图像上执行手势来解锁设备

【权利要求】

一种计算机可读存储介质,包括与具有触敏显示器的便携电子设备结合使用的计算机程序,所述计算机程序可被处理器执行以完成以下步骤:

当所述设备处于用户界面锁定状态时,检测与所述触敏显示器的接触;

根据所述接触,移动与所述设备的用户界面解锁状态相对应的图像;

如果检测到的接触与预定手势相对应,将所述设备转换到所述用户界面解锁状态;以及

如果检测到的接触不与所述预定手势相对应,将所述设备保持在所述用户界面锁定状态。

【案例分析】

目前国际上,尤其是美日欧等主要国家和地区的专利局普遍认可存储有可执行程序的计算机可读存储介质权利要求,其不仅可以达到给改进全部在于程序的技术方案以产品类型保护这一目的,而且其作为产品权利要求的保护范围也是明确的、鲜有争议的。

此次《专利审查指南2010》修改草案,将第二部分第九章第2节第一段和第三段中"仅仅记录在载体上的计算机程序"改为"仅仅记录在载体上的计算机程序本身";将"仅由所记录的程序限定的计算机可读存储介质"修改为"仅由所记录的程序本身限定的计算机可读存储介质"。上述修改意在明确,以《专利法》第25条排除的仅是由程序本身所限定的介质。对于由计算机程序流程限定的介质不在此列。对于后者,应当进

一步审查其是否符合《专利法》第 2 条第 2 款等其他法律规定。

具体到本案,该权利要求以计算机可读存储介质这样一种实体装置的方式对滑动解锁程序给予了保护,对该计算机可读介质的限定均是滑动解锁程序对应的流程步骤,该流程步骤属于技术方案,并且权利要求中限定了程序的可执行状态。其实质上是对计算机程序的产品化形式给予了专利保护。

这种限定的方式,体现了该申请对现有技术作出的贡献主要在于计算机软件。

从权利的义务主体角度来看,凡是存储了滑动解锁程序的终端设备或者软盘、硬盘及光盘,均落入该权利要求的保护范围,可以有效地对抗软件的制作者、复制者或销售者制造、销售、使用计算机程序等侵权行为。从侵权判定的角度看,容易理解该权利要求的保护范围,也易于进行侵权比对。

3. 概括成功能性限定

【案例 2-3-7】

【发明名称】用于确定多媒体序列的帧尺寸的方法
【背景技术】

MPEG-1 定义了由 MPEG(运动图像专家组)承认的一组音频和视频(AV)编码和压缩标准。MPEG-1、Audio Layer 3 是被称为 MP3 的流行音频格式。随着消费者解码硬件变得更廉价和更强大,开发出了例如 MPEG-2 和 MPEG-4 的更先进的格式。这些较新的格式更为复杂并且需要更强大的硬件,但是这些格式也实现了更高的编码效率。

通常来讲,MP3 文件由多个 MP3 帧组成,而 MP3 帧由 MP3 报头和 MP3 数据构成。这种帧的序列被称为基本流。帧是独立的信息:可以从文件中剪辑出帧,并且 MP3 播放器能够播放该帧。MP3 报头包含了编码机制的信息(例如,编码版本、采样率和比特率),并且 MP3 数据是实际音频有效载荷。然而,各个帧的长度可能由于编码比特率等的多样性而不固定,所以需要确定 MP3 文件的各个帧的长度以便进行后续解码。

【解决的问题和效果】

仅通过一个变量（即帧比特率）就可以从多媒体序列中确定帧尺寸，该多媒体序列的每个帧报头中具有同步模式（或公共模式）和比特率信息。该实施方式的另一个优点是，因为比特率的类型是有限的，所以可以在通过公式获取映射以及通过检查下一帧头对映射进行验证之后，生成并存储与查找表中和比特率类型相应的帧长度的记录。因此，可以缩短解码过程中的搜索时间。

【实施方式】

从多媒体序列中获取第一代码段 H0 和第二代码段 H1（步骤 S302），并且从第一代码段 H0 中获取第一可能比特率 Br0（步骤 S304）。第一代码段 H0 和第二代码段 H1 都包括特定构成的相同模式（即公共模式）。确定第一代码段与第二代码段的开始位置 P0 与 P1 之间的第一帧的长度 L0，并且将 Br0 与 L0 之间的映射存储在查找表中（步骤 S306）。查找表可以被存储在易失性存储器中，并且处理器可以查阅该查找表并从易失性存储器中读出相应长度。假定多媒体文件是 MPEG1、11172－3、Layer II 或 Layer III 的文件，如果可能比特率 Br0 是 40kbit/s，则可以将第一长度 L0 在查找表中存储为 Len（Br40）。因此，从第二代码段 H1 中获取可能比特率 Br1（步骤 S308），并且核对与所获取的比特率 Br1 对应的长度在查找表中是否已被确定（步骤 S310）。

当获取的比特率 Br1 对应的长度没有被确定（例如，比特率 Br1 是 96kbt/s 而查找表中没有存储与比特率 Br1 对应的帧长度），则利用公式来预测第二帧的长度 L1，该公式使用的参数至少包括长度 L0 与比特率 Br0 和 Br1 的比（步骤 S312）。例如，长度 L1 被预测为 Br1 × (L0/Br0)。位置 Pc 被设定为 P1 加上所预测的长度 L1（步骤 314）。在 Pc 减去公差长度 Lb1 与 Pc 加上公差长度 Lb1 再加上预定报头长度之间定义搜索区域（步骤 S316）。公差长度 Lb1 可以是大于 Brmax/Brmin 的最小整数，其中 Brmax 和 Brmin 分别是帧的可能的最大比特率和最小比特率。从搜索区域中获取开始位置为 P2 的第三代码段 H2，第三代码段 H2 包括该特定构造的公共模式（步骤 S318）。因此，根据开始位置 P1 与 P2 之间的实际长度更新长度 L1，并将 Br1 与 L1 之间的映射存储在查找表中

（步骤 S320）。

当获取的比特率 Br1 对应的长度被确定（例如，比特率 Br1 是 40kbit/s，并且在查找表中找到了相应的帧长度 Len（Br40）），则从查找表中获取与比特率 Br1 相应的预定（即存储的）长度 Ld（步骤 S322），并且位置 Pc 被设定为 P1 加上该预定长度 Ld（步骤 S324）。在 Pc 减去公差长度 Lb2（例如，1 字节）与 Pc 加上公差长度 Lb2 再加上预定报头长度之间定义搜索区域（步骤 S326）。从搜索区域中获取包括特定构造的公共模式的开始位置为 P2 的第三代码段 H2，第三代码段 H2 包括特定构造的公共模式（步骤 S328）。

另外，当开始位置 P2 可以从搜索区域中发现时，则长度 L0 可以被认为是可靠的并且 L0 与 Br0 的比也可以被认为是可靠的。此外，代码段 H0 和 H1 被发现的具有特定构造的相同模式也可以被认为是可靠的。然而，当搜索区域中不能发现开始位置 P2 时，需要确定另一公共模式来获取新长度 L0，并且需要对新的 L0 进行再次验证。为了解决这种例外的结果，可以在先前获取的多媒体序列的代码段 H0 之后重新执行步骤 S302 到 S328。

第三代码段 H2 被设定为开始位置为 P（i-1）的帧报头 H（i-1）（步骤 S330）。从帧报头 H（i-1）获取比特率 Br（i-1）（步骤 S332），随后检查与所获取的比特率 Br（i-1）对应的长度是否已被确定（步骤 S334）。当获取的比特率 Br（i-1）对应的长度没有被确定时，则利用公式来预测第（i-1）帧的长度 L（i-1），该公式使用的参数至少包括 Br（i-1）以及长度 L0 与比特率 Br0 的比（步骤 S336），并且位置 Pc 被设定为 P（i-1）加上预测的长度 L（i-1）（步骤 S338）。在 Pc 减去公差长度 Lb1 与 Pc 加上公差长度 Lb1 再加上预定报头长度之间定义搜索区域（步骤 S340）。公差长度 Lb1 例如可以是大于 Brmax/Brmin 的最小整数，其中 Brmax 和 Brmin 分别是帧的可能的最大比特率和最小比特率。从搜索区域中获取开始位置为 P（i）的帧报头，该帧报头包括特定构造的公共模式（步骤 S342）。因此，根据开始位置 P（i-1）与 P（i）之间的实际长度，更新长度 L（i-1），并将 Br（i-1）与 L（i-1）之间的映射存储在查找表中（步骤 S344）。

另外，当获取的比特率 Br（i-1）对应的长度被确定时，从查找表中获取与比特率 Br（i-1）相应的预定长度 Ld（步骤 S346），并且位置 Pc 被设定为 P（i-1）加上该预定长度 Ld（步骤 S348）。搜索区域被定义在 Pc 减去公差长度 Lb2（例如，1 字节）与 Pc 加上公差长度 Lb2 再加上预定报头长度之间（步骤 S350）。从搜索区域中获取开始位置为 P（i）的帧报头，该帧报头包括特定构造的公共模式（步骤 S352）。在找到了包括 P（i）的帧报头之后，确定多媒体文件是否结束（步骤 S354）。如果是，则整个处理也结束；如果否，则将所获取的帧头设定为帧报头 H（i-1）（步骤 S356），然后返回到步骤 S332 以发现后续多媒体帧。

【权利要求】

1. 一种电子设备，该电子设备包括多媒体播放单元和处理器，所述处理器包括：接收多媒体序列；从所接收的多媒体序列中获取第一帧报头的第一比特率；通过公式来预测包括第一帧报头的第一帧的第一长度，所述公式使用的参数至少包括第一比特率以及第二长度与第二帧报头的第二比特率的比，该第二帧报头在所述第一帧报头之前；在第一搜索区域内搜索同步模式，用以确定位于所述第一帧之后的第三帧报头的开始位置，其中该第一搜索区域包括所述第一帧报头的开始位置加上所预测的第一长度的位置，并将所述第一长度更新为所述第一帧报头的开始位置与所述第三帧报头的开始位置之间的长度；并且指导所述多媒体播放单元播放所述第一帧的帧数据。

【案例分析】

本申请说明书中分别描述了确定多媒体序列的帧尺寸的程序流程图，以及通过执行计算机程序的电子系统。尽管说明书中主要描述了确定多媒体序列的帧尺寸的程序流程图。从技术实现的角度而言，FPGA 和 DSP 已经是本领域技术人员所熟知的可编程芯片技术，根据本发明所描述的程序流程图，本领域技术人员可以合理地预测到，除了计算机程序之外，还可以用 FPGA 或 DSP 来实现该方法。由此可见，根据说明书并结合本领域的技术常识，本领域技术人员可以合理地预测到实现该方案的其他替代方式，利用可编程技术，将计算机程序烧制在处理芯片中，通过芯片执行该方法。而将不同程序烧制在芯片中时，芯片的微观结构会发生变化。并非仅能通过软件来实现。因此，申请人利用功能性限定的撰写形式来描述其改进部分，虽然没有明确其是通过处理器执行程序来实现的，但从目前审查与司法实践来看，这样的权利要求绝大多数也是被认为是清楚且得到说明书的支持。

4. 程序模块构架类型的产品权利要求

在《专利审查指南2010》第二部分第九章第5节中还提及了一种涉及计算机程序的发明专利申请的权利要求撰写方式。相关规定如下：涉及计算机程序的发明专利申请的权利要求可以写成一种方法权利要求，也可以写成一种产品权利要求。无论写成哪种形式的权利要求，都必须得到说明书的支持，并且都必须从整体上反映该发明的技术方案，记载解决技术问题的必要技术特征，而不能只概括地描述该计算机程序所具有的功能和该功能所能够达到的效果。如果写成方法权利要求，应当按照方法流程的步骤详细描述该计算机程序所执行的各项功能以及如何完成这些功能；如果写成装置权利要求，应当具体描述该装置的各个组成部分及其各组成部分之间的关系，所述组成部分可以包括硬件，也可以包括程序。

如果全部以计算机程序流程为依据，按照与该计算机程序流程的各步骤完全对应一致的方式，或者按照与反映该计算机程序流程的方法权利要求完全对应一致的方式，撰写装置权利要求，即这种装置权利要求中的各组成部分与该计算机程序流程的各个步骤或者该方法权利要求中的各个步骤完全对应一致，则这种装置权利要求中的各组成部分应当理解为实现该程序流程各步骤或该方法各步骤所必须建立的程序模块，由这样一组程序模块限定的装置权利要求应当理解为主要通过说明书记载的计算机程序实现该解决方案的程序模块构架，而不应当理解为主要通过硬件方式实现该解决方案的实体装置。

（四）主要国家和地区的相关规定

1. 软件与硬件相结合方式的产品权利要求

美日欧等主要国家对待"程序限定产品"类的产品权利要求时，并不认为这样的限定方式会导致产品权利要求保护范围不清楚，而是将其中的程序看作产品的组成部分，相当比例的授权案例包含"软件与硬件相结合"或"程序限定产品"撰写方式的产品权利要求。此外，通过对相关撰写方式的授权案例及其后续司法诉讼的跟踪可知，其中没有对采用程序限定产品的权利要求保护范围是否清楚等产生质疑。

2. 存储介质为主题的产品权利要求

美国专利审查指南规定：瞬时性的信号传输和计算机程序本身不能被授予专利权。美国认可非暂时的、切实的计算机可读存储介质权利要求属于法定主题。

欧洲认为：客体标准为该项权利要求是否具备技术性。符合技术性要求的计算机可读存储介质权利要求属于保护客体。

2000年的日本专利和实用新型审查指南中规定："具有功能性的计算机程序可以被定义为产品发明；计算机程序及其记录介质可受保护。"

3. 程序产品为主题的产品权利要求

美国允许"程序产品"权利要求，但必须加入"非瞬时性"的限定，还要求在文字上能够体现出"包含"或"包含于"计算机可读存储介质上。

欧洲以"程序产品"为主题名称的权利要求，权利要求的方案整体上要符合技术性的要求。欧洲对于该类权利要求在撰写形式上也没有具体的要求，无论是"加载至数据处理设备""包括计算机可执行指令"，还是"在计算机可读介质上"，均表明了其实质上就是一种"程序"，与直接以"计算机程序"为主题名称的权利要求的保护范围大体一致。

而对于主题名称为"计算机程序产品"，日本并未给出明确的是否认可的规定，也并未将其列在审查基准列举的计算机程序相关的产品权利要求的范例中。而通过对日本针对以"计算机程序产品"为主题名称的权利要求的审查意见进行研究，发现日本并不否定"程序产品权利要求"的客体，但认为其保护范围不清楚，要求修改为以"计算机程序"或"计算机可读存储介质"为主题名称。

下表是在满足技术性要求的情况下，美日欧对于计算机程序、存储该计算机程序的计算机可读介质、程序产品专利性的审查规定。

"互联网+"视角下看专利审查规则的适用

权利要求	计算机程序	可读存储介质	计算机程序产品
美国	不可以保护	可以保护,非瞬时、确切	可以保护,但需体现包括或包含于计算机可读介质+非瞬时
日本	可以保护	可以保护	不清楚,可改为实质上的介质或程序
欧洲	可以保护	可以保护	可以保护

第四章
包含非技术特征的权利要求

概　　述

　　专利法的立法宗旨是鼓励发明创造，促进科学技术的发展。专利法所要保护的是对现有技术作出贡献的发明创造，其通过权利要求所记载的技术方案体现。因此，授予专利权的权利要求应当是一个体现发明对现有技术作出的贡献的技术方案。这里包含对授权权利要求两方面的要求，一是权利要求记载的应当是一个技术方案，二是该技术方案应当体现发明对现有技术的贡献。在审查中这两方面要求分别是通过保护客体的审查和创造性的审查来实现的。

　　在理想情况下，权利要求中描述的技术方案由技术特征构成，是技术特征的集合。然而，发明创造的作出需要发明人的智慧劳动，即离不开人的智力活动，例如许多"互联网+"相关专利申请依赖于计算机软件实现，此类申请往往牵涉诸如规则或算法的智力活动的规则和方法等可能被认为是非技术的内容；此外，随着计算机、互联网技术的日趋成熟和应用范围的不断扩展，其被广泛用于实现非技术目的或者应用于非技术性的领域，例如大量依靠互联网技术实现的商业方法就属于此种情形。因此，在对发明方案的描述中，有时不可避免会涉及非技术的内容，使得要求保护的发明权利要求方案可能既包含技术特征，也包含非技术特征。

本章针对权利要求包含非技术性内容的两种情形：权利要求的整体不构成技术方案，以及权利要求的整体构成技术方案，同时又包含非技术特征，分别从保护客体和创造性两方面讨论审查规则的适用。

第一节 专利保护客体判断

一、我国相关规定及审查操作

（一）相关法条

在判断相关专利申请是否属于专利保护客体时，主要涉及的法条有两个，分别是《专利法》第25条第1款第（二）项有关智力活动的规则和方法，以及《专利法》第2条第2款有关发明技术方案的定义。

1. 《专利法》第25条

《专利法》第25条规定："对下列各项，不授予专利权：

（一）科学发现；

（二）智力活动的规则和方法；

（三）疾病的诊断和治疗方法；

（四）动物和植物品种；

（五）用原子核变换方法获得的物质；

（六）对平面印刷品的图案、色彩或者两者的结合作出的主要起标识作用的设计。"

2. 《专利法》第2条第2款

《专利法》第2条第2款规定：发明，是指对产品、方法或者其改进所提出的新的技术方案。

（二）审查标准

在实际审查中，对于《专利法》第 25 条第 1 款第（二）项以及《专利法》第 2 条第 2 款这两个法条的适用需要注意以下几方面的问题。

1. 智力活动的规则和方法与技术方案的区别

判断一项权利要求的方案是否属于专利保护客体，首先要判断其整体上是否属于智力活动的规则和方法。而区分权利要求的方案是否属于智力活动的规则和方法，通常是以权利要求中是否包含技术特征来判断的。

《专利审查指南 2010》第二部分第一章 4.2 节指出：由于智力活动的规则和方法没有采用技术手段或者利用自然规律，也未解决技术问题和产生技术效果，因而不构成技术方案。也就是说，智力活动的规则和方法必然不构成技术方案，而反之，不构成技术方案，并不必然属于智力活动的规则和方法。在实际判断中需要区分以下几方面的问题。

（1）技术术语并不等同于技术特征。

在实际判断时，注意不要把权利要求中出现的技术术语等同于技术特征，而是要看该技术术语在权利要求中能起到何种作用。比如一种拍卖计算机的方法，"计算机"只是作为拍卖的对象，在这里仅仅是作为技术术语而出现，而其在权利要求中并没有真正发挥其作为数据处理设备的技术作用，因此这里的"计算机"并不属于技术特征，该拍卖计算机的方法仍然属于一种智力活动的规则和方法，不属于专利保护的客体。

（2）《专利审查指南 2010》第九章中规定的特例。

《专利审查指南 2010》第二部分第九章第 2 节以列举的形式指出：如果一项权利要求仅涉及记录在载体（例如磁带、磁盘、光盘、磁光盘、ROM、PROM、VCD、DVD 或者其他的计算机可读介质）上的计算机程序（本身），或者游戏的规则和方法等，则该权利要求属于智力活动的规则和方法，不属于专利保护的客体。

也就是说，对于存储有计算机程序本身的计算机可读介质，由于其实质请求保护的是一种计算机程序本身，因而属于智力活动的规则和方法。那么，对于权利要求实质请求保护的是一种智力活动的规则和方法，仅涉及"存储"等技术特征的方案，基于与存储有计算机程序本身的计算机可读介质相同的考虑，也认为该权利要求属于智力活动的规则和方法，不属于专利保护的客体。具体案例可以参见本书第三部分第六章案例3-2-2。

2. 正确理解技术三要素之间的关联

根据《专利审查指南2010》第二部分第一章第2节的规定："技术方案是对要解决的技术问题所采取的利用了自然规律的技术手段的集合。技术手段通常是由技术特征来体现的。未采用技术手段解决技术问题，以获得符合自然规律的技术效果的方案，不属于专利法第二条第二款规定的客体。"即规定了发明专利申请若想成为受《专利法》保护的"技术方案"，则必须同时具备上述"技术问题、技术手段、技术效果"三个要素。

（1）从指南内容的一致性表述看技术三要素的关联关系。

《专利审查指南2010》第二部分第九章第3节、第267页第9段规定："（3）未解决技术问题，或者未利用技术手段，或者未获得技术效果的涉及计算机程序的发明专利申请，不属于专利法第二条第二款规定的技术方案，因而不属于专利保护的客体"，容易被解读为可以简单地将某个要素从"三要素"中割裂出来单独否定所述方案不构成"技术问题"。

而《专利审查指南2010》一般章节，即上述第二部分第一章第2节的相关表述则明确体现了三要素之间的关联性。

（2）从指南技术方案判定规定的历史演变看技术三要素的关联关系。

1993版《审查指南》中指出：能产生技术效果，构成完整的技术方案则属于保护客体。

2001版《审查指南》第一次引入技术三要素，指出：凡是解决技术问题、利用技术手段并获得技术效果的涉及计算机程序的申请属于专利的保护客体。其中三要素是关联的，只有同时满足，才构成技术方案。

2006版《审查指南》进一步细化了技术三要素，指出：执行计算机程序的目的是解决技术问题，在计算机上运行计算机程序从而对外部或内部对象进行控制或处理所反映的是遵循自然规律的技术手段，并且由此获得符合自然规律的技术效果,则解决方案构成技术方案。2006 版《审查指南》进一步强调了技术三要素的关联性。

从指南对于技术方案的判定规定的上述历史演变可以看出,技术三要素最早源于 1993 版《审查指南》中指出的技术效果。由此也可以推知,技术三要素属于一个整体、彼此关联。

(3) 应当避免割裂技术三要素关系、孤立地从某一个要素进行判断。

一般情况下,技术问题和技术效果是相互对应的,如果一个解决方案能够解决技术问题,必然会带来相应的技术效果;而技术手段通常是由技术特征来体现的,能够解决技术问题并获得技术效果的手段,才能构成技术手段。

应当避免割裂技术三要素关系、孤立地从某一个要素进行判断。例如,不能简单地从方案中是否包含"技术特征"或"技术术语"就断言其构成技术手段,需要具体看其在方案中发挥何种作用。也不能简单地将"所解决的问题"割裂出来单独判断其是否构成"技术问题",进而判断是否构成技术方案。就比如脱离了具体的方案讨论"汽车节油"是否属于技术问题一样,若是通过诸如改进汽车发动机、提高成品油燃烧率等手段来解决汽车节油问题,相应的方案构成技术方案;而若是通过诸如减少开车、多步行的手段来解决汽车节油问题,则很明显这样的方案并非技术方案。

因此,技术方案的判断,需要分析为解决其问题采用了何种手段,这种解决手段是否建立在技术约束的基础上。

3. 正确理解"计算机程序本身"与"涉及计算机程序的发明"

(1) 关于"计算机程序本身"的定义。

《专利审查指南 2010》第二部分第一章第 4.2 节指出"计算机程序本身"属于《专利法》第 25 条第 1 款第(二)项所述的智力活动的规则和方法。

《专利审查指南 2010》第二部分第九章第 1 节对于计算机程序本身给出了定义,其与《计算机软件保护条例》中对"计算机程序"的定义相同。即"计算机程序本身是指为了能够得到某种结果而可以由计算机等具有信息处理能力的装置执行的代码化指令序列,或者可被自动转换成代码化指令序列的符号化指令序列或者符号化语句序列。计算机程序本身包括源程序和目标程序"。基于《专利审查指南 2010》对计算机程序本身给出的定义,计算机程序本身因其仅代表计算机所执行的"指令"或"语句"序列,不涉及程序的实际执行,不可能存在利用自然规律解决技术问题的过程,等同于非技术特征,因而被排除在专利保护的客体之外。

(2)关于"涉及计算机程序的发明"的定义。

《专利审查指南 2010》第二部分第九章第 1 节对于涉及计算机程序的发明也给出了以下定义:其是指为解决发明提出的问题,全部或部分以计算机程序处理流程为基础,通过计算机执行按上述流程编写的计算机程序,对计算机外部对象或者内部对象进行控制或处理的解决方案。

(3)"计算机程序本身"不同于"涉及计算机程序的发明"。

可见,"计算机程序本身"的含义与"计算机处理流程"存在本质的不同,前者代表计算机所执行的"指令"或"语句"序列,后者体现对计算机外部对象或内部对象的控制或处理过程(如顺序或逻辑)。

也正因为如此,即使对于全部以计算机程序处理流程为基础作出的发明,如果其作为整体符合技术三要素的要求,则属于专利保护的客体。这是因为,出现在这些全部以计算机程序处理流程为基础的方法或装置权利要求中的程序,其已经不再是孤立的程序本身,不属于非技术特征,而是与数据、文件及硬件资源相互配合,体现出了对外部对象或内部对象进行控制或处理的解决方案。

4. 客体判断不依赖于现有技术

客体判断不应依赖于现有技术,也就是说客体问题不应混淆于发明是否是新的以及是否涉及创造性问题。对于客体判断是否引入现有技术,国家知识产权局专利局(以下简称"我局")的审查实践实际上经历了一定的演变过程。

(1)我局审查政策的变化。

早在 2005 年 10 月以前,我局的审查实践主要是以《专利法》第 25

条第1款第（二）项规定的"智力活动的规则和方法"为由将相关案件排除在专利保护客体之外。

2005年10月，我局提出了"商业方法相关发明专利申请的审查规则（试行）"，对于单纯的商业方法发明专利申请，直接以《专利法》第25条第1款第（二）项排除；对于商业方法相关发明专利申请，主要以《专利法》第25条第1款第（二）项的规定和《专利法实施细则》第2条第1款（现为《专利法》第2条第2款）的规定为法律依据，以判断是否构成技术方案以及是否属于智力活动的规则和方法为核心，认定要求保护的方案是否属于专利保护的客体。其中提出：应采用客观性的判断方式认定三个要素的性质，不应受说明书本身声称解决的问题和获得的效果的限制。应以最接近的现有技术作为参照物，客观地确定要求保护的方案在解决的问题、采用的手段和获得的效果这3个方面对最接近的现有技术实际作出的贡献。确定最接近的现有技术需要客观证据，这种客观证据往往是通过检索获得的，不能仅凭主观印象即对是否满足构成技术方案所必备的技术三要素作出结论。

在2006版《审查指南》的修改过程中，上述审查规则所明确的技术三要素的判断方式被明确写入审查指南中，但不再要求对现有技术进行检索。

也就是说，技术贡献论的方式不再适用于客体判断阶段，而是后移到了创造性的判断中。对于这一变化，我局是在不断积累的审查实践的基础上借鉴了欧局的相关经验和做法。

（2）欧局审查政策的变化。

Pension Benefit案[①]可以说是欧洲专利局（以下简称EPO）关于商业方法专利非常重要的一个判例，该案涉及控制养老金收益的方法和装置，EPO的审查员以权利要求涉及商业方法、不具备任何技术性为由将其排除在可专利性的范畴之外。于是，申请人向欧专局申诉委员会提出了申诉，部分申诉理由为：

---

① Boards of Appeal of the Europe Patent Office Case No. T0931/95 – 3.5.1 Decided 8 September 2000.

① 审查发明的"技术性"是不当的，因为在欧洲专利公约（EPC）中并无相应的要求将其作为可专利性的条件。

② 如果申诉委员会一定要把技术性作为可专利性的条件，本申请也具备技术性。本申请的产品权利要求肯定具备技术性，而方法权利要求由于包含了对数据处理装置的使用，因此也具备技术性。

③ 根据 T1002/92 判例，依据 EPC 第 52 条第 2 款和第 3 款的规定不应该适用于技术贡献。

对于申请人的申诉，申诉委员会最终作出的判决指出：

① 技术性是在 EPC 第 52 条第 1 款中出现的"发明"术语概念中所固有的要求，在使用 EPC 第 52 条第 1 款中所述属于"发明"以及与之相关的 EPC 第 52 条第二三款中的所谓"排除规定"时，应当理解其暗含了"技术性"的要求或要求保护的发明具有可专利性则必须满足"技术性"。

② 对于方法权利要求，申诉委员会认为问题在于权利要求的方法是否表现为从事商业活动的方法本身。如果该方法是技术性的或者说具有技术特征，它仍然构成从事商业活动的方法，但不是 EPC 所述的商业活动方法本身。该案中，方法权利要求的所有特征都是对具有纯粹的管理、保险精算和/或金融特性的信息进行处理、生成的步骤，处理和生成这样的信息是典型的商业和经济方法的步骤。为纯粹的非技术目的使用技术装置和/或处理非技术信息的特征并不一定使这样的单个的使用步骤或整个方法具有技术性。因此该案的方法权利要求没有超出 EPC 中从事商业活动的方法本身的范畴，应该被排除在可专利性之外。

③ 对于产品权利要求，申诉委员会作出了几条新的规定：Ⅰ. EPC 第 52 条第 2 款的文字规定所排除的是"方案、规则和方法"，但是并未提及在"物理实体"或"产品"意义上的"装置"类型也被排除。Ⅱ. 申诉委员会认为一个经过适当的编程用于某一特定领域的计算机系统，即使是用于商业和经济领域，如果具有物理实体意义上的具体装置的特性、人为地制造用于实用目的，则属于 EPC 第 52 条第 1 款意义上的发明。因此，由物理实体或具体产品构成的、用于执行或支持某种经济活动的装置属于 EPC 第 52 条第 1 款意义上的发明。

④ 对于申请人主张在判断一个主题是否构成发明时，不需要考虑该主题对已知技术的贡献，申诉委员会在这一点上表示了同意。但是申诉委员会又区分了技术效果和技术贡献。"技术贡献"涉及与技术的状况相比较时权利主张的内容，而"技术效果"的要求则与 EPC 规定的可专利性的发明主题的特点有关。因此，尽管申诉委员会同意申请人"技术贡献"在判断产品权利要求是否具有可专利性时不起任何作用的观点，但是在"判断创造性进步"时考虑技术贡献则是适当的。申诉委员会最后指出：根据本申请，该发明所作出的改进实质上是经济性的，不能对创造性进步带来贡献，因此产品权利要求因为不具备创造性而被否决。

从以上判决内容可以看出，Pension Benefit 案明确了 EPC 在可专利性判断时对技术性的要求，虽然商业方法本身不能取得专利权，但是具有技术性的商业方法则能够成为可专利性的主题。同时，对于由物理实体或具体产品构成的装置，由于其"装置"的类型通常也不被排除在可专利性主题之外。此外，该案明确了技术贡献论不适用于可专利性主题的判断，不应将对"发明"的要求与新颖性、创造性的要求相混淆。

因此，在借鉴了 EPO 相关审查经验的基础上，结合我局的审查实践，我局现行的审查标准在客体判断时也不依赖于现有技术，而是强调要从技术方案的整体出发，客观地判断发明是否解决了技术问题、采用了技术手段并获得了相应的技术效果，即判断发明是否满足"技术三要素"的要求。同时，将技术贡献论后移至创造性的判断中，使得客体判断与创造性判断的界限更为清晰。

5. 小结

简单来说，如果一项权利要求的方案不包含任何技术特征，则其属于智力活动的规则和方法。《专利审查指南 2010》第九章中规定的仅涉及记录在载体上的计算机程序本身的特例除外。而判断一项权利要求是否属于技术方案，应当基于权利要求的整体判断是否同时满足"技术问题、技术手段和技术效果"三要素的要求。当然，由于技术三要素之间是相互关联的，而技术问题的判断存在一定的主观性，因此在判断时，可以将重点放在技术手段上。技术方案的判断不依赖于现有技术。另外，在明确了"计算机程序本身"与"涉及计算机程序的发明"的不同之后，对于以计算机程序流程限定的发明，则不能简单地将其归类为非技术特征，而是要从整体上进一步判断其是否满足技术三要素的要求。

例如，某专利申请请求保护一种计算机可读介质，该计算机可读介质上存储有计算机程序，该计算机程序可由处理器执行以完成以下游戏方法……由于其方案是由计算机可执行程序限定的计算机可读介质，该计算机程序并不等同于"计算机程序本身"，因此这里的计算机可读介质就其整体而言并不属于智力活动的规则和方法。然而，由于该计算机程序执行的是一种游戏方法，该游戏方法并没有解决任何技术问题，也未带来任何技术效果，该计算机程序的执行也未给该计算机可读介质的内部性能或构成带来任何技术上的改变。因此，该申请不属于《专利法》第2条第2款规定的技术方案，不属于专利保护的客体。

二、各国相关规定及审查标准比较

(一) 美国

1. 相关法条

美国法典第35编第101条规定如下：凡发明或者任何新颖而适用的制法、机器、制造品、物质的组分或其任何新颖而适用的改进者，可以按照本编所规定的条件和要求取得专利权。

2. 审查标准

美国专利商标局（以下简称USPTO）于2014年12月16日颁布了专利法第101条可专利性的最新审查指南，其中提供了一套判断权利要求是否符合专利法第101条可专利性的综合方法。该套方法适用于所有的产品和方法权利要求，包括涉及软件和商业方法的权利要求。

根据最新的审查指南，审查员须按照以下几个步骤来判断一项权利要求是否具备可专利性。第1步：该权利要求是否是一种方法、机器、制造品或组合物？若不是，则该权利要求不具备可专利性。若是，则进行到第2A步。第2A步：该权利要求是否阐述或描写了自然规律、自然现象或抽象概念？若该权利要求没有阐述或描写自然规律、自然现象或抽象概念，则该权利要求具备可专利性。反之，则进行到第2B步。第

2B 步：该权利要求是否具备显著多于自然规律、自然现象和抽象概念的元素或元素组合？若该权利要求具备显著多于自然规律、自然现象和抽象概念的元素或元素组合，则该权利要求具备可专利性。反之，则该权利要求不具备可专利性。

USPTO 列举了几个法院判定的自然规律和自然现象的例子，比如，一种分离的 DNA（Myriad 案），患者服用某药物后的代谢产物与该药剂量之间的关联（Mayo 案）等。不具备显著性元素的例子，如单纯的指令一台计算机来实现抽象概念；用概括性的语言描述一个在该技术领域众所周知、常规、传统的行为等。例如，为实现一个抽象概念，用通用计算机来操作众所周知、常规、传统的通用计算机功能。

（二）欧洲

1. 相关法条

与客体判断相关的法条是 EPC 第 52 条：可以取得专利的发明：

（1）对于任何有创造性并且能在工业中应用的新发明，授予欧洲专利。

（2）下列各项尤其不应认为是第（1）款所称的发明：

a）发现、科学理论和数学方法；

b）美学创作；

c）智力活动、进行比赛游戏或经营业务的计划、规则和方法，以及计算机程序；

d）信息的表达。

（3）第（2）款的规定只有在欧洲专利申请或欧洲专利涉及该项规定所述的主题或活动的限度内，才排除上述主题或活动取得专利的条件。

（4）对人体或动物体用外科或治疗方法以及在人体及动物体上实行的诊断方法，不应认为属于第（1）款所称的能在工业上应用的发明。这一规定不适用于为使用上述方法所用的产品，尤其是物质或合成。

2. 审查标准

EPO 指南 PART C 第 IV 章 2.2 中指出：在考虑申请主题是否是 EPC 第 52 条第 1 款意义上的发明时，必须记住两点。首先，EPC 第 52 条第 2 款中可专利性的排除仅适用于申请涉及被排除的主题本身（as such）的情况。其次，应当忽视权利要求的形式或种类，而把注意力集中在其内容上，以便识别所要求的权利要求，作为一个整体考虑，是否具有技术性。如果不具有，则发明没有落在 EPC 第 52 条第 1 款的意义内。还必须记住的是，是否存在落入 EPC 第 52 条第 1 款意义内的发明的基本检验标准是同主题是否容许工业上应用、是否是新的以及是否涉及创造性的问题相分开的。

根据 EPO 的相关法条及审查指南的规定，在客体判断时，首先判断权利要求请求保护的方案是否落入 EPC 第 52 条第 2 款排除的范围，如果权利要求请求保护的方案作为整体不属于 EPC 第 52 条第 2 款所排除的客体本身的情形，并且满足"技术性"标准，则其构成 EPC 第 52 条第 1 款所规定的"发明"。目前，EPO 审查员判断"技术性"标准是否满足时不再考虑现有技术，而是将权利要求作为整体考虑，主要看其是否包括或使用"技术手段"。如果权利要求中包括技术特征，即便仅包括计算机、网络或运行程序的可读介质这样的技术特征，也会因其包括或使用了"技术手段"而被认定为属于保护客体。也就是说，在 EPO，包含技术特征的权利要求属于保护客体，无论权利要求中是否包含非技术特征。

例如，在 T258/03 案中，涉及技术特征和非技术特征的混合，属于 EPC 第 52 条第 1 款所述的发明，需要评述权利要求的创造性。此外，在 T208/84 案中，一个旨在保护程序执行（无论通过硬件或软件）的技术过程的权利要求不被认为是 EPC 第 52 条第二三款所述的不可专利的程序本身。

（三）日　本

1. 相关法条

日本专利法第 2 条第 1 款规定：发明是利用了自然规律的技术思想的高度的创作。

2. 审查标准

为符合专利法第 2 条第 1 款规定的法定发明，对于软件相关发明，就是"基于软件的信息处理，利用硬件资源具体实现"。判断权利要求的方案是否是法定发明的具体步骤如下：

（1）根据权利要求中记载的事项，掌握请求保护的发明。此外，在判断所掌握的发明是不是"利用了自然规律的技术思想的创作"时，如果对软件相关的发明不需要进行特有的判断、处理的情况下，则根据"第Ⅱ部第1章产业上可利用的发明"进行判断。

（2）在请求保护的发明中，基于软件的信息处理，当利用硬件资源（例如，CPU等计算装置、存储器等记忆装置）具体实现的情况下，也就是通过软件与硬件资源相互作用后的具体手段来实现符合使用目的的信息计算或处理，构建了符合使用目的的特有的信息处理装置（机器）或其动作方法，那么，该发明是"利用了自然规律的技术思想的创作"。

（3）另外，基于软件的信息处理，未利用硬件资源具体实现的情况下，则该发明不是"利用了自然规律的技术思想的创作"。

（四）各国审查标准的比较

从以上各国的客体判断标准可以看出，USPTO自2014年之后，针对涉及软件和商业方法发明专利申请的可专利性标准在逐步收紧，EPO的审查标准则比较有延续性，我局的客体判断标准则更趋于回归其立法本意。

在法条方面，各国都有关于法定发明的定义，而我国在《专利法》第25条的基础上，还有《专利法》第2条第2款的定义。因此，相较于欧洲，在判断权利要求中包含技术特征之后即进行新颖性和创造性的审查，我局还要进一步判断权利要求中是否同时满足"技术三要素"的要求。

在客体判断时，EPO的审查标准最为宽松，只要权利要求中包含技术特征，就具有可专利性。而USPTO在2014年之后则明确了利用通用计算机来实现一种抽象概念，不属于法定发明。日本特许厅（JPO）强调即使在将计算机技术作为利用工具的情况下，还要实现相应的信息处理，才属于法定发明。我局在客体判断时，强调整体判断原则，在权利要求的方案整体符合技术三要素要求的基础上，着重进行新颖性和创造性的审查。

此外，对于用计算机可执行程序限定的计算机可读介质，在满足技术性的情况下，各局都认可其可专利性。

三、相关案例

【案例 2-4-1】

【发明名称】一种基于改进遗传算法的复杂网络社区挖掘方法

【背景技术】

随着计算机技术和互联网技术的迅猛发展,社区结构作为复杂网络(如大型电力网、全球交通网、新陈代谢网、社会关系网等)的一个重要特征,在复杂网络研究领域已经被广泛关注。在实际生活中,社区结构的挖掘有着极其广泛的应用,其可以帮助人们更深入地理解复杂网络的结构和功能的关系,从而发现复杂网络中隐藏的规律和预测复杂网络的行为。自从可以定量评价网络社区结构优劣的网络模块性函数(Q)被提出后,复杂网络社区发现问题转化成为目标函数优化问题。但是,最大化 Q 函数仍然属于 NP(non-deterministic polynomial,非确定性多项)问题,而针对 NP 问题来说,遗传算法就是一种有效的求解算法。

对此,有多种遗传算法被提出:Gong 等提出了基于 GA 的社区挖掘算法——MA(memetic algorithm),该方法存在易发生局部最优现象,很难找到全局最优解的缺陷;Ronghua Shang 提出基于模块度和改进遗传算法的社区发现算法(MIGA)来解决此问题,然而 MIGA 算法存在需要先验知识——复杂网络中的社区个数,使得该算法在处理未知社区个数的复杂网络社区挖掘问题上的性能有所降低。

【解决的问题和效果】

针对现有的遗传算法挖掘社区的缺陷,本申请基于双种群思想,提出了一种基于改进遗传算法的复杂网络社区挖掘方法——MGACD(Modified Genetic Algorithm for Community Detecting)方法,该方法解决了种群在遗传进化过程中易发生的陷入局部最优及多样性丧失的现象,改进了搜索性能。

【实施方式】

本申请提出的方法使用归一化共用信息相似度标准作为测量种群中个体间的相似度,融合了聚类和双种群思想。首先引入聚类思想,用最小生成树聚类方法对种群进行划分归类，然后引入双种群思想，对聚类确定主类和副类，其中主类维持种群的进化方向，向目标函数的最优解接近；副类则主要为主类适时地提供多样性，使主类在陷入局部最优时可以跳出来，搜索其他的解空间。

【权利要求】

1. 一种基于改进遗传算法的复杂网络社区挖掘方法，其特征在于包括如下步骤：

步骤1：计算机初始化；

步骤2：种群初始化，每个个体的基因位随机选择其基因位所代表的结点的某一邻居结点的编号作为此基因位的等位基因，得到父种群，步骤如下：

（1）每个个体初始化为一个长度为 n 位的编码，每个基因位的等位基因全为0，n 为个体的编码长度；

（2）对个体的每个基因位 v，找到网络中结点编号为 v 的邻居结点编号集 $N(v) = \{u | 结点 u 与结点 v 直接相连\}$；

（3）随机选择邻居结点编号集 $N(v)$ 中的一个结点编号 u' 作为基因位 v 的等位基因，对初始化种群中个体的步骤进行循环 Popsize 次，完成种群初始化，其中，Popsize 表示种群规模；

步骤3：计算父种群中所有个体的适应度 Q，方法如下：

$$Q = \frac{1}{2E} \sum_{uv} \left[A_{uv} - \frac{k_u k_v}{2E} \right] \delta(r(u), r(v))$$

其中，$A = (A_{uv})_{n \times n}$ 表示网络 G 中结点的邻接矩阵，如果结点 u 与 v 之间存在边连接，则 $A_{uv} = 1$，否则 $A_{uv} = 0$；$\delta(r(u), r(v))$ 为社区认同度函数，其中，$r(u)$ 表示 u 所在的社区，$r(v)$ 表示 v 所在的社区，如果 $r(u) = r(v)$，其取值为1，表示结点 u 和 v 在同一社区中；否则取值为0，表示结点 u 和 v 不在同一社区中；k_u 表示结点 u 的度，k_v 表示结点 v 的度；E 表示网络 G 中总的边数，被定义为 $E = \frac{1}{2} \sum_{uv} A_{uv}$；

步骤4：对种群进行最小生成树聚类，并进行类别标记，确定主类和副类；

步骤5：锦标赛选择主类中的两个个体进行交叉和变异操作，生成 Popsize/2 个后代个体 Pop_m；锦标赛选择副类中的两个个体进行交叉和变异操作，生成 Popsize/2 个后代个体 Pop_r；锦标赛选择主类的一个个体和副类中的一个个体进行交叉和变异操作，生成 Popsize/2 个后代个体 Pop_c，其中 Popsize = 100，Pop_m 和 Pop_c 取值为50；

步骤6：Pop_m 和 Pop_c 构成主类种群的候选解 O_m，Pop_r 和 Pop_c 构成副类种群的候选解 O_r；根据主类种群目标函数从 O_m 中用 $\mu + \lambda$ 选择策略选择 Popsize/2 个个体作为下一代主类种群个体；根据副类种群的适应度函数从 O_r 中用 $\mu + \lambda$ 选择策略选择 Popsize/2 个个体作为下一代副类种群个体，$\mu + \lambda$ 选择策略即从父代中选择 μ 个个体，从子代中选择 λ 个个体，然后再从 $\mu + \lambda$ 个体中选择 μ 个个体；

步骤7：判断 δ 是否在连续的50代内不再减小，若是，随机生成一部分个体进入下一代的遗传操作；若否，执行步骤8，δ 的变化方法如下：

$$\delta_{t+1} = \delta_t + \alpha \cdot \Delta t$$

其中，α 为 0~1 的小数，t 表示当前代数，Δt 取值如下：

$$\Delta t = \begin{cases} \frac{1}{|G_t|} \sum_{(p,q') \in G_t} Dis(p,q) - \delta_t & if\ |G_t| > 0 \\ 0, & otherwise \end{cases}$$

其中，G_t 表示在进化代数 t 时，成功繁殖的双亲对，则 $|G_t|$ 表示成功繁殖的双亲对的数目，$Dis(p, q)$ 表示个体 p 和个体 q 间的距离；$\frac{1}{|G_t|} \sum_{(p,q) \in G_t} Dis(p,q)$ 表示成功繁殖的双亲间的平均距离，δ_t 表示第 t 代时的距离阈值；则 Δt 表示第 t 代的成功繁殖的双亲间的平均距离与距离阈值的差；

成功繁殖包含两种情况：一是双亲都来自主类，则有一个后代个体比双亲都好即为成功繁殖；二是一个父代个体来自主类，另一个父代个体来自副类，则有一个后代个体比双亲中来自主类的父代个体好，即为成功繁殖；

在种群进化过程中，δ 不断减小，当种群趋向于收敛时，δ 基本不再减小，本发明设置的是在50代内不再减小，就随机生成15个个体进入下一代的遗传操作；

步骤8：重复步骤4至步骤7直到到达种群迭代次数T，得到社区最佳划分；

所述的复杂网络采用图$G(V,E)$表示，其中V为结点v的集合，E为边e的集合，设V中结点数为n，E中边的数目为m，则结点v的编号为$(1,2,\cdots,v,\cdots,n)$，$v\in(1,2,\cdots,v,\cdots,n)$，$e\in(1,2,\cdots,e,\cdots,m)$；

所述的种群用Pop表示，指的是复杂网络若干可能的社区划分结果，社区方法称为社区挖掘方法用S表示，s为属于S中的一种划分方法即$s\in(1,2,\cdots s,\cdots S)$，$S$表示划分方法的总数，其中的任何一种划分结果称为个体，用$Pop(s)$表示，则所有的可能的划分结果的数目称为种群规模，用$Popsize$表示；

所述的个体的编码采用基于基因座邻接的编码表示，该表示中一个基因代表网络中的一个顶点，一个基因的等位基因用它的邻居节点表示。

【案例分析】

本案争议的焦点在于：权利要求1中具有"步骤1：计算机初始化"，而计算机初始化这样的特征是否属于技术特征？权利要求1的方案是否可以被认为是单纯的算法，从而属于智力活动的规则与方法？如果认可"计算机初始化"为技术特征，权利要求1的方案是否构成技术方案？

对此，有这样一种观点：权利要求1中的步骤1涉及计算机初始化，该步骤仅表明计算机是该算法运行的载体，因此，该特征并不属于技术特征。同时，本申请的主题虽然限定了该算法应用于复杂网络社区挖掘，但是该方案限定的仅仅是该算法本身，其中的主题名称中的特定的技术领域对整个方案并没有实质性的限定作用，因此该方案实质上仍然保护的是单纯的算法，属于智力活动的规则与方法。

产生上述观点的原因在于：对一些特征的理解有偏差，并没有将特征放在方案整体中进行考虑，而是简单地将其分离出方案之外，从而导致对其技术性的认定有误。

对于本案来说，想要确定权利要求1的方案中计算机初始化步骤是否属于技术特征,就需要明确计算机初始化的具体含义是什么,这个步骤在权利要求1的方案中起到了什么样的作用,它与其他的步骤之间是什么样的关系。

计算机从加电启动到启动成功之间的过程称为计算机的初始化过程[1],该过程主要包括加电、自举、核心检测、POST自检、启动操作系统等,也就是说,如果没有特别限定,本领域中的计算机初始化过程实质上表示的就是计算机从上电到完成启动操作系统的过程。再结合权利要求1的方案来看,计算机初始化步骤在整个方法中起到的作用就是为了便于后续的算法能够被计算机执行,因为如果计算机未被初始化,操作系统也未被启动,则该算法就无法被正常准确地执行。由此可以看出,"计算机初始化"的步骤已经表明了本申请利用了计算机作为算法运行的载体,因此这里的计算机发挥了其作为数据处理设备的技术作用,属于技术特征。按照《专利审查指南2010》的规定,本申请就其整体而言不再属于智力活动的规则和方法。

那么,包含"计算机初始化"的步骤是否使本申请整体构成了技术方案呢?通过前述分析,我们已经明确"计算机"在本申请中所扮演的角色是算法运行的载体。本申请的主题限定了该算法应用于复杂网络社区挖掘,通过分析权利要求的内容发现,网络社区中的相关数据(种群、基因)、社区等都属于遗传算法和社区挖掘算法本身的特征,而实际上社区挖掘方法已被广泛应用于社会网络分析(如恐怖组织识别和组织结构管理等)、生物网络分析、Web社区挖掘等众多领域。但是在本申请的方案中并没有体现出将该算法应用于复杂网络社区这个特定的技术领域所特有的数据,也没有表明该算法能够用于解决该领域的何种实际的技术问题、运用该算法后能够为解决技术问题带来何种技术效果,其体现的仍然是对算法本身的改进。通过计算机运行该算法并没有给计算机的内部性能带来改进,也没有给计算机的构成或功能带来任何技术上的改变。因此,本申请不属于《专利法》第2条第2款规定的技术方案,不属于专利保护的客体。

---

[1] 陈放,潘素珍. 计算机启动过程的解析[J]. 电子制作,2013(7):86.

【案例启示】

对于方案中包括的特征来说，不能仅从字面意思就简单地断定其技术性，而是应当将该特征放在方案的整体中进行考虑，确定该特征实质指代的是什么含义，其在整个方案中起到的作用是什么，其与其他特征之间的关联是什么，必要时还可以借助检索现有技术等方式来确定上述内容。同时，对于包含技术特征的方案，还要进一步分析该技术特征与方案实质改进之间的关联，从而判断是否构成技术方案。

第二节 创造性判断

一、我国相关规定及审查操作

（一）相关法条

《专利法》第22条第3款对于发明所应具备的创造性规定如下：创造性，是指与现有技术相比，该发明具有突出的实质性特点和显著的进步，该实用新型具有实质性特点和进步。

（二）审查标准

《专利审查指南2010》对创造性判断中涉及的"突出的实质性特点"和"显著的进步"明确了如下标准：判断发明是否具有突出的实质性特点，就是要判断对本领域的技术人员来说，要求保护的发明相对于现有技术是否显而易见，通常采用"三步法"进行判断；对于显著的进步的判断主要考虑发明是否具有有益的技术效果。

在判断时，不仅要考虑发明的技术方案本身，而且要考虑发明所属技术领域、所解决的技术问题和所产生的技术效果，将发明作为一个整体看待。

对于显而易见的判断通常采用"三步法"。第一步，确定与发明最接近的现有技术；第二步，确定发明与最接近现有技术的区别特征，并基于区别特征所能达到的技术效果确定发明实际解决的技术问题；第三步，从最接近的现有技术和发明实际解决的技术问题出发，判断现有技术整体上是否存在某种技术启示，这种启示使得本领域技术人员面对发明实际解决的技术问题时，有动机改进最接近的现有技术，并获得要求保护的发明。

此外，创造性判断中还需要考虑是否有"其他因素"存在，例如，发明解决了人们一直渴望解决但始终未能获得成功的技术难题；发明克服了技术偏见；发明取得了预料不到的技术效果；发明在商业上获得成功。

需要注意，无论是对于发明，还是对于现有技术，《专利审查指南2010》都明确了从整体上进行考虑的原则，对发明，要对权利要求限定的技术方案整体进行评价，而不是评价某一技术特征；对现有技术，考虑其整体上是否存在技术启示。

（三）包含非技术特征的权利要求创造性判断

遵循创造性判断的一般标准，包含非技术特征的权利要求的技术方案"需要满足突出的实质性特点和显著的进步"的要求才具有创造性，但源于《专利法》保护技术方案的宗旨，权利要求中的非技术特征对支持其创造性的作用显然不能与构成权利要求技术方案的技术特征同日而语。

1. 非技术特征对创造性判断结论的影响

创造性判断针对的是权利要求的技术方案。在创造性判断中，当一项权利要求整体构成技术方案，同时又包含非技术特征时，如果该技术方案已经被现有技术公开，或者该技术方案与现有技术相比是显而易见的，则该权利要求不具备创造性。不应因权利要求中存在的非技术特征而改变对其创造性的判断结论。

我局曾经在一段时期内对权利要求是否属于"技术方案"的判断采用了EPO曾经采用的所谓"贡献论"的标准（参见本章第一节内容），这种做法在"技术方案"的判断中参考了现有技术，即在已经比较发明与现有技术的技术方案后，仍可能得出发明不属于技术方案的结论。正如EPO申诉委员会指出的，采用"贡献论"判定可专利性所涉及的事实和理由实际上是判断创造性所需的事实和理由（参见本章第一节引用的

T1002/92 判例），可以看出，尽管这种做法存在逻辑上的悖论且颇具争议，但这并不影响从本领域技术人员的角度对权利要求在技术"贡献"方面的判断结论。因此，对于包含非技术特征的权利要求，仅就非技术特征而言，无论是采用之前判断是否属于"技术方案"的审查方式，还是采用创造性的审查方式，其对授权前景的作用都应该是一致的。换句话说，在进行创造性的判断时，非技术特征的存在不应当影响创造性的判断结论。

2. 基于方案整体考虑非技术特征的作用

基于方案整体考虑非技术特征的作用目的是准确把握创造性，避免不合理的授权现象出现，有违《专利法》的立法宗旨。

区分权利要求中特征的技术性或非技术性需要注意以下几个方面。

（1）遵循整体原则。进行权利要求创造性的判断首先需要理解其技术方案，在这一过程中，要将权利要求包含的各特征视为一个有机的整体，而不是一个个孤立存在的离散特征，这一整体原则贯穿于创造性判断的始终。通过考察方案整体上解决的问题、达到的效果，分析构成方案的各特征的作用以及它们之间的相互关联，初步判断权利要求中各特征，特别是字面上非技术性的词语是否对权利要求方案有技术上的限定作用。应当注意，与技术术语不等同于技术特征同理，字面上看非技术性的词语也不能等同于非技术性内容或非技术特征，因此需要将特征放在权利要求整体方案的框架下考虑。

（2）运用技术视角。对权利要求的理解应当关注权利要求特征的技术价值，以技术的视角审视权利要求中各特征的作用，帮助区分技术特征和非技术特征。发明的创造性体现的是该发明对现有技术作出的贡献，因此创造性判断依据的至少应当是权利要求中具有技术价值的特征，创造性判断结论也取决于权利要求方案的技术构成。对于通常被认为是非技术性的词语，也应当考察其对权利要求方案中的技术内容的影响。

（3）从区别特征解决的问题入手。在创造性审查中，权利要求与最接近现有技术的区别特征是影响权利要求显而易见性判断结论的关键，而对区别特征的分析集中体现在"三步法"的第二步，即发明实际解决的技术问题的确定步骤。

在基于权利要求与现有技术的区别特征确定发明实际解决的问题时，应当综合考虑区别特征为权利要求方案带来的效果及其实际解决的问题，并基于此判断区别特征的技术性。在这一过程中，特征、问题、效果的技术属性应放在一起，互相印证看待。相比较而言，由于特征的技术性或非技术性不能孤立地从其所用词语本身来确定，从可操作性上看，结合考虑其解决的问题，从解决问题的技术性来判断往往更容易得出结论。因此，可以说在这一步骤中对区别特征技术性的判断转化为对解决问题的技术性的判断。一旦认为解决的问题不是技术问题，则相应的特征不是技术特征。也可以沿用"贡献论"的表述，认为区别特征没有作出技术贡献。

关于什么是技术性，《专利法》和各版审查指南都没有直接的说明，但明确了技术方案是对要解决的技术问题所采取的利用了自然规律的技术手段的集合。由此可以看出，所谓"技术性"，其核心在于包含受自然规律约束的内容。因此在进行技术性判断时，应当关注采用的手段与解决的问题和获得的效果之间是否具有符合自然规律的必然联系，或者说对问题的解决是否是建立在技术约束的基础上。

3. 创造性判断

关于包含非技术特征的权利要求的创造性判断，《专利审查指南2010》没有特殊规定。但在实际审查操作中对涉及商业方法的发明专利申请，在运用"三步法"进行创造性判断时存在相应的审查方法。单纯的商业方法特征（例如仅用于解决商业营销问题而记载在权利要求中的商业规则）是一种典型的非技术特征，涉及商业方法发明的创造性审查方法也可沿用到包含其他类型非技术特征的权利要求的创造性审查中。

涉及商业方法发明的创造性判断方法在"三步法"的运用中具有一定的特殊性，主要体现在创造性判断的第二步：找出权利要求和最接近现有技术的区别特征后，在确定实际解决的技术问题时进行的技术性判断。参考以下流程图1，此时创造性判断的第二步骤细化为：

第一，将权利要求的技术方案和最接近的现有技术进行全面对比，确定区别特征；

第二，基于区别特征，确定权利要求的技术方案实际解决的问题；

第三，判断实际解决的问题是否属于技术问题。如果实际解决的问题是非技术问题，则该方案没有对现有技术作出技术贡献，因此可以直接得出权利要求的技术方案不具备创造性的结论。如果判断实际解决的问题属于技术问题，或者说实际解决的问题中包含技术问题，则按照创造性审查的一般标准，判断现有技术中是否存在技术启示，基于此判断该方案是否显而易见，进而判断其是否具备创造性。

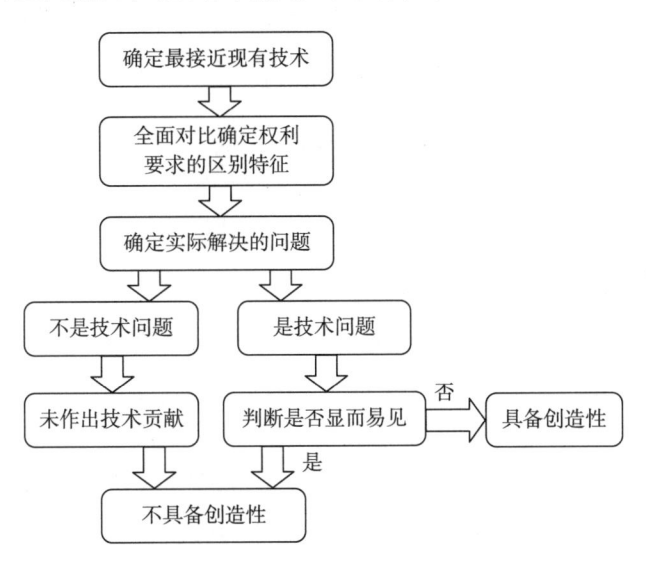

图1　涉及商业方法发明的创造性判断方法

例如，某专利申请的权利要求技术方案与对比文件的区别在于：其要求保护的主题是粮食经纪人信息管理系统，管理的是粮食经纪人相关的数据，对比文件的主题是驾驶员违章信息管理系统，管理的是驾驶员违章信息相关的数据。根据该区别特征，该方案所实际解决的问题为：对于粮食经纪人相关数据进行管理。该问题不属于技术问题，其方案没有对现有技术作出技术贡献，在此基础上得出该权利要求不具备创造性的结论。

再如，在某专利申请的权利要求技术方案与对比文件的区别在于：使用输入键盘作为用于进行险种及具体保险内容设定的输入部件，对比文件的方案使用了手写输入部件或触摸屏作为输入部件。基于上述区别，该权利要求所请求保护的方案实际所要解决的问题是：使用何种输入部件进行信息的输入。然而所属技术领域的技术人员知晓，输入键盘、手写输入部件以及触摸屏都是本领域常见的输入部件，属于本领域的公知常识。因此，在上述对比文件的基础上结合本领域的公知常识得到权利要求所请求保护的方案，对所属技术领域的技术人员来说是显而易见的，从而得出权利要求不具备创造性的结论。

需要注意的是，如果基于区别特征确定所请求保护的方案实际解决的问题既包含技术问题，又包含其他问题，则重点考量其实际解决的技术问题，进而判断权利要求是否具备创造性。

二、各国相关规定及审查方式比较

（一）美国

1. 相关法条

美国国会于1952年制定的专利法中第103条规定了可专利性要件——非显而易见性，具体规定为："一项发明，尽管和本法102条所披露或描述的技术不同，但如果寻求授予专利权的主题相对于现有技术的区别使得该主题作为一个整体在发明完成之时对本领域技术人员来说是显而易见的，则不能获得专利"。该法条作为美国发明法案（AIA）颁布以前的美国专利法第103条，即Pre-AIA 35 U.S.C. 103。

2011年AIA颁布后，现行的AIA 35 U.S.C. 103规定了专利性的条件——非显而易见的技术主题，其规定为："尽管要求保护的发明按照本法第102条的规定没有完全一致地被公开，如果要求保护的发明与现有技术的区别，对于与该要求保护的发明相关的本领域普通技术人员来说，在该要求保护的发明的有效申请日之前，要求保护的发明作为整体考虑看起来是显而易见的，则该要求保护的发明不能获得专利权"。

Pre-AIA 35 U.S.C. 103与AIA 35 U.S.C. 103在非显而易见性判断的不同点在于基于发明作出日还是有效申请日，以及前者要确定寻求获得专利的主题与现有技术的区别，而后者要确定的是要求保护的发明与现有技术的差别，但这仅仅是字面上的不同。

2. 审查标准

美国在法律条款中直接采用了"非显而易见性"而不是"创造性"

的表述。对"非显而易见性"的判断等同于我们所说的创造性判断。

(1) 创造性判断的一般方法。

美国 MPEP-2141 中明确规定,对于专利法第 103 条的非显而易见性采用基于 Graham 事实调查的判断方法,参见图 2。Graham 事实调查判断方法包括三个判断步骤:(A) 确定现有技术的范围和内容;(B) 确定要求保护的发明和现有技术之间的区别;以及(C) 分析相关领域普通技术水平。同时,审查员必须进行判断有关显而易见的客观证据的问题。即基于上述三个步骤,在考虑客观证据的情况下进行显而易见性的判断。这些证据,有时被称为"辅助因素",包括发明获得商业上的成功、解决长期以来未能解决的技术难题、他人在解决同一问题上的失败、结果的不可预期性等。

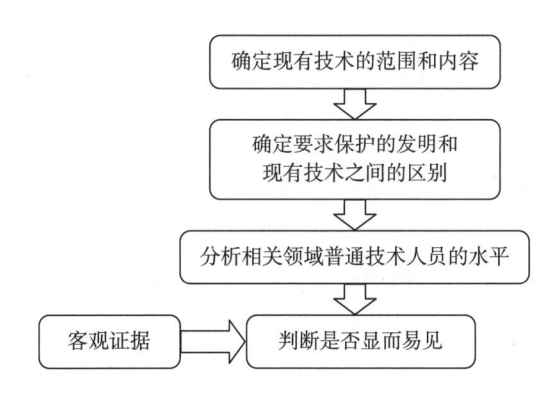

图 2 美国非显而易见性的判断方法

在第一步确定现有技术的范围和内容时,强调现有技术可以来自相同或者不同的技术领域,解决相同或者不同的技术问题,只要就待审查的发明所涉及的主题而言,从该发明整体考虑,该现有技术能符合逻辑地引起发明人的注意即可。

在第二步确定发明和现有技术之间的区别时,要将该发明和现有技术文献均作为一个整体来考虑。对发明进行整体考虑,意味着在进行非显而易见性判断时,不是判断这些区别本身是否为显而易见的,而是判断这些区别是否使要保护的发明本身作为一个整体是否是显而易见的。发现问题的来源或者原因是对发明整体考虑的一部分,发现固有性质也是整体考虑的一部分,即在对发明做整体考虑的时候,不仅要考虑待审查的权利要求中以文字表达的主题，而且还要考虑该主题之中固有的并且是在说明书中披露的性质。而将发明提炼为发明的精髓或者发明点不符合整体考虑的要求。对现有技术整体考虑，则需要注意，应当考虑现有技术中所公开的背离权利要求的教导。然而，现有技术仅公开了一个以上可选择的方案并不构成对任何一个可选方案的背离的技术教导，因为这种公开并未批判、质疑或以其他方式阻止所请求保护的技术方案。

在第三步确定普通技术人员水平时，则可以考虑包括在现有技术中遇到问题的类型、现有技术针对那些问题的解决方案、作出创新的速度、技术的复杂性以及该领域中在职工作者的教育水平等多种因素。

（2）包含非技术特征时的创造性判断。

对于包含诸如算法、商业方法等可能被视为非技术特征的权利要求，美国没有对创造性判断方法进行特殊规定。在多数情况下，涉及诸如商业方法等非技术内容的申请是作为与计算机相关的发明专利申请来对待的。而在创造性审查上，美国采用的是与一般申请同样的审查规则，例如，对于包含商业规则的申请，认为商业规则本身或者技术特征二者之一非显而易见，则方案整体就是非显而易见。可见，美国对于此类申请的创造性的审查中并不强调技术性。在商业方法相关特征的评述上，美国通常通过引用对比文件披露的内容或者进行逻辑推理说理的方式进行处理。

（二）欧洲

1. 相关法条

EPC第56条对创造性进行了规定：对于本领域技术人员来说，一项发明与现有技术相比如果非显而易见则具有创造性。

2. 审查标准

EPC明确了创造性判断标准即非显而易见性。

（1）创造性判断的一般方法。

为使创造性判断以客观和可预见的方式进行，欧洲审查指南提出了"问题—解决"法，包括三个主要步骤：

① 确定最接近的现有技术。

② 确定所解决的"客观技术问题"，即分析本发明与最接近现有技

术之间在特征（结构特征或功能特征）方面的差异，确定该技术特征所取得的技术效果，然后形成技术问题。需要注意的是确定的客观技术问题中绝不能包含对技术方案的指引，因为如果在技术问题中包括该发明提供的部分技术方案，当用该技术问题审视现有技术时，必然会导致以"事后诸葛亮"的方式看待创造性劳动。

③ 从最接近的现有技术和客观技术问题出发，考虑要求保护的发明对于本领域技术人员来说是否显而易见。

欧洲在创造性判断中同样要考虑一些次要因素，包括可预见的缺点，非功能性改进，任意的选择；不可预料的技术效果，红利效果；长期渴望的需求，商业成功等。

欧洲审查指南中具体指出：现有技术中是否存在某些教导，这些教导作为一个整体应当能（不是简单的可能，而是应当）促使本领域技术人员在面对客观技术问题时，在考虑该教导的情况下去改进或修改最接近的现有技术，从而得到权利要求范围内的技术方案，进而实现本发明应实现的任务。

（2）包含非技术特征的创造性判断。

针对包含技术特征和非技术特征的权利要求，欧洲审查指南指出该类型权利要求往往出现在借助计算机实现发明的情形。对于这种混合类型的发明进行创造性判断时，所有对发明的技术性有贡献的特征都要考虑，包括孤立看时属于非技术性的，但在发明的背景下服务于技术目的并产生技术效果因而对发明的技术性有贡献的特征。但对发明的技术性没有贡献的特征不能支持创造性。这种情形例如出现在仅对解决被专利法排除的领域中的非技术问题的解决方案有贡献的特征。

如果确认权利要求中的技术方面的内容明显属于公知常识，任何人都容易获得其证据，审查员可以不基于文件证据给出不具备创造性的审查意见。

例如，一个涉及订单管理系统的案件，该系统被认为包含非常少的技术方面，最接近的现有技术是分布式信息系统，包括多个设置在不同地点且通过通信网络连接的通用计算机，而这是已知的并在大量公司用于办公自动化。因此，这种分布式信息系统及其办公自动化的应用构成了公知常识，无需进一步的证据证明，即在对该系统进行创造性判断时无需引用具体对比文件。

① 包含非技术特征的创造性判断步骤。

参见流程图3，在运用"问题—解决法"进行创造性判断时遵循以下步骤：

A. 基于在发明的背景下获得的技术效果，确定对发明的技术性作出贡献的特征；

B. 基于步骤（1）中确定的对发明的技术性有贡献的特征选择最接近的现有技术；

C. 确定相对于最接近现有技术的区别。在将权利要求作为一个整体的背景下，确定这些区别带来的技术效果，从而识别这些区别中作出和没有作出技术贡献的特征。

如果这些区别没有作出任何技术贡献，则权利要求不具备创造性，理由为其相对于现有技术不存在技术贡献。

如果这些区别包括作出技术贡献的特征，则基于由这些特征获得的技术效果形成客观技术问题。此外，如果区别中包含没有技术贡献的特征，则将这些特征，或者任何该发明获得的非技术性效果作为"给予"

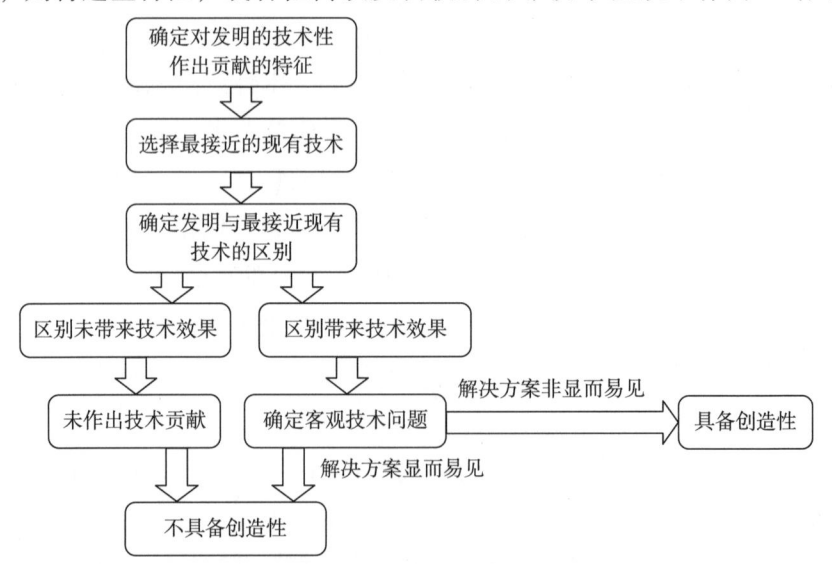

图3 欧洲包含非技术特征的创造性判断方法

本领域技术人员的内容（what is "given" to the skilled person）的一部分，特别是作为必须满足的限制条件，用于形成客观技术问题。

如果所要求保护的对该客观技术问题的解决方案对于本领域技术人员是显而易见的，则不具备创造性。

② 客观技术问题的确定包含非技术内容的限制。

对于此类混合类型的权利要求，客观技术问题的形成是显而易见性判断的难点。对此，欧洲审查指南特别强调：

在形成客观技术问题时，当权利要求涉及在非技术领域要达到的目的时，该目的可以合理出现在问题的形成中，作为要解决的技术问题框架的一部分，特别是作为必须满足的限制条件。对客观技术问题的陈述可以提及没有对发明作出技术贡献或带来任何技术效果的特征，将其作为提出技术问题的给定框架，例如，是以需求说明的形式提供给所属技术领域的技术人员。以此保证仅基于对发明的技术性作出贡献的特征承认其创造性。

例如，在 T172/03 案中，要求保护的发明的区别特征在于用于实现商业相关内容的功能性特征和数据结构，以及订单管理方法的特征。在计算机系统上实现商业相关方法是基本技术问题，对其进行创造性判断时，适合于将非技术方面，即订单管理的商业相关特征纳入对技术问题的陈述中。而从相关技术人员的角度看，办公信息系统的编程任务或在此类系统上实施商业特征，其本身是常规的和显而易见的目标。

③ 非技术方法的固有效果不是技术效果。

如果权利要求针对非技术方法（例如，商业方法或游戏规则）的技术实现方案，实质为旨在规避技术问题，而不是以固有技术方式解决问题，这种非技术方法的改进被认为没有对现有技术作出技术贡献。在这种情况下，非技术方法所固有的效果或优势至多被认为是技术实现所附带的，其不适于作为用于限定客观技术问题目的的技术效果，而只考虑在该实质上非技术方法固有的效果或优势之上的与技术实现的特定特征有关的进一步的技术优势或效果。

例如，一种分布式计算机系统上的在线游戏，其通过降低玩家的最大数量获得网络流量下降的效果，这不能作为形成客观技术问题的基础，而只是改变游戏规则的直接结果，是非技术方案所固有的。网络流量降低的问题不是由技术方案处理的，而是通过非技术的游戏解决方案所规避的。限定玩家最大数量的特征因此构成了给定的限制条件，是非技术方案的一部分，作为任务分配给技术人员，例如软件工程师来实现。因此该技术实现方案是否显而易见仍需要判断。

（三）日本

1. 相关法条

日本专利法第 29 条规定了专利性条件，其中第 29 条第（1）款、第（2）款分别规定：

（1）产业上可利用的发明的发明人，除以下情形可以获得发明专利：

（i）在提出专利申请之前在日本国内或国外公开所知的发明；

（ii）在提出专利申请之前在日本国内或国外公开实施的发明；

（iii）在提出专利申请之前在日本国内或国外发布的刊物上记载的发明或通过电气通信线路公众可利用的发明。

（2）当发明不属于前项的情形时，在提出专利申请之前本领域技术人员能够基于前项所描述的发明很容易地实现发明，不能授予专利权。

上述第 29 条第（2）款规定了本领域技术人员基于现有技术能够容易作出的发明不能被授予专利权。根据审查指南的说明，如此规定是因为对本领域技术人员容易作出的发明授予专利权不能促进技术的发展，相反会阻碍技术的发展。

2. 审查标准

日本专利法中的所谓"容易实现"即为创造性的判断标准。

（1）创造性判断的一般方法。

在创造性判断中，通过综合判断支持存在或不存在创造性的事实来确定本领域技术人员能否获得要求保护的发明。审查员选择最适合推理的现有技术（称为"主要现有技术"），按照以下步骤①到④来确定是否可能推出本领域技术人员容易从主要现有技术获得要求保护的发明。审查员不能将现有技术的两个或者多个独立的部分结合作为主要现有技术。

① 对于要求保护的发明和主要现有技术之间的区别，审查员确定采用现有技术的其他部分（称为第二现有技术）或者考虑公知常识，基于支持不存在创造性的各种因素进行推理是否合理。

② 如果审查员确定基于上述步骤①的推理不合理，则要求保护的发明具有创造性。

③ 如果审查员确定基于上述步骤①的推理合理，则审查员确定通过综合判断包括支持存在创造性的因素的各种因素进行推理是否合理。

④ 如果审查员确定基于上述步骤③的推理不合理，则审查员确定要求保护的发明具有创造性。

如果审查员确定基于上述步骤③的推论合理，则审查员确定要求保护的发明不具备创造性。

其中，支持不存在创造性的因素包括：将第二现有技术应用到主要现有技术的动机、主要现有技术的设计变形以及仅仅是现有技术的集合。其中将第二现有技术应用到主要现有技术的动机，即①技术领域的关联；②要解决的问题的相似性；③操作或功能的相似性；④现有技术的内容中显示的建议。支持存在创造性的因素包括：有益的效果；阻碍因素，例如将第二现有技术应用到主要现有技术与主要现有技术的目的相违背。

创造性判断的步骤如图4所示：

可以看出，日本进行创造性判断的步骤首先同样要选择一篇最接近的现有技术，找出发明与该现有技术的区别，而后日本会分别考虑正反两方面因素进行推理，即考虑支持不存在创造性的因素进行发明容易获得的推理，以及综合考虑支持存在创造性的各种因素后再次进行发明容易获得的推理，得出最终的判断结论。

（2）包含非技术特征的创造性判断。

日本没有专门就包含非技术特征的权利要求的创造性判断提出特殊的处理方式，即对于此类方案的创造性判断适用一般方法。但就与非技术特征存在密切关联的计算机软件相关发明专利申请的创造性判断明确了整体性原则，即对于软件相关发明，应当将发明作为一个整体来理解，而不应将其分割为系统化方法和人为安排等。

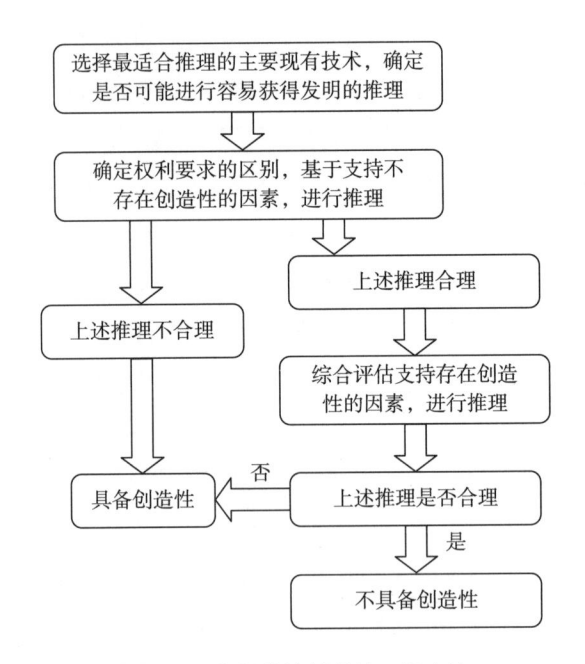

"互联网＋"视角下看专利审查规则的适用

图4 日本创造性判断的一般方法

例如，有关为在线商店提供忠诚计划的方法，针对现有技术由于顾客管理等问题不能在网上交易中实施传统方法，以及点值只能由顾客自己使用，而不能传递给其家庭成员的类似问题。该发明的独立权利要求记载了一种根据从在线商店购买产品的金额提供点值的方法，包括在因特网上向服务器输入被提供的点值和接受者姓名，服务器搜索存储在客户数据库中的邮件地址（该数据库基于消费者姓名），服务器向存储在消费者数据库中的该接受者增加该点值，服务器用邮件通知接受者，使用接受者邮件地址将该点提供给接受者。该独立权利要求记载的方案与现有技术相比不具备创造性。但其从属权利要求包括：从产品数据库搜索与需要交换的点值相关的每个产品的名称，其中该点值小于或等于顾客的累计点值，该产品数据库中产品名称与用于交换的点值相关联；创建产品清单，将该清单作为发送给客户的邮件附件发送。由于从属权利要求中记载的这些内容不能从现有技术中获得，因此该从属权利要求被认为具备创造性。

(四) 各国审查标准的比较

1. 创造性判断的一般方法

中美欧日对于"创造性"给出的定义虽然有所不同,但在创造性判断中都实质上采用了非显而易见性的标准。同时,中美欧日都明确了对于现有技术和对发明采取整体上考虑的判断原则。在创造性判断的具体步骤上,都包含确定最接近的现有技术和寻找发明与现有技术之间区别的过程。此外,在创造性判断中,中美欧日都将技术问题、技术效果、技术领域等作为考虑因素。

中美欧日对于创造性判断的不同在于,我国和欧洲基于区别特征确定发明实际或客观解决的技术问题进行显而易见性的判断;美日不存在确定发明解决的技术问题的单独步骤,美国强调在进行事实调查的基础上,在考虑所有客观证据的情况下进行显而易见性的判断,而日本采取分别考虑支持不存在创造性的因素和支持存在创造性的因素、综合考虑正反两方面因素后得出发明是否容易获得的判断结论。

中美欧日创造性判断方法的异同见下表。

		中	欧	美	日
判断标准	突出的实质性特点和显著的进步	★			
	是否显而易见		★	★	
	容易实现				★
判断原则	整体判断	★	★	★	★
判断方法	选择最接近现有技术	★	★	★	★
	确定区别特征	★	★	★	★
	确定技术问题	★	★		
	事实调查+客观证据			★	
	综合分析支持存在/不存在创造性的因素				★
	是否显而易见(容易实现)	★	★	★	★

可以看出,我国和欧洲在创造性判断方法上比较相似;美国和日本在创造性判断中各有不同,在显而易见性的具体分析方法上仍有所差别。

2. 包含非技术特征的创造性判断

我国和欧洲的做法基本一致，除在客体判断中需要考虑不授予专利权的主题以外，对于包含非技术特征的技术方案，在创造性判断中需要考虑非技术特征在方案中发挥的实际作用。

在基于区别特征确定发明解决的问题时，我国和欧洲都关注区别特征为发明整体上带来的技术效果，以此判断区别特征对发明是否有技术贡献。如果经判断没有技术贡献，则发明是显而易见的，不具备创造性。可以看出，是否有技术贡献的判断是避免仅因为非技术性内容使发明具有创造性的关键。

对于区别特征既包含技术特征又包含非技术特征的情形，欧洲具体明确了非技术特征对技术问题的形成有限制作用的做法，这种做法保证了随后从最接近现有技术和技术问题出发进行显而易见性判断时，将非技术特征所涉及的内容作为已知的限定条件，避免由于非技术特征的非显而易见而影响判断结论。我国在审查实践中实际上也遵从同样的做法。

美国和日本都没有就包含非技术特征方案的创造性判断予以单独规定，其对不授权主题的考虑完全在客体判断阶段进行，一旦判断出权利要求请求保护的主题属于专利保护客体，那么在后续的审查过程中不再对权利要求中的特征是否具有技术性提出质疑。

三、相关案例

【案例2-4-2】

【发明名称】一种确定机票销售应收账款的方法及系统

【背景技术】应收账款是指企业在生产经营过程中因销售商品或提供劳务而应向购货单位或接受劳务单位收取的款项。在现有技术中，应收账款额度的确定过程大都采用人工方式来完成，主要过程是：人工登录相关系统，下载各种不同格式的历史数据，然后进行统计分析，确定应收账款额度。

【解决的问题和效果】

这种方式不仅要耗费大量的人工,而且周期长,效率低,容易出错。利用本申请的确定机票销售应收账款的方法,可以由服务器或计算机实时自动完成历史数据的采集、提取、汇总、修正的过程,不仅减少了人工操作,提高了效率,而且避免了人工操作产生的错误,保证了机票销售应收账款的准确性。

【实施方式】

本案说明书指出,由于可能会有各种原因导致退票,比如航班取消、航班延误以及乘客自身等原因,而相关的信息提供网站发布的机票销售信息并未提供上述退票的相关信息,因此实际的机票销售应收账款与上述汇总结果有一定出入。为更准确地确定实际的应收账款,可以对上述汇总结果做一定的修正。说明书列举了几种不同的对机票总额汇总结果进行修正的方式,包括根据上一年度退票比例确定修正系数,将汇总结果乘以修正系数得到修正后的数据,如从民航官方发布的信息中获得上一年度的退订率、改签率、因航班取消而导致的客源流失率等,综合这些数据,确定修正系数,如修正系数 $u = (1-u_1) \times (1-u_2) \times (1-u_3)$,其中,$u_1$、$u_2$ 和 u_3 分别表示上述退订率、改签率、客源流失率;退订率、改签率、客源流失率可以是相同时间段的统计概率,也可以是不同时间段的概率,如客源流失率可以是根据上一年度的数据得到,而退订率和改签率可以根据不同月份、季度的数据得到;另外,考虑到不同因素的影响,对上述各统计概率赋予不同的权值,以保证得到的修正后的数据能够最大可能地接近真实的应收账款。也可以根据上一年度退票比例确定一个修正金额,将所述汇总结果减去所述修正金额,得到修正后的数据。在实际应用中,修正系数或修正金额可以根据实际情况动态调整等。

【权利要求】

本案权利要求中记载了如下技术方案:

1. 一种确定机票销售应收账款的方法,其特征在于,包括:

采集机票销售预定时间段内的历史数据;

从所述历史数据中分别提取出每天的出票信息,所述出票信息包括:

当日机票总额；

对提取出的每天的出票信息中的当日机票总额进行汇总；

对汇总结果进行修正，得到修正后的数据；其中，所述对汇总结果进行修正包括：根据上一年度退票比例确定修正系数，将所述汇总结果乘以所述修正系数，得到修正后的数据；所述退票比例包括退订率、改签率和客源流失率；

根据修正后的数据确定机票销售应收账款。

【案例分析】

该案中，权利要求与最接近现有技术的区别在于：（1）该权利要求是用于机票销售应收账款的确定（对比文件公开的是用于世博票务系统代理商的佣金结算方法）；所述出票信息包括：当日机票总额；对提取出的每天的出票信息中的当日机票总额进行汇总；（2）权利要求最后两段记载的有关修正汇总结果以及根据修正后的数据确定机票销售应收账款的内容。针对该区别特征，争议的焦点在于，该权利要求解决汇总机票销售数据和修正汇总账款数据的财务管理问题是否是非技术性问题？

一种观点认为：虽然权利要求1的机票销售应收账款修正是应用在涉及资金的应用场景中，但是，解决的问题是否是技术问题、区别特征是否对现有技术作出了技术上的贡献，应该是从权利要求的实质内容来看，而不应当仅仅从其应用场景来判断。从权利要求1的实质内容来看，权利要求1要解决"避免确定出的应收账款包含退票款而使确定出的应收账款更加准确"的问题，采用的数据处理方式是利用上一年度的退票比例来估计当日机票总额中除去退票额度后的实际应收机票总额，而这一数据处理方式正是基于对以大量随机样本中同一事件的发生概率是固定不变的这一客观存在的统计学原理的认识，这一统计学原理实际上是自然界本身就存在的自然规律，而并不是通过人的智力或精神活动构想出来的规律，也不以人的意志和需要而改变。因此，权利要求1解决的问题是数据处理领域的技术问题，对应收账款的修正不是遵循财经法规制度和财务管理原则，也与按照财经法规制度和财务管理原则执行的财务管理工作无关。

上述观点实际上提出了本案创造性审查中关于非技术性判断需要考

虑的两个问题：首先，权利要求的方案与现有技术相比，实际解决问题的非技术性与其应用领域或应用场景之间的关联；其次，运用符合客观规律的工具与具有技术性之间的关联。以下基于对这两个问题的分析进行阐述。

1. 应用领域与技术性判断

应当明确，尽管一个方案所应用的领域与该方案的构成具有一定的关联，但仅凭方案所应用的领域尚不足以划定该方案或该方案所采用的手段是否具有技术性。

该案涉及的应用领域属于财务管理。财务管理是商业运作中必不可少的环节，是根据财经法规制度，按照财务管理的原则组织企业财务活动，处理财务关系的经济管理工作，经济管理工作以人的活动为主导，通常被认为属于非技术性的应用领域。但即使在通常被认为主要不受自然规律约束的非技术性的领域，为实现非技术性的商业目的有时也需要技术手段的支持，此时对技术手段所构成的技术方案的描述可能无法完全避开该非技术性应用领域中的术语。

该案中，结合说明书对发明技术方案的说明可知，确定机票销售的应收账款是出于财务管理的需要，但在进行机票应收账款的确定过程中对历史数据的采集、提取，对当日数据的汇总、根据退票比例进行的修正过程都是依靠技术手段完成的。至于权利要求与对比文件的区别特征，虽然汇总的是机票总额，修正应收票款依据的是退票比例，这些均表现为非技术性的内容，但从技术人员的视角来看，也可以说汇总的机票总额是作为数据被处理，对机票总额的修正是为获得更准确的数据处理结果，因此不可否认区别特征中除了包含与财务管理相关的对机票账款信息的要求外，还隐含了数据的处理过程以及获得数据处理准确性的目标。因此，如果简单地以区别特征中体现的财务管理的非技术性应用领域认定其解决问题的非技术性，忽略其中可能包含的运用技术手段处理数据的技术性内容，则不能令人信服。上述观点正是在首先指出权利要求包含的数据处理的技术性内容的基础上，针对区别特征进一步指出在技术性的判断中需要考虑的是应收账款作为"数据处理结果"的客观性，而不是应收账款的数据本身所涉及的财务管理领域或携带的有关财务管理的非技术性信息。就这一点来说，上述观点不无道理。

因此，使用非技术性应用领域的用语描述的权利要求的特征也可能包含技术手段，并解决技术问题，或者换句话说，涉及非技术性的应用领域不必然意味着解决问题的非技术性。

2. 科学工具与技术性判断

上述观点认为该案对数据的修正运用了统计学原理或统计学规律，属于符合自然规律的科学工具。由于对数据的处理方式和处理结果都不依赖于人，而取决于客观规律，因此认为权利要求1对数据的修正有别于由人的主观意愿决定并借助计算机进行的数字运算，其解决的问题具有技术性。因此在权利要求1中统计学规律如何起作用就成为权利要求1实际解决的问题是否具有技术性的判断关键点，并会最终影响到创造性的判断结论。

关于统计学规律，该案中涉及的实际上是将乘客乘机视为随机现象，依据退票比例所体现的退票现象的统计规律性进行应收账款的推断。具体到权利要求1是将退订率、改签率、客源流失率等上一年度的统计数据作为退票现象的统计规律，用于修正汇总的当日机票总额，从而确定机票应收账款。

首先，统计规律性适用于"同样条件下"的随机现象，即基本条件或主要影响因素相同的大量同类随机现象。因此即使认为当日发生的退票现象总体上具有统计规律性，可以使用体现这种规律性的退票比例对机票总额进行修正，但如权利要求1所采用的将上一年度退票比例视作当日退票比例还需要一个前提条件，即当日与上一年度乘客乘机的基本条件相同，具有相同的统计规律性。而乘客乘机与否受多种因素影响，如说明书所说的航班取消、航班延误以及乘客自身等原因，抛开乘客自身的原因，航班取消、航班延误通常与自然界的天气因素有关，还与休假安排、管控措施等人为因素密切相关。因此上述前提条件是否能够满足，答案是不确定的。

其次，统计规律性适用于大量随机现象的整体，不适用于对单个随机现象的预测。统计规律性是大量随机现象总体呈现出来的，而单个随机现象的结果是随机的、不确定的。如果将当日的乘客乘机事件视为单个随机现象,即使其与上一年度乘客乘机的基本条件或主要影响因素相同,上一年度的退订率、改签率、客源流失率的统计数据反映大量乘机现象整体的统计规律性,那么当日退票比例作为体现单个随机现象的特性,其与体现随机现象整体的统计规律的上一年度退票比例是否符合,答案也是不确定的,其可能相符合,相近似,但也可能大相径庭。

综上,退票情形受到经济、政治、文化等各种社会因素影响,这些因素的变化因年而异,因日不同。因此,即便上一年度的退票比例总体上体现的是客观的,不依赖人的意志而改变的统计规律,但将该统计规律推定为当日退票现象的发生概率,并以此预测的当日应收票款是否能达到更准确确定应收账款的效果并不确定。

因此,一个方案中使用了符合客观规律的科学工具并不必然意味着解决的是技术问题并为该方案带来受自然规律约束的技术效果。如同一个使用数理统计工具算命的方法并不会因为使用了科学工具而成为受自然规律约束的技术方案。问题的关键仍然在于方案所采用的手段与其解决的问题之间是否具有符合自然规律的关系。事实上,权利要求1区别特征所采用的数理统计方法推测每日退票的比率,是用科学工具解决并不受自然规律约束的问题,也不可能获得受自然规律约束的效果,因而不具有技术性。

3. 整体上判断权利要求是否具备创造性

在评价发明是否具备创造性,基于区别特征(即解决问题的手段)确定权利要求解决的问题时,考虑区别特征在权利要求整体方案中的作用(或者使权利要求具有的效果),是运用"三步法"进行创造性判断时遵循整体判断原则的体现。

该案中虽然区别特征仅描述了出票信息的构成、对机票总额的汇总以及修正这些看似非技术性的内容,但就其所依附的权利要求方案整体而言,其限定的是对所收集的数据进行修正的数据处理方式。针对权利要求与对比文件的区别特征确定权利要求实际解决的问题是获得尽量准确的机票应收账款。判断该问题是否是技术性的关键不是被处理的机票总额数据本身,而是在该方案中区别特征所限定的对机票总额数据进行修正处理是否受自然规律的约束。通过上述分析可以看出,权利要求1所采用的这种数据处理方式不是自然规律约束的必然结果，而是发明人基于其对自然规律的认识依据主观判断作出的选择，这种选择所获得的效果无法确定，因此也无法据此判定权利要求对现有技术作出了技术贡献。

【案例启示】

当需要对权利要求中可能存在的非技术性内容进行分析时，不能以应用领域决定对技术性的判断，而是要客观评价权利要求的特征在权利要求方案整体中的作用，具体分析其是受自然规律的约束还是由人的主观意志决定。

【案例2-4-3】

【发明名称】共享在线空间中的参与者的基于关系的表示

【背景技术】

随着虚拟社区技术的不断发展，越来越多的用户使用基于因特网的社交网络站点、聊天室、论坛讨论以及即时消息收发等在线通信介质进行非面对面的交互，在这种虚拟环境中，用户之间彼此协作或互相关注（如在微博、博客、在线会议、演示以及实况论坛讨论等）从而共享在线环境。在具有多个用户的共享在线空间中，每个用户都具有他/她关注并与之交互的多个其他用户（称之为朋友）。

在现有的系统中，为用户显示他/她的朋友时，仅仅以相同的方式来显示各成员（例如，在显示区域中具有相同的突出性），同时，也仅仅能提供一些初步分类，如按更新时间或按字母表顺序排列显示，但是，这样的方式会使得用户无法区分哪些朋友与自己更亲密，哪些较为疏远。

【解决的问题和效果】

为了使用户能够较为直观地区分出多个朋友的亲密度，本申请提出了一种向用户呈现用户界面的方法和系统，其能够允许与用户具有较密切在线关系的那些成员参与者的个性化头像显示得比具有较疏远在线关系的那些成员更突出，并维护这样的视觉差异。

【实施方式】

在一个基于Web的聊天室，用户与聊天室中的其他成员进行在线聊天时，该聊天界面会为用户显示他/她的朋友列表，该列表显示的是与当前用户具有交互关系的聊天室成员，其中，用这些成员在聊天室中的成员名显示他/她们，并且按照一定的次序例如首字母顺序等来进行显示（如图1所示）。

图1

本实施例通过如下的方法来为用户提供具有视觉差异的用户界面：(1) 确定当前用户与每个成员之间的关系值；(2) 将确定好的关系值与成员的视觉相关联，例如，将关系值与用户的照片或头像图片进行关联；(3) 在当前的用户空间显示中，将成员视觉进行缩放，以适合可用的屏幕空间，例如，将关系值较高的成员的头像图片放大显示，将关系值较低的成员头像图片缩小显示（如图2所示）。

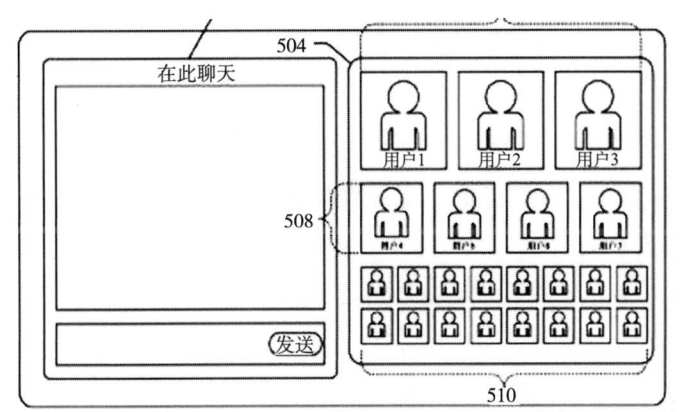

图2

其中，上述第（1）步中，通过如下步骤确定成员关系值：

1）基于当前用户与某个成员的共存来确定二者之间的关系值：

首先，基于他们共存的频率来确定频率因子，例如，用户每10次登录到共享在线空间，该成员可能同一时间有4次登录，则相应的频率因子为 $4 \div 10 = 0.4$。

其次，基于他们共存的时刻相对于当前时刻来确定新近性因子，该因子被用来标识用户与该成员的共存是更新还是更老，新近性因子1被用于当前共存，并且自1开始下降的滑尺可基于该时间和/或日期后退到预设时间和/或日期（例如一个月）来被应用于先前的共存。

最后，将频率因子和新近性因子组合以确定交互值，例如在用户最后10次出席共享在线空间中，用户和成员具有4次共存；同时，新近性因子利用从1到0的滑尺，该滑尺针对距当前时间的一个月来划分成具有30个单位的刻度。第一共存是当前共存，从而得到对应于该共存的新近性因子为1（也即最近），基于发生在之前的各天的其他共存，第二、第三以及第四共存分别具有新近性因子0.93、0.63及0.33。基于上述运算，将频率因子和新近性因子进行组合（将各次共存对应的新近性因子相加，之后除以用户出席的总数，则得到组合值：$[(1.0 + 0.93 + 0.63 + 0.33) \div 10 = 0.289]$，并将该组合值0.289作为当前用户与该成员的交互值。

2）基于用户和成员之间的社交网络关系的数量来确定该用户和成员关系的社交网络值。例如，用户和成员具有4个社交网络关系（如微博互相关注等），并且用户订阅了3个该成员的馈源（如用户订阅该成员的微博更新等），则二者之间的社交网络值为 $4 + 3 = 7$。

3）将上述确定的交互值和社交网络值进行相乘运算，得到用户与该成员的关系值，即上述用户与该成员的关系值为 $7 \times 0.289 = 2.023$。

【权利要求】

1. 一种用于向共享在线空间的用户呈现该共享在线空间的各成员的方法，包括：

确定所述用户和所述共享在线空间的成员之间的关系值，包括：

基于所述用户和成员在所述共享在线空间中的共存来确定用户和成

员关系的交互值；

基于所述用户和成员之间的社交网络关系的数量来确定所述用户和成员关系的社交网络值；以及

将所述用户和成员的交互值和社交网络值相组合；

将所述关系值关联到所述成员的在所述共享在线空间中使用的指定视觉表示；以及

在所述用户的共享在线空间的显示中，基于所述关系值来将各成员的相应两个或更多个视觉表示进行缩放，以适合可用屏幕空间，从而使得具有较高关系值的成员具有较大视觉表示。

【案例分析】

该案争议的焦点在于：权利要求1中，确定用户和成员关系值的方式涉及了社会因素，因此，其是否属于非技术内容，或者解决的是非技术问题？

对此，有一种观点认为：本申请涉及显示共享在线空间成员的视觉表示，该视觉表示依赖于社会因素诸如关系值或者社会网络值，而上述显示是在常规的计算机上完成的。通过权利要求1中的方案来看，其中改变依赖于社会因素的显示相关的特征应当属于非技术特征，因为这些社会因素是基于纯粹的智力活动的，而这些智力活动则定义了一种社会关系；另外，一个基于社会因素的显示并没有在技术意义上改变计算机的内部性能，而仅是利用该计算机来实现一个非技术过程的自动化。因此，上述非技术特征不能产生技术贡献，从而也就不对创造性产生贡献。基于此，考虑权利要求1的创造性：最接近的现有技术是已知的计算机，权利要求1与其区别特征在于基于社会因素缩放共享在线空间成员的可视化表示的非技术方法，因此，权利要求1要解决的问题就是如何在计算机上自动化实现上述非技术方法。由于上述非技术方法并未对产生技术贡献，因此，本领域技术人员在面对该非技术方法的步骤的指导时，能够容易地想到在常规的计算机上实现该方法，从而获得权利要求1的方案，因此，权利要求1不具备创造性。

产生上述观点的原因在于，没有将权利要求1作为一个整体看待，而是将其中的部分特征割裂出来，从而得到了其属于非技术内容的结论。

对于该案来说，由于权利要求1中包括技术特征，例如，将关系值与视觉表示关联，对视觉表示进行缩放等，因此，首先不应当以其不符合《专利法》第2条第2款的规定予以排除。

针对权利要求1的方案，经过检索，确定了一篇最接近的现有技术（CN101510856A，公开日为2009年8月19日，下称对比文件1）。通过特征对比，确定了上述权利要求1相对于对比文件1的区别特征为：

"确定用户与成员之间的关系值包括：基于所述用户和成员在所述共享在线空间中的共存来确定用户和成员关系的交互值；基于所述用户和成员之间的社交网络关系的数量来确定所述用户和成员关系的社交网络值；以及将所述用户和成员的交互值和社交网络值相组合（下称特征a）；及

在所述用户的共享在线空间的显示中，基于所述关系值来将各成员的相应两个或更多个视觉表示进行缩放，以适合可用屏幕空间，从而使得具有较高关系值的成员具有较大视觉表示（下称特征b）。"

上述特征a与特征b之间是相互关联的，因此，其作为整体构成了权利要求1相对于对比文件1的区别特征，也应当针对这两个特征构成的整体方案考虑其技术性。上述区别特征中，虽然特征a是用于确定用户与共享在线空间成员之间的关系值，但是该确定过程并不涉及人为的主观因素，无论是交互值还是社交网络值，反映的都是用户及其他在线空间成员在网络中的相互关系，是技术数据，需要借助数据的获取、行为分析等技术手段来得到，因此，不能将特征a简单地看作是非技术内容。特征b正是基于特征a所获取的关系值的高低，来对视觉表示的图像进行缩放处理。因此，特征a和特征b使其方案能够解决共享在线空间中不同成员之间的视觉表示图像的缩放问题，这显然属于技术问题。因此，就权利要求1的方案整体而言，权利要求1满足客体要求，采用了符合客观规律的技术手段。

接下来按照创造性审查的一般标准来判断权利要求1的创造性。对于上述区别特征，首先，在对比文件1中，其采用了使用权重的方式来确定用户与成员的关系密切度，但是并未涉及如何计算权重的内容，而该权重被用来计算用户和成员之间的特征评分，从而确定该成员对用户的影响力数值。因此，对于对比文件1的方案来说，其只需要通过常规的方式确定权重即可，例如，关系类型为好友时权重为10分，关系类型为陌生人时权重为1分等，同时，对比文件1要解决的技术问题是，如何针对特定的目标进行更为精确的关系圈的提取。因此，其只需要将用户的关系圈提取出来，然后按照不同成员对用户的影响力来进行筛选显示就可以，即对比文件1也不涉及向共享在线空间的用户显示其与不同成员之间的亲密度。由此可见，本领域技术人员没有动机要对对比文件1进行改进，将其改进为通过用户和成员的交互值以及社交网络值来确定他们之间的关系值，从而确定他们之间的关系密切度。本领域技术人员在面对对比文件1的方案时，只会想到将利用联系人信息形成的目标人群的关系链来显示成员应用到在线共享空间的成员，不会想到要采用交互值和社交网络值来选择要突出显示的成员，也不会想到要基于用户和成员在共享在线空间中的共存来显示在线成员形象；同时，利用交互值以及社交网络值来计算用户和成员之间的关系值，也不是本领域的公知常识或者常用的技术手段；另外，通过采用交互值和社交网络值来确定关系密切度，从而对各个成员区别显示，能够得到有益的技术效果，使用户更直观地得知共享在线空间中的其他成员与该用户自己的关系。因此，本领域技术人员在对比文件1和本领域公知常识的基础上需要付出创造性劳动才能获得权利要求1的技术方案。权利要求1要求保护的技术方案相对于对比文件1和本领域的公知常识的结合具有突出的实质性特点和显著的进步，因此，具备创造性。

【案例启示】

在对一个方案的创造性进行判断时，应当对方案整体进行考虑，对于互相之间有紧密关联（如有因果关系或者有明显的配合关系等）的特征，不应当将其生硬地割裂开来，仅对其中的一部分特征进行单独判断，因为这样的割裂通常会导致在确定权利要求实际解决的问题时得出错误的结论，使得该部分特征往往会被认为未产生技术贡献，因此对创造性也不作出贡献，进而可能会得出错误的创造性结论。

第二部分

分类案例分析

第五章

涉及算法的专利申请

概 述

随着"互联网+"时代的到来，与之相应提出了高吞吐和高并发的需求以及海量数据分析的要求，而算法作为软件开发的基础在其中扮演了重要的角色。因此，近几年涉及算法的发明专利申请也相应增多，那么如何能够通过专利的手段给予算法领域专利申请的知识产权保护引起了业界的广泛关注。从表现形式看，该专利的申请中，既包括单纯的算法，即数学运算方法，也包括算法在特定技术领域中的具体应用而形成的算法相关发明专利申请。本章将从涉及算法的专利申请的具体案例入手，围绕专利保护客体和创造性判断两个方面向读者介绍这一领域的审查特点和审查思路。

第一节　专利保护客体判断

数学运算方法属于智力活动的规则和方法，被《专利法》第 25 条明确地排除在专利保护客体之外。实践中，单纯的数学理论和数学运算方法较容易识别，对其不属于专利保护客体的审查结论通常不会引起争议。对于那些待解决的问题源于特定技术领域，解决问题的过程使用或者依赖于数学工具，方案整体上具有一定的抽象性但又能在技术领域中得到应用的算法相关发明专利申请，在审查过程中，不会因其解决方案中记载了公式、函数、计算规则等就武断认定其不属于专利保护客体，亦不会对方案中涉及具体运算法则、数学模型、函数公式的算法特征视而不见。

当将算法应用于特定技术领域从而形成一项解决方案时，重点在于判断算法的各个具体步骤与要解决的问题之间是否具有明确的技术关联，算法的计算因子是否具有相应的物理技术含义，应用该算法来处理该特定技术领域的数据处理过程能否解决该领域中的技术问题形成了相应的技术解决方案并获得技术效果。

当该算法对外部数据的处理能够解决该领域的技术问题并获得技术效果，此时应认为该解决方案中具体限定的算法相关内容属于技术手段，该解决方案构成技术方案。

然而，当权利要求中简单记载算法应用的技术领域，但是对方案的限定仍然是对某种通用算法的处理过程，在该算法的处理过程中没有体现其与相应的技术领域相互关联，不能解决技术问题并获得技术效果时，那么认为对其进行限定的全部内容仅涉及单纯的算法，仍属于智力活动的规则和方法，不属于专利保护客体。

对于在通用计算机上运行的算法而言，重点要判断算法和计算机之间是否存在某种特定的关联，对算法的改进是否使计算机内部性能得到改进。当所形成的解决方案与计算机系统内部结构有某种特定的关联，基于这种特定关联改进并提升了计算机系统的内部性能时，则该解决方案能够构成技术方案,可给予专利保护。

对于在通用计算机上执行算法的解决方案,如果计算机仅作为算法的执行工具,方案本身是对算法的优化,即使优化后的算法能够获得运算量低等效果,但如果这种优化后的效果与计算机内部结构在技术上无特定关联,通用计算机仅作为一种执行装置出现,那么该解决方案是以数学手段解决了降低运算量等数学问题,取得的亦非技术效果,因而不构成技术方案。

【案例3-5-1】

(一)案情介绍

【发明名称】一种曲面求交的方法

【背景技术】

在众多计算机图形学的应用中,例如建模、生成有限元网络、科学视觉、界面和特征检测等,经常遇到曲面与曲面相交(简称曲面相交)的问题。在边界表示几何建模的应用中,曲面求交问题显得尤为重要。在现有的曲面求交方法当中,跟踪法是应用得最广泛的方法,其原因是跟踪法相对其他方法更易于实现并具有通用性。

【问题及效果】

对于使用传统跟踪法进行曲面求交会涉及一些问题,例如,如何提高迭代的效率,如何精确确定追踪步长和方向,如何保证曲面接近重合时的准确性等问题。在利用追踪法进行曲面求交过程中,有效地提高迭代的效率、确定追踪步长和方向的精确性以及曲面接近重合时的准确性是本申请所要追求的效果。

【实施方式】

本申请提供的一种曲面求交方法的主要步骤如图1所示:

在步骤1中,将曲面分割为小的相交区域。步骤1的主要目的是将曲面分割成满足曲面求交要求的曲面片段,即将两个曲面分割到足够小或者只包含一条非封闭交线为止。

在步骤2中,确定初始点。初始点是追踪方向的起点。在利用追踪

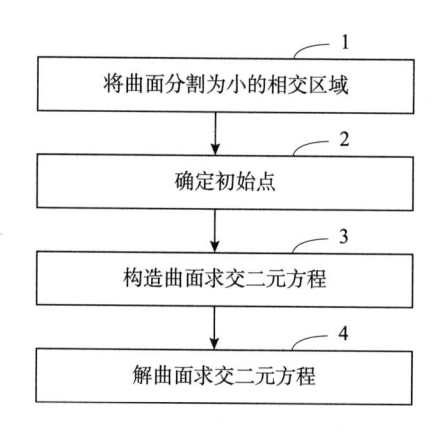

```
┌──────────────────────┐ ─ 1
│ 将曲面分割为小的相交区域 │
└──────────┬───────────┘
           ↓
┌──────────────────────┐ ─ 2
│      确定初始点        │
└──────────┬───────────┘
           ↓
┌──────────────────────┐ ─ 3
│   构造曲面求交二元方程   │
└──────────┬───────────┘
           ↓
┌──────────────────────┐ ─ 4
│   解曲面求交二元方程    │
└──────────────────────┘
```

图 1

法求交时，通过先确定初始点，然后从该初始点出发，相继追踪计算出下一交点，从而能够求出整条交线。确定初始点要考虑曲面片段边界和极值点。用一个曲面片段的指定边界线和另一条曲线相交，将得到的交点作为初始点。

本申请方法有如下几类初始点：（1）终止点：从该点出发，可以向该点前后两个方向追踪。但是，如果追踪回到该点，要停止追踪，即交线要在该点处打断。（2）前向终止点：从该点出发，只能向前追踪。但是，如果追踪回到该点，要停止追踪，即交线要在该点处打断。（3）后向终止点：从该点出发，只能向后追踪。但是，如果追踪回到该点，要停止追踪，即交线要在该点处打断。（4）非终止点：从该点出发，可以向该点前后两个方向追踪。如果追踪回到该点，则不需要停止追踪，可以跨过该点继续追踪。（5）极值点：不具备追踪方向。如果追踪到该点（类似马鞍面的极值点可以被追踪到），就要停止追踪。

如果向前追踪到终止点，则该终止点变为前向终止点；如果向后追踪到终止点，则该终止点变为后向终止点。初始点选取的优先级为（由高至低的顺序）：终止点、前向终止点、后向终止点、非终止点、极值点。

在步骤3中，构造曲面求交二元方程。将曲面求交的核心算法抽象为解二元方程，并采用追踪法解所述二元方程。

在步骤4中，使用常规的数学工具求解曲面求交二元方程。

在以上步骤的基础上，能够根据所述二元方程的根构造交线。例如，可以根据迭代得到的点和切线，使用公知的 3 次 Nurbs 曲线的局部拟合算法拟合所需的构造交线。

【权利要求】

1. 一种曲面求交方法，其特征在于，包括以下步骤：

A. 将曲面分割为小的相交区域，包括：

A1. 判断曲面是否相交：如果相交，则进入步骤 A2；否则结束本流程；

A2. 构造相交区域，包括：

A2.1. 分别判断两个曲面是否光滑，若是，则进行下一步，否则在曲面不光滑处将其分割为两个子曲面片段，并以这两个子曲面片段代替该曲面；

A2.2. 判断所述曲面或子曲面法向圆锥的角度是否都小于 $\frac{\pi}{4}$、曲面或子曲面上每条边界的绕过角度是否都小于 $\frac{\pi}{2}$、两个曲面或子曲面法向圆锥是否不相交或者其角度是否都小于某个指定值；当上述判断条件同时满足时，则执行下一步；否则结束本流程；

A2.3. 根据曲面或子曲面、曲面或子曲面是否可能有极值点和一个坐标系构造相交区域；

B. 确定初始点；

C. 构造曲面求交二元方程；

D. 解所述曲面求交二元方程；

E. 根据所述二元方程的根构造交线。

（二）案例分析

1. 权利要求的解读

权利要求 1 的方案中试图保护一种曲面的空间交线的求解方法。从该权利要求的方法步骤的表述来看，步骤 A1 以及 C、D、E 都较为抽象地限定了求解交线过程中所用的方式，尤其步骤 C、D 和 E 仅从表述上看，限定用求解二元方程的方式来获得所求得的曲线的最终数学表达形式，因此判断该权利要求的方案是否属于授权客体的关键在于正确理解步骤 A2。

权利要求 1 的步骤 A2 记载了构造相交区域的操作，其目的在于：（1）通过在曲面不光滑处将其分割为两个子曲面片段，并以这两个子曲面片段代替该曲面来将不光滑曲面构造为光滑曲面，以解决不光滑曲面求交准确性差的问题。（2）通过判断所述曲面或子曲面法向圆锥的角度是否都小于 $\frac{\pi}{4}$、曲面或子曲面上每条边界的绕过角度是否都小于 $\frac{\pi}{2}$，两个曲面或子曲面法向圆锥是否不相交或者其角度是否都小于某个指定值，来确定两个曲面或子曲面为相交还是重合，由此可避免将重合曲面误认为相交曲面，从而提高了曲面分割的准确性。

2. 权利要求的分析

根据说明书记载的内容，权利要求 1 的 A2 步骤中所记载的手段实际上来自计算机图形学领域中应用的两个定理[①]，权利要求 1 中的步骤 A2 所记载的"曲面或子曲面法向圆锥的角度是否都小于 $\frac{\pi}{4}$"的依据为定理 1，步骤 A2 所记载的"两个曲面或子曲面法向圆锥是否不相交"正是对定理 2 的直接使用。

定理 2 的适用前提为"相交曲面为光滑曲面"。在权利要求 1 的方案中，为使上述步骤 A 中的操作满足定理 2 适用前提而加入的步骤是"判断相交曲面是否光滑，若不光滑则在相交曲面不光滑处将其分割为两个子曲面片段，并以这两个子曲面片段代替该曲面"。

因此，权利要求 1 的步骤 A2 所记载的操作不是发明人能够任意设定的，的确受上述定理 1、定理 2 的约束并确保其结果的可靠性，即根据定理 1 和定理 2 判断相交曲面不包括封闭交线时，构造相交曲面的相交

---

① 定理1："在满足任意两条法线的点积量从不为0，也就是说，两块曲面片的法向总范围不能偏离90°（即法向圆锥角度小于90°）、面片 S1 和 S2 各处连续正切的条件下，如果两块非奇异曲面片 S1 和 S2 以封闭环形式相交（包含封闭交线 C），则存在一条同时垂直于 S1 和 S2 的线（共线法线）。也就是，如果两曲面片不包含共线法线（且翻转不超过 90°），则两曲面片不包含封闭交线。"
定理2（Sinha 定理）："假设 S1 和 S2 为 R3 中的两个光滑曲面片，假设 N1 和 N2 分别为 S1 和 S2 的高斯映射，假设 W1 和 W2 为圆锥，使得如果圆锥 W1 与圆锥 W2 不相交，则曲面 S1 和 S2 不以封闭环形式相交（不包含封闭交线）。"

区域，即提取出相交曲面的相交区域，该手段的效果为通过将这两个相交曲面分割得足够小（即只包含一条非封闭交线）后，提取出相交曲面的相交区域，丢掉其他跟曲面交线无关的区域，以便最大程度地减少非相交区域对于交线确定效率和准确性的影响。由于 A2 步骤中的曲面、子曲面、法向圆锥和边界等概念都是数学概念，因此步骤 A2 构造相交区域的过程是基于两个定理来解决将两个曲面分割到足够小或者只包含一条非封闭交线的数学问题的过程。

至此可以明确，权利要求 1 整体上根据数学规则将曲面分割为小的相交区域，然后确定初始点构造并解曲面求交二元方程，最后根据二元方程获得曲面的交线，因此权利要求 1 中所涉及的只是通过数学运算方法或规则实现曲面求交，其实质上是一种数学计算方法，属于人的抽象思维方式，因此该权利要求属于智力活动的规则和方法，不属于专利保护的客体。

另有观点认为，权利要求 1 的方法对上述两个定理的应用体现了其遵循自然规律。具体来说，确定两个曲面是否相交或重合的方法是利用自然规律和自然力解决了一定技术问题的技术手段，而非人类抽象思维的数学换算。并且进一步认为，本申请采用的上述具体构造相交区域的手段解决了现有曲面分割技术中采用不光滑曲面求交从而造成曲面求交准确性差的问题；本申请采用的上述具体判断曲面间相交或重合关系的手段解决了现有曲面分割技术中无法有效避免将重合曲面误认为相交曲面的问题。也就是说，权利要求 1 依据的是在科学上于特定条件下已经被反复证明，被人们普遍采用为原则性或自然规律性的定理，因此依据所述定理限定出的所述整个方案受自然规律的约束，不属于人为规定。

上述观点存在一定的误区。根据《专利审查指南 2010》的规定，如果一项权利要求除其主题名称之外，对其进行限定的全部内容仅涉及一种算法或者数学计算规则，即可判定该权利要求实质上仅涉及智力活动的规则和方法，不属于专利保护的客体。定理是从公理或其他已被证明的定理出发，经过受逻辑限制的证明为真的陈述，定理内容可被认为是在逻辑框架下，对条件与结果之间的自然规律的描述。但利用自然规律和实现这种自然规律的技术手段是两种不同的概念。在该案中，权利要求中虽然利用了定理所解释的数学上的规则，但此处定理本身仍然仅起到一种计算规则的作用，并没有内容显示其利用了自然规律的技术手段来实现这种计算规则。因此权利要求内容中实现两定理的手段实质上都是算法规则，即智力活动规则方面的内容。此外体现定理的各步骤与其他步骤之间的相互作用也没有体现有任何技术性的内容。因此权利要求的方案整体上也仅体现了某种运算规则，所述方案不属于专利保护客体。

3. 案例启示

判断算法领域的发明专利申请是否属于专利保护客体的第一个步骤是判断权利要求是否仅涉及一种算法或数学运算规则，即判断该权利要求的解决方案是否属于智力活动的规则和方法。

以该案为例，权利要求的主题是"一种曲面求交方法"，其限定特征是根据预订的规则将曲面分割为小的相交区域，然后确定初始点构造并解曲面求交二元方程，最后根据二元方程获得曲面的交线。根据权利要求书及说明书记载的内容可知，"曲面"指的是几何空间中以数学方式描述的对象，尽管在实际应用中，其可能用于代表有限元模型中的模拟对象的表面或者某些边界、界面等特征，但是在本申请中，所述"曲面"被抽象为没有任何具体物理含义的抽象对象，属于和直线、平面相同范畴的几何概念。从其限定特征看，无论是分割形成相交区域的步骤，还是后续的构造及求解二元方程的步骤，均为通过数学运算方法或规则实现曲面求交。因此该案权利要求无论主题还是限定特征都反映出其实质上是一种数学计算方法。

【案例3-5-2】

(一) 案情介绍

【发明名称】一种基于扫描线算法的动态容差设置方法

【背景技术】

依据申请人在背景技术中的描述，本申请涉及应用地理信息系统（GIS）中的扫描线算法。地理信息系统是一种特定的十分重要的空间信息系统。它是在计算机硬、软件系统支持下，对整个或部分地球表层

（包括大气层）空间中的有关地理分布数据进行采集、储存、管理、运算、分析、显示和描述的技术系统。地理信息系统的核心是处理空间地理数据，包括点面叠加、线面叠加和面面叠加，所有的叠加分析都是基于关联线段簇以及线段交点的处理。

扫描线算法是经典的输出线段交点的算法。此算法是由 Bentley 和 Ottmann 提出的，其最原始的目的是对给定的一系列线段，求出这些线段的所有交点并输出。其输入是一系列线段，输出是这些线段之间的交点。

【问题及效果】

在扫描线算法的计算过程中，正确地求取线段的交点是非常重要的。然而实际计算中线段的坐标常常是用浮点数来表示的。浮点数的表示存在误差，并且在浮点计算过程中，误差会传递。因此每次计算过当前点的线段时，若不考虑误差，或者采用了错误的误差估计方法，有可能出现错误。

现有技术中，或者仅是从理论上研究扫描线算法，认为所有数据均是精确的，忽略误差问题；或者是简单设置一个静态数值作为容差。然而，扫描线算法在实际应用中，不能回避误差的存在；并且在地理信息系统中应用时，可能碰到不同坐标系的地理数据，而这些数据的数值范围相差悬殊，例如，以经纬度为单位的话，其数值小于1000；以千米为单位时，其数值可能在几万；以米为单位，其数值可能为几百万。因此静态设置容差不能保证扫描线算法判断事件点是否在线段上的正确性。

【实施方式】

基于现有技术的不足，本发明专利申请提出一种基于扫描线算法的动态容差设置方法，具体从说明书给出的如下附图2可以看到有关扫描线算法的流程：

【权利要求】

1. 一种确定扫描线交点的方法，其用于基于扫描线算法确定线段交点，包含如下步骤：

1）接收线段，得到事件点结构；

2）从所述事件点结构中取得最小的事件点，对与此点关联线段进行处理，更新所述事件点结构；

```
          ┌─────────────────────────────────┐
          │ 初始化：                         │
          │ 以所有线段端点初始化事件点结构Q并排序 │
          │ 初始化当前激活线段束R为空          │
          │ 当前所有线段有序集合为S           │
          │ 当前输出交点集合I为空             │
          └─────────────────────────────────┘
                         │
                         ▼
                ◇ Q（事件点结构）
                   是否为空
```

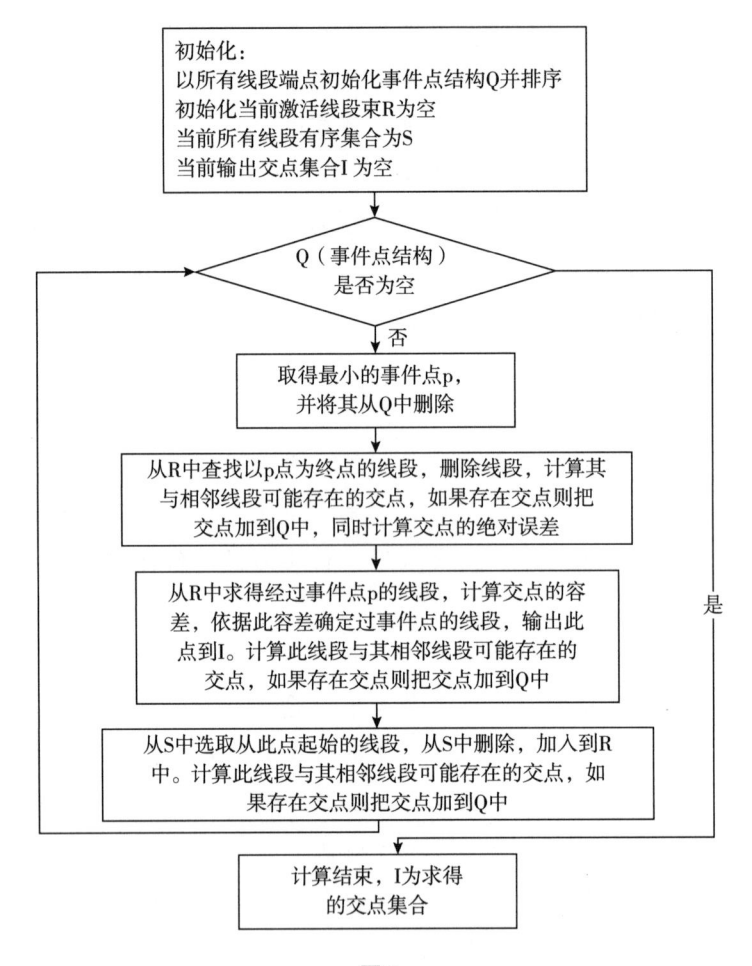

图 2

3) 所述事件点结构为空时，输出交点集合；

其中步骤2）包含：

根据线段交点计算过程中的函数，利用公式1计算交点坐标的绝对误差：

$$\delta(f(x_1, x_2, \cdots, x_n)) = \sqrt{\left(\frac{\partial f}{\partial x_1}\delta(x_1)\right)^2 + \cdots + \left(\frac{\partial f}{\partial x_n}\delta(x_n)\right)^2} \quad \text{公式 1}$$

其中f表示关于变量x_1，x_2，$\cdots$，x_n的函数，$\delta(f(x_1, x_2, \cdots, x_n))$表示函数$f$的误差；

根据确定点是否在线段上过程中的函数，利用公式1和所述交点坐标的绝对误差计算容差；

将所述容差设置为判断点是否在线段上的容差。

（二）案例分析

1. 权利要求的解读

权利要求 1 试图要求保护一种确定扫描线交点的方法，从权利要求的文字描述来看，该方法用于基于扫描线算法确定线段交点，具体涉及 3 个步骤：步骤 1）：接收线段，得到事件点结构；接下来进入步骤 2）：从所述事件点结构中取得最小的事件点，对与此点关联线段进行处理，更新所述事件点结构；最后进入步骤 3）：所述事件点结构为空时，输出交点集合。

首先结合说明书的描述，我们来分析权利要求中的步骤 1）和步骤 3）。该方法的步骤 1）具体来说是对线段相关事件点结构 Q 进行初始化，也包括当前激活线段束 R、当前所有线段有序集合 S 以及当前输出焦点集合 I 初始化，初始化就是将其设置为空集合。步骤 3）属于判断步骤，用于判断对是否对线段节点计算完成，如果是空集合，表明计算结束；否则进入步骤 2）进行循环。

接下来重点分析步骤 2）：从所述事件点结构中取得最小的事件点，对与此点关联线段进行处理，更新所述事件点结构。申请人对此进行进一步的限定，其包括 3 方面的内容：（1）根据线段交点计算过程中的函数，利用公式 1：$\delta(f(x_1, x_2, \cdots, x_n)) = \sqrt{\left(\frac{\partial f}{\partial x_1}\delta(x_1)\right)^2 + \cdots + \left(\frac{\partial f}{\partial x_n}\delta(x_n)\right)^2}$ 计算交点坐标的绝对误差；（2）根据确定点是否在线段上过程中的函数，利用上述公式 1 和所述交点坐标的绝对误差计算容差；（3）将所述容差设置为判断点是否在线段上的容差。依据说明书的描述，这里的公式 1 就是高斯误差传递公式，由于扫描线算法用浮点数表示点坐标和线段，因此按照说明书的描述在这一步骤中实际上是"把在物理化学测量或者计算中常用的高斯误差传递公式运用到浮点计算的误差分析中"的过程。

2. 分析权利要求

总结上述 3 个步骤，可以将权利要求 1 的方案概括为基于扫描线算法确定线段交点的方法，其中的第一个步骤是将事件（线段）初始化步骤；第二个步骤是具体实施扫描线算法确定线段的步骤，其中在利用扫描线算法进行浮点计算（计算点坐标和线段）的过程中，将常用的高斯误差传递公式运用到了浮点计算的误差分析中；第三个步骤是判断步骤。

我们接下来找寻权利要求 1 的几个关键点。第一点，权利要求 1 中与算法有关的内容是什么？显然，权利要求 1 主要涉及扫描线算法，该算法用来确定线段交点，这是已知的方法（说明书已经明确），就当前的权利要求 1 所描述的该算法而言，并不能看出实际或者具体现实含义，因此该扫描线算法解决的是数学领域的问题。我们接着来分析第二点，除了刚刚提到的与扫描线算法有关的内容，权利要求还告诉我们哪些内容呢？权利要求 1 中还提到了初始化和判断的步骤。我们知道，初始化和判断的过程是利用算法进行计算常规的步骤，不仅这里提到扫描线算法的使用需要这两个步骤，任何的算法使用都脱离不了这两个步骤，因而权利要求 1 中加入这两个步骤并没有产生任何技术性的内容。我们再看最后一点，权利要求还提到了高斯误差传递公式，显然其属于一种数学公式，可以解决计算中的误差问题，加入到权利要求 1 中仍然解决的是数学中的误差问题。到目前为止，从我们分析的权利要求 1 中的三个关键点来看，还只是停留在解决数学问题的层面上。接下来我们将权利要求 1 的内容作为一个整体来看，考察三个关键点之间联系以及它们的结合，我们发现权利要求 1 并没有就数学问题之外进行任何的改变，其实质上是一种改进算法的解决方案，因此认为其仍然属于一种单纯的求解计算结果的算法，由此我们有理由认为其属于《专利法》第 25 条第 1 款第（二）项规定的不授予专利权的范畴。

3. 主题名称的修改对权利要求的限定作用

接下来讨论如果将权利要求做如下修改是否会改变判断结论：

"1. 一种应用于 GIS 中的确定扫描线交点的方法，其用于基于扫描线算法确定线段交点，包含如下步骤：

1）接收线段，得到事件点结构；

2）从所述事件点结构中取得最小的事件点，对与此点关联线段进行处理，更新所述事件点结构；该步骤包括：

根据线段交点计算过程中的函数，利用公式 1 计算交点坐标的绝对误差；

$$\delta(f(x_1,x_2,\cdots,x_n)) = \sqrt{\left(\frac{\partial f}{\partial x_1}\delta(x_1)\right)^2 + \cdots + \left(\frac{\partial f}{\partial x_n}\delta(x_n)\right)^2} \quad \text{公式1}$$

其中 f 表示关于变量 x_1，x_2，$\cdots$，x_n 的函数，$\delta(f(x_1, x_2, \cdots, x_n))$ 表示函数 f 的误差；

根据确定点是否在线段上过程中的函数，利用公式1和所述交点坐标的绝对误差计算容差；

将所述容差设置为判断点是否在线段上的容差；

3）所述事件点结构为空时，输出交点集合。"

即将权利要求的主题名称由"一种确定扫描线交点的方法"修改为"一种应用于GIS中的确定扫描线交点的方法"，这样的修改对权利要求会产生限定作用吗？这也是读者可能会思考的问题。

权利要求2将"应用于GIS"的内容加入权利要求的主题名称中，其他内容没有变化。应该说权利要求2强调了该确定扫描线交点的方法应用于"GIS"这种应用领域，但是这样的主题名称仅表明了该算法的用途，其可以被应用于地理信息系统（GIS）中，其与权利要求2的其他特征之间没有产生关联，即实质上并没有将权利要求2涉及的算法具体结合于"GIS"的应用领域中，因此不能被认为是对权利要求2的方案起到了限定作用，权利要求2仍然是一种求解计算结果的算法，仍然属于《专利法》第25条第1款第（二）项规定的不授予专利权的范畴。

（三）案例启示

在该案例中，对于涉及算法的权利要求，我们在判断权利要求是否属于专利保护客体的时候，应当围绕该算法展开思考，探讨权利要求的方案中算法是否仅仅包括了数学问题？以及除了算法的内容之外，所限定的其他内容与该算法的关系。这有助于我们从整体上来判断权利要求的技术性。另外，我们也可以看到，仅仅是在权利要求的发明名称部分加入算法的用途，并不能起到对权利要求的限定作用。

【案例 3-5-3】

（一）案情介绍

【发明名称】 一种高效率高精度除法实现方法

【背景技术】

在数字信号处理领域，经常涉及除法运算。例如在接收信号归一化过程中、信号处理中的矩阵运算等经常用到除法运算。在这些运算中，很多情况下不需要求出余数，但需要求出精度相对较高的商。此类除法运算有很高的运算速度要求，即需要在很短的时间内求出运算结果。

【问题及效果】

现有除法器结构种多采用多次移位减法与移位操作得到精确的商以及余数。该类除法运算实现时间长，需要多个时钟周期或者综合后硬件工作频率低，极大限制了在数字信号处理领域的应用。针对现有技术除法运算时钟周期较长，实现速度慢问题，提出一种高效率高精度除法实现方法，通过设定系统有效位宽度降低倒数表代码空间开销，且比原有的移位减的普通除法实现方法能减少较多的时间开销，且无论软硬件实现均可达到高速及高精度，不限制 bit 位宽。

【实施方式】

该高效率、高精度除法实现方法的主要步骤如流程图 1 所示：

步骤 401 是常规的数据预处理。步骤 402 中对等式进行分解 $w = \frac{y'}{x'} = s \times y \times \left(\frac{1}{x}\right)$，将等式分解为商的符号 s 与无符号被除数 y、无符号除数的倒数 $\frac{1}{x}$ 相乘，对于数字信号处理系统（如 DSP、ZSP 等），乘法用一个指令耗费一个时钟周期即可完成。在步骤 403 中，搜索无符号除数 x 有效位的起始位位置 Ps，Ps 从 1 开始计数，获得无符号除数 x 的有效位长度 Lx = Bw − Ps + 1。步骤 404、将无符号除数 x 分解为包含高 1bit 有效位的 a 和包含剩余有效 bit 位的 b，变换无符号除数的倒数 $\frac{1}{x}$，如下所示

```
                   ┌─────────────────────────────┐
                   │   输入除数x′和被除数y′      │
                   └─────────────────────────────┘
                              │
          ┌───────┐        ┌──┴──┐    是   ┌──────────────────┐
步骤401 ─┤       ├─→  除数x′是否为0? ─────→│输出最大值常数Constant│
          └───────┘        └──┬──┘         │  和异常处理标志   │
                              │ 否          └──────────────────┘
                   ┌─────────────────────────────┐
                   │将x′和y′转化为无符号数x和y并记录商的│
                   │          符号s              │
                   └─────────────────────────────┘
                              │
步骤402 ──────────┤    对等式进行分解           │
                              │
步骤403 ──────────┤搜索无符号除数有效位的起始位位置，获得无│
                  │     符号除数的有效位长度     │
                              │
步骤404 ──────────┤将无符号除数分解为包含高bit有效位的a和包含│
                  │剩余有效bit位的b，变换无符号除数的倒数│
                              │
步骤405 ──────────┤    对a进行归一化处理得到a′  │
                              │
步骤406 ──────────┤   查询倒数预存表，获得1/a′的值│
                              │
步骤407 ──────────┤将1/a′的值进行回归处理得到1/a的值│
                              │
步骤408 ──────────┤       计算1/(1+b/a)          │
                              │
步骤409 ──────────┤   求出商值w=s×y×(1/x)       │
                              │
                          ( 结束 )
```

图1

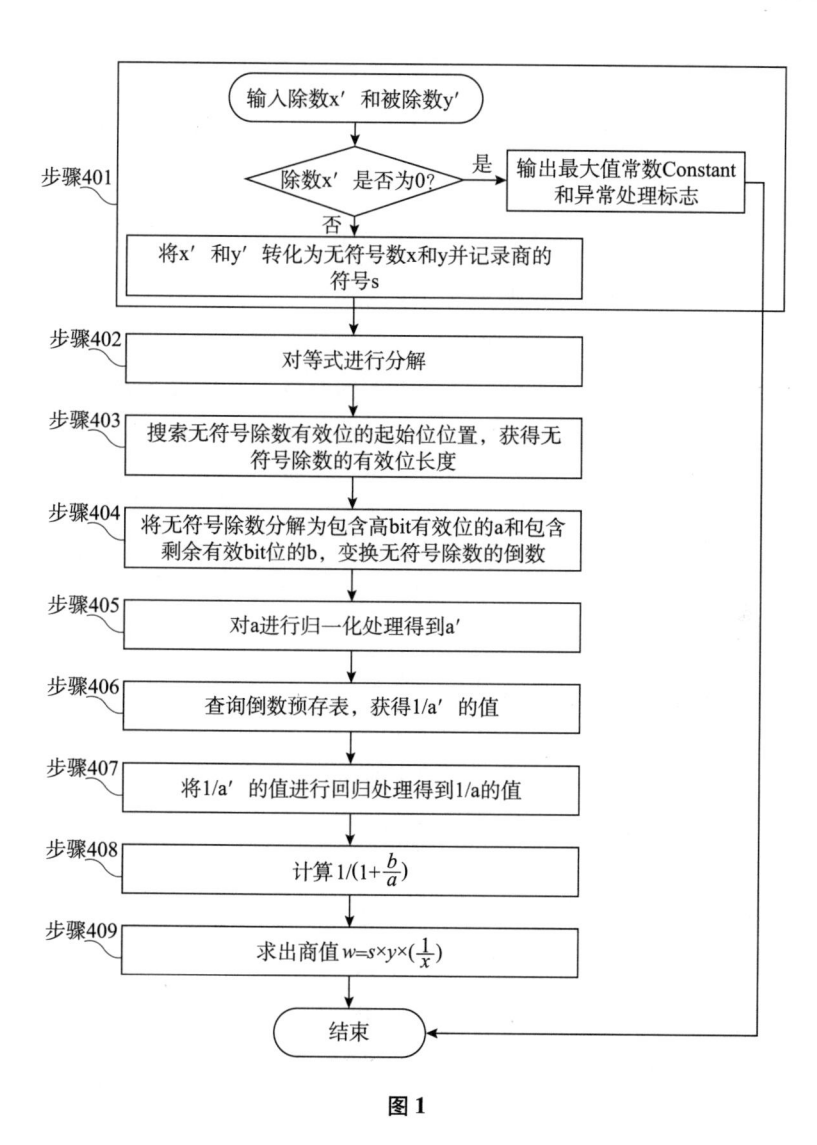

$$\frac{1}{x} = \frac{1}{a+b} = \frac{\frac{1}{a}}{1+\frac{b}{a}} = \left(\frac{1}{1+\frac{b}{a}}\right) \times \left(\frac{1}{a}\right)$$

在步骤405中，通过移位操作对 a 进行归一化处理得到 a' 以便查询预存的倒数表，在步骤406中通过查表获得 a' 的倒数值，在步骤407中再将查到的倒数值回归处理。在步骤408中计算 $1/(1+b/a)$，然后在步骤409中通过乘法指令就可求得最终商值。

【权利要求】

1. 一种高精度除法运算方法，对不同或相同位宽的除数 x' 和被除数 y' 进行预处理，分解计算商 $w = \dfrac{y'}{x'} = s \times y \times \left(\dfrac{1}{x}\right)$，其特征在于：包括：

设定系统有效位宽度 l，$1 \leq l \leq Bw$，Bw 为系统位宽，在 $\{16, 32, 40, 64, 128, 256, \cdots\}$ 中取任意值；

从符号位开始，从高位到低位搜索无符号除数 x 有效位的起始位位置 Ps，Ps 从 1 开始计数，获得无符号除数 x 的有效位长度 $Lx = Bw - Ps + l$；

将无符号除数 x 分解为包含高 1bit 有效位的 a 和包含剩余有效 bit 位的 b，变换无符号除数的倒数 $\dfrac{1}{x}$，即 $\dfrac{1}{x} = \dfrac{1}{a+b} = \dfrac{\frac{1}{a}}{1+\frac{b}{a}} = \left(\dfrac{1}{1+\frac{b}{a}}\right) \times \left(\dfrac{1}{a}\right)$ （1）

对 a 进行归一化处理得到 a'；

查询预存的倒数表，获得 $\dfrac{1}{a'}$ 的值，所述预存的倒数表为预先存储的倒数表，存储 $[2l-1, 2l-1]$ 内整数的倒数值；

将 $\dfrac{1}{a'}$ 的值进行回归处理得到 $\dfrac{1}{a}$ 的值；

获得 $\dfrac{1}{1+\frac{b}{a}}$ 的值；其中，s 表示商的符号，x 为无符号除数，y 为无符号被除数，式（1）中"+"号表示异或运算。

（二）案例分析

1. 权利要求的解读

权利要求 1 的方案整体上是一种对二进制表示（非二进制数需要先转换为二进制标识）的除数和被除数进行除法运算的方法，所述操作数是本身不具有任何物理含义的数字。

权利要求 1 中出现了有效位宽和系统位宽的概念。有效位宽决定了除法的精度，以及执行该方法时需要的预存倒数表的大小；系统位宽是由所选择的计算平台决定的，而非该除法算法本身提出的限制要求，系统位宽实际上限制了除数/被除数的取值范围，因此系统位宽和预存倒数表都具有技术特征的性质。

2. 权利要求的分析

权利要求1的方案的主题名称为一种高精度除法运算方法，实质就是一种具体算法，其具体限定的特征也基本是该除法运算方法的各个步骤，虽然其中包括了诸如系统有效位宽度、预存的倒数表等技术特征，从而使得权利要求1不属于单纯的智力活动的规则和方法，但是通过分析不难发现其所要解决的问题仍然只是进行除法运算并获得相应运算结果，达到的效果也是获得设定精度的商，这些都只是数学运算方面的问题，而并非是技术问题和技术效果，采用的手段也是数学公式的变换和近似，并非是技术手段，其所谓的提高运算速度是通过数学上变换计算方法，以降低精度为代价实现的，并没有改进计算机的内部性能，因此，权利要求1不是技术方案。

3. 案例启示

从权利要求1的方案来看，其并未对计算机内部的硬件、指令或者操作系统的调度等方面提出改进，其除法效率的提高是因为算法本身的改进带来的，是权利要求方案中所记载的除法规则所固有的，不依赖于执行装置在硬件或者软件方面的任何特性，即这种改进导致无论其执行者是X86架构的通用计算机、DSP处理器还是FPGA平台，均会因算法本身的改进导致除法效率的提高，独立于计算平台。因此对于涉及在通用计算机上运行的算法的专利申请的客体判断，要首先确定算法和计算机之间是否存在某种特定的关联，由此判断计算性能的提高是否与这种关联有关。

第二节 创造性判断

在算法相关的发明专利申请中，往往包含了数学方法以及相应的参数定义等内容。如果在发明中，所采用的数学方法与其他技术特征相结合，用于解决某个领域的技术问题，共同构成解决该技术问题的技术手段，并带来了技术效果，即数学方法应用于具体的技术领域，成为解决该领域某个技术问题所采取的技术手段的组成部分，那么在确定发明实际解决的技术问题和判断现有技术是否给出技术启示时，需要将算法特征考虑在内，即当算法特征成为与最接近的现有技术的区别时，在分析判断发明实际解决的技术问题时，需要考虑所述算法所起到的技术效果，以及现有技术中是否给出了有关采用包括所述算法在内的区别特征来解决发明所实际解决技术问题的技术启示，从而在上述分析的基础上作出发明是否具备创造性的判断结论。

在算法相关的发明的创造性判断中，需要注意的是：

（1）整体分析算法在权利要求方案中的作用。算法通常涉及数学思想，与人的智力活动密切相关，但是并不能因此而在创造性的判断时将算法特征一概排除在外。应当从发明解决的技术问题出发，分析和理解发明为此而采取的解决方案，包括算法特征中各参数的含义以及与其他技术特征之间的联系等，从而确定算法特征在发明的技术方案中所起的作用和达到的技术效果，以作出正确的创造性判断。

（2）避免简单机械对比。算法由于涉及演绎和推算，在表现形式上有可能存在差异，但实际求解得到的结果是相同的，因此在对比本发明的方案与对比文件的方案时，不宜仅根据算法特征表现形式而简单认定两者方案中涉及的算法特征是相同的或者是不同的，以及现有技术存在还是不存在相关的技术启示，而是应当依据有关的数学知识分析两者实质上是否相同，以及由现有技术是否可以推导出发明中的算法。

【案例3-5-4】

（一）案情介绍

【发明名称】基于混沌映射与数列变换的图像加密算法

【背景技术】

随着网络应用范围的拓宽，大量的多媒体信息通过互联网进行交换使用。数字图像作为多媒体信息的重要载体，使得对于图像的安全传输成为信息安全问题的一个重要方向。一般可以通过对数字图像信息进行加密处理，使之成为不可分辨的秘密图像来提高信息安全性。

【问题及效果】

混沌系统因具有随机性和对于初值的敏感性而在图像加密中被广泛运用。已有技术的一种基于混沌系统的数字图像加密算法中,鉴于传统图像加密技术和低维混沌加密技术的局限性,构造了二维 Logistic 系统,分析其混沌特性,并将其与数字图像置乱技术相结合,设计了一种基于二维 Logistic 混沌系统的数字图像加密算法,该方法利用了混沌系统的伪随机特性,密钥空间扩大,但是在抗统计分析方面薄弱。

本发明专利申请的算法对 Logistic 混沌系统重新利用,在保证图像加密效果的同时,能够抵御来自统计分析、剪切、噪声和滤波等安全攻击,且具有密钥空间大、安全度高的特点。

【实施方式】

图 1 (a) 是基于混沌映射与数列变换的图像加密算法流程图。

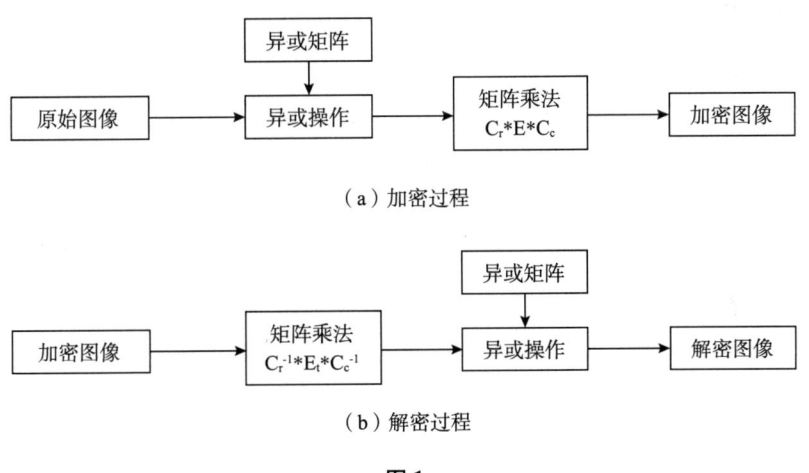

(a) 加密过程

(b) 解密过程

图 1

本发明的基于混沌映射与数列变换的图像加密算法包括以下步骤:

(1) 运用 Logistic 混沌序列构造与需要加密的灰度图像大小相同的二维方阵,Logistic 混沌序列其定义模型为 $x_{n+1} = \mu_0 * x_n * (1 - x_n)$,其中,$0 < \mu_0 \leq 4$,$0 < x_0 < 1$,$n$ 为自然数。由于此混沌系统产生的数列值大都是在 0 到 1 之间,所以根据公式 $y_n = (x_n * 1000) \bmod 256$ 需要将所得的每一个数列值扩大然后对 256 取模,这样可以保证所得随机整数列在 0~255,根据图像的尺寸将所得随机数列转换成为同等大小的二维整数

序列。

（2）将原始图像的每个像素点的值同（1）所得取模后的矩阵进行按位异或处理，设原图像 A 大小为 $m*n$，异或矩阵为 W，$t(m,n)$ 代表异或后的图像像素值，则处理公式为 $t(m,n)=p(m,n)\oplus q(m,n)$ $(p(m,n)\in A, q(m,n)\in W)$。

（3）要对 $M*N$ 的二维数字图像进行混乱加密，需要对每一行每一列进行位置置换，设 C_r 和 C_c 是所需要的行列变换矩阵，则两个矩阵可以定义为 $C_r(m,n)=\begin{cases}1 & (n=x_m)\\0 & (n\neq X_m)\end{cases}$ 和 $C_c(m,n)=\begin{cases}1 & (m=X_n)\\0 & (m\neq X_n)\end{cases}$，其中 m，n 为所形成行列变换的位置下标。

（4）通过矩阵乘法 $E=C_r*E_t*C_c$ 对异或后图像进行位置置乱变换，E 代表此步骤加密后的图像，E_t 代表步骤（2）中公式所得 $t(m,n)$ 构成的矩阵。这样，所得的图像 E 就是加密后的图像。

【权利要求】

1. 基于混沌映射与数列变换的图像加密算法，包括以下步骤：

（1）将大小为 $M*N$ 的灰度图像的每个像素点的值转换成二进制，然后将通过 Logistic 混沌序列生成的大小为 $M*N$ 的矩阵的值转换成二进制，将两个对应位置的二进制数进行按位异或处理；

（2）对于异或后图像进行位置置乱变换，将 Logistic 混沌序列通过变换生成大小为 $M*M$ 的行矩阵 C_r 和大小为 $N*N$ 的列矩阵 C_c，用所得行矩阵乘以异或后的灰度图像像素值矩阵再乘以列矩阵，图像加密结束。

（二）案例分析

该案权利要求 1 请求保护基于混沌映射与数列变换的图像加密算法，通过将原始图像进行二进制转换和异或处理后，再利用行、列矩阵对异或后的图像进行位置置乱变换完成图像的加密处理。

对比文件 1 为最接近的现有技术公开了如下内容：对大小为 $M\times N$ 的原始图像 $A_{M\times N}$，通过迭代混沌系统方程得到混沌系列，取长为 $M\times N$ 的一段随机序列，转化为与原始图像大小相同的二维矩阵形式，将两个矩阵相应的每一个位置处的数值进行异或运算，得到灰度值改变后的加密图像；对于像素点灰度值的改变采用异或运算，由于灰度值的范围为

0～255，所以每一个像素点的灰度值可以表示为8位的二进制序列；实验部分采用表达简单且常用的Logistic混沌系统对测试图像进行加密处理。对像素点位置的改变采用在行内变换的方式进行（在列内变换的方式可以利用相同的原理完成）；与位置矩阵相结合，将灰度值改变后的加密图像矩阵每一行的元素移至位置矩阵中相应处表示该行的新位置处，达到加密位置变换的目的，得到最终加密的结果图像；选取混沌系统所需的初值，得到与图像大小相同的随机整数矩阵，用于位置改变的位置矩阵是由随机整数矩阵进行排序得到的；可以对图像进行行列交替进行位置置换，以达到更好的加密效果。

可见，对比文件1同样涉及基于Logistic混沌系统的图像加密算法，其中图像像素点的灰度值采用八位的二进制序列来表示。将待加密图像矩阵与混沌系统生成的随机矩阵按位进行异或运算后，再与位置矩阵相结合以改变图像像素点的位置，达到加密位置变换的目的，从而得到最终的加密图像。

将权利要求1的方案与对比文件1进行对比可以看到，二者都是通过同时改变图像像素灰度值以及像素位置来实现对图像加密的目的，对比文件1已经公开了包括对原始图像进行二进制转换和异或处理，并对得到的异或后的图像进行行和列的位置置换的权利要求1的大部分特征，二者的区别在于权利要求1中采用大小为$M*M$的行矩阵C_r和大小为$N*N$的列矩阵C_c对异或后的图像进行位置置乱。

基于此区别，可以确定权利要求1的方案实际解决的技术问题为：如何对异或后的图像进行置乱变换。对比文件1虽然没有公开通过上述区别特征的位置矩阵对异或后的图像进行置乱变换操作，但是如前所述，对比文件1中提到了对灰度值改变后的加密图像矩阵每一行的元素移至位置矩阵中相应处表示该行的新位置处，本发明中$M*M$的行矩阵C_r和大小为$N*N$的列矩阵C_c起到的作用也是为了改变加密后图像矩阵的元素位置，这种方法只是位置矩阵类型的不同，是图像处理领域的技术人员容易想到的技术解决手段。因此，权利要求1的方案并不因此而具备创造性。

(三) 案例启示

在图像处理领域中常见算法方面的改进，例如本发明所涉及的为了保护网络信息安全的图像加密算法，或者为避免图像失真的图像处理算法等，对算法的改进本身已构成解决数据安全、图像处理的相应技术方案的组成部分，因此在对权利要求方案的创造性判断中，算法相关的特征应当一并考虑。如该案中，权利要求与最接近的现有技术的区别中的行、列矩阵构成并不是单纯的数学问题，而是构成本发明用以解决图像安全性问题的加密手段之一，使得图像保密性增强，能够抵御灰度值统计攻击以及剪切等的干扰攻击。因此在判断权利要求1的创造性时，需要考虑上述区别在权利要求1整体方案中所起的作用，并据此判断其是否显而易见，从而确定权利要求1的方案相对于现有技术是否具备创造性。

【案例3-5-5】

(一) 案情介绍

【发明名称】一种步长内开关实时不定点插值计算方法

【背景技术】

时域仿真是电力系统分析、设计和研究的重要工具。随着电力电子技术的广泛应用，柔性交流输电、高压直流输电以及分布式发电在内的电力系统各个环节中，特别是大量可再生能源发电设备一般都需要通过电力电子变流器才能接入电网中，而电力电子开关这种本质上随时间不断变化的网络拓扑结构对传统的电力系统时域仿真提出了新的要求和挑战。

【问题及效果】

在电磁暂态的实时仿真方面，在如何确保计算实时性的前提下，计算频繁和非整步长时间点的电力电子开关动作是棘手的技术难点。

本申请的步长内开关实时不定点插值计算方法在现有电力系统电磁暂态软件等的基础上，进行开关特性电路计算时能够提高开关子网的计算速度，有利于实时性计算。从而为开关计算的精度提高提供时间裕度，可应用于实时、超实时、离线计算的包含电力电子开关、高频电气开关等开关特性电路的电磁暂态仿真计算中，其中整步长计算能够与各种电磁暂态开关算法相兼容且不限于如：梯形积分法、后退欧拉法、带阻尼的梯形积分法或其修改变更组合等，能有效提高仿真的计算速度和精度，优化电磁暂态实时计算性能。

【实施方式】

图1是本发明提供的步长内开关实时不定点插值计算方法的计算步骤图，其中，①为定点定步长计算；②为内插值计算；③为不定点定步长计算；✕为开关动作时刻点（即图中②箭头所指位置处）；☆为定点步长连接时间点；⑥为外插值计算。

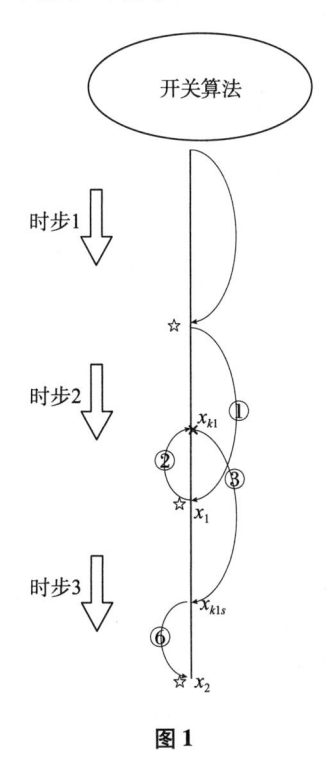

图 1

图 2 是本发明提供的步长内开关实时不定点插值计算方法的工作流程图。

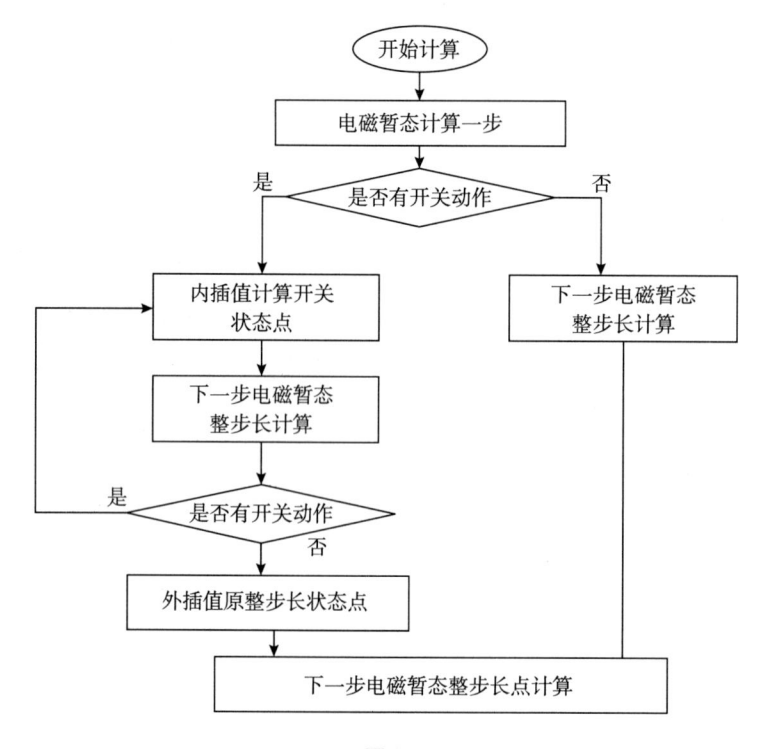

图 2

本申请的计算方法包括如下步骤：

A. 对电磁暂态第一个步长点状态值进行计算，发现步长内有开关动作；

B. 对开关动作点状态值进行内插值计算：基于上一步的状态值 x_1 和当前步长点状态值 x_2，对所述开关动作点 $k1$ 时刻的状态值 x_{k1} 进行内插值计算，所述 x_{k1} 用下述①式表示：

$$x_{k1} = x_1 + \frac{t_{k1} - t_1}{\Delta t}(x_2 - x_1) \qquad ①$$

式中：x_{k1} 为开关动作点 $k1$ 时刻的状态值；t_{k1} 为 $k1$ 时刻时间点；t_1 是状态值 x_1 所在的整计算步长时刻；Δt 是一个标准整计算步长的时间长度。

C. 从所述开关动作点对下一个步点长状态值进行计算：从开关动作

点 x_{k1} 采用电磁开关算法对下一个步点长状态值 x_{k1s} 进行计算。

D. 从当前步长点外插值到下一计算整步长点：从步骤 C 当前的步长点的状态值 x_{k1s} 外插值下一计算整步长点状态值 x_3，所述 x_3 用下述②式表示：

$$x_3 = x_{k1} + \frac{t_3 - t_{k1}}{\Delta t}(x_{k1s} - x_{k1}) \qquad ②$$

式中：x_3 为下一计算整步长点状态值；t_3 是状态值 x_3 所在的整计算步长时刻。

在每一步计算之后，无论是采用后退欧拉法、隐式梯形积分法、带阻尼的梯形积分法或其修改变更组合，都要进行事件搜索和处理。事件搜索是在计算一个步长后，就要检测本步长内是否有计算中未曾考虑的开关动作、网络结构变化等，如果有，就要进行处理，所谓处理就是采用本申请的方法内插值或外插值计算。

【权利要求】

本案权利要求 1 如下：

1. 一种步长内开关实时不定点插值计算方法，其特征在于，所述方法包括下述步骤：

A. 对电磁暂态第一个步长点状态值进行计算，发现步长内有开关动作；

B. 对开关动作点状态值进行内插值计算；

C. 从所述开关动作点对下一个步点长状态值进行计算；

D. 从当前步长点外插值到下一计算整步长点；

所述步骤 B 中，基于上一步的状态值 x_1 和当前步长点状态值 x_2，对所述开关动作点 $k1$ 时刻的状态值 x_{k1} 进行内插值计算，所述 x_{k1} 用下述①式表示：

$$x_{k1} = x_1 + \frac{t_{k1} - t_1}{\Delta t}(x_2 - x_1) \qquad ①$$

式中：x_{k1} 是开关动作点 $k1$ 时刻的状态值；t_{k1} 是 $k1$ 时刻时间点；t_1 是状态值 x_1 所在的整计算步长时刻；Δt 是一个标准整计算步长的时间长度；

所述步骤 C 中，从所述开关动作点 x_{k1} 采用电磁开关算法对下一个步点长状态值 x_{k1s} 进行计算；

所述电磁开关算法采用梯形积分法、后退欧拉法、带阻尼的梯形积分法或其修改变更组合；

所述步骤 D 中，从步骤 C 当前的步长点的状态值 x_{k1s} 外插值下一计算整步长点状态值 x_3，所述 x_3 用下述②式表示：

$$x_3 = x_{k1} + \frac{t_3 - t_{k1}}{\Delta t}(x_{k1s} - x_{k1}) \qquad ②$$

式中：x_3 为下一计算整步长点状态值；t_3 是状态值 x_3 所在的整计算步长时刻；

所述方法在每一步计算之后，无论是采用后退欧拉法、隐式梯形积分法、带阻尼的梯形积分法或其修改变更组合，都要进行事件搜索和处理；事件搜索是在计算一个步长后，就要检测本步长内是否有计算中未曾考虑的开关动作、网络结构变化，如果有，就要进行处理，所述处理就是采用步骤 A～D 的内插值或外插值计算；

内插值算法的待求量是在当前计算的步长周期内部的某个计算时刻的状态值，采用已知的状态值对步长跨度内的某个状态值进行线性插值计算；外插值算法的待求量是在当前计算的步长周期外部的某个计算时刻的状态值，采用已知的状态值对步长跨度外的状态值进行线性插值计算。

（二）案例分析

权利要求 1 请求保护一种步长内开关实时不定点插值计算方法，在一个步长内发生单个或多个开关动作的情况下，采取内插值算法计算各个开关的状态量。

对比文件 1 为最接近的现有技术，其公开了一种多重开关动作的电力电子时域仿真插值方法，包括了以下步骤：

1）由 $t-\Delta T$ 时刻使用梯形法积分一个步长至 t；

2）由 t 时刻使用梯形法积分一个步长至 $t+\Delta T$，此时检测到 t_d 时刻的开关动作；

3）由 t 和 $t+\Delta T$ 时刻值内插到 t_d 时刻值；

4）改变开关状态，重新形成暂态计算矩阵，以后向欧拉法积分半步长至 $t_d + \Delta T/2$，并检测该时刻各开关动作条件，如果没有开关动作则转入下一步，否则重复步骤4）；

5）由 t_d 和 $t_d + \Delta T/2$ 外插到 $t_d - \Delta T/2$ 时刻值；

6）在 $t_d - \Delta T/2$ 时刻以后向欧拉法积分至 t_d；

7）在 t_d 时刻以后向欧拉法积分至 $t_d + \Delta T/2$；

8）在 $t_d + \Delta T/2$ 时刻以梯形法积分至 $t_d + 3\Delta T/2$，此时需重新检测开关状态；

在步骤8）之后可以选择继续进行一步插值算法得到 $t + 2\Delta T$ 时刻的值而与原来的仿真时标保持同步。

其中使用下式插值到开关动作时刻开关动作前的值：$X(t_d^-) = X(t - \Delta T) + \alpha (X(t) - X(t - \Delta T))$，其中 $t_d = t - \Delta T + \alpha \Delta T$；$X(t - \Delta T)$ 是上一步的状态值，$X(t)$ 是当前状态值；

采用欧拉法和梯形法作为电磁开关算法；

从对比文件1的上述插值方法步骤可见，其插值方法在每一步计算之后，无论是采用后向欧拉法还是梯形法，都进行了事件搜索和处理，考虑了网络结构的变化。但是步骤4）~8）不使用插值计算。同时，在步骤7）和8）中采用了后向欧拉法和梯形法的组合，即相当于本申请插值计算方法中的在每一步计算之后，都要进行事件搜索和处理。

将权利要求1的技术方案与对比文件1进行对比可见，二者的区别有3点：（1）权利要求1是针对步长内开关实时不定点插值计算的方法，而对比文件1是针对适于非实时仿真的插值算法；（2）权利要求1是"从所述开关动作点对下一个步点长状态值进行计算"，即"从所述开关动作点 x_{k1} 采用电磁开关算法对下一个步点长状态值 x_{k1s} 进行计算"，同时在发现开关动作时"就要进行处理，所述处理就是采用步骤A~D的内插值或外插值计算"；而对比文件1还包括步骤4）~8），其中步骤4）~7）在发现开关动作并不进行插值计算；（3）带阻尼的梯形积分法、隐式梯形积分法。

基于权利要求与对比文件之间存在的上述区别可以确定，权利要求1的技术方案实际解决的技术问题是如何实现对电力电子开关动作的实时计算。

上述第（3）点区别涉及的带阻尼的梯形积分法和隐式梯形积分法是电力电子仿真中常用的电磁开关算法，因此，对本案创造性的判断重点放在上述第（1）和（2）这两点区别上。

本申请提出的计算方法是针对实时计算的,因此采用了比对比文件1更为精简的计算步骤,采用内插值算法直接对开关动作点进行插值计算,"从所述开关动作点对下一个步点长状态值进行计算",并采用外插值算法实现原计算步长点的同步,这些相对精简的步骤可以明显改善计算速度。对比文件1的方案是针对非实时仿真的,因此其步骤4)～7)进一步考虑了在t_d时刻的同步开关动作,以及距离t_d半步长$\Delta T/2$内的多重开关情况,通过反复迭代,避免了t_d半步长$\Delta T/2$内的反复插值,但是也相应地增加了计算量和计算复杂度,这是与其非实时的特性相配合的,即增加计算量从而获得精确的仿真效果。

通过以上分析可见,虽然本发明与对比文件1都涉及电力电子开关的电磁暂态仿真,二者的插值算法亦存在部分相同的部分,例如,内插值算法的待求量都是在当前计算的步长周期内部的某个计算时刻的状态值,采用已知的状态值对步长跨度内的某个状态值进行线性插值计算;外插值算法的待求量也都是在当前计算的步长周期外部的某个计算时刻的状态值,采用已知的状态值对步长跨度外的状态值进行线性插值计算,但是,本申请与对比文件1所针对的技术问题是不相同的,从而导致了二者在为此所采取的技术方案上的不同,体现在本申请为了实时计算的快速需要,采用了比对比文件1更为精简的计算步骤,采用内插值算法直接对开关动作点进行插值计算,"从所述开关动作点对下一个步点长状态值进行计算",并采用外插值算法实现原计算步长点的同步,从而明显改善计算速度;而对比文件1的方案由于是针对非实时仿真的,对计算速度的要求相对来说变低,因此其步骤4)～7)进一步考虑了在t_d时刻的同步开关动作,以及距离t_d半步长$\Delta T/2$内的多重开关情况,通过反复迭代,避免了t_d半步长$\Delta T/2$内的反复插值,这样虽然计算量有所增加,但仿真效果可以更为精确。

显然,对比文件1并没有给出有关上述第(1)和(2)点区别的技术启示。同时,由于这两点区别也不是电力系统时域仿真领域中的公知常识。基于上述第(1)和(2)点区别的本发明权利要求1解决了如何实现实时仿真的技术问题,并获得了以快速、简化的方式实现实时计算的效果,因而具备创造性。

（三）案例启示

本申请涉及电力系统时域仿真领域，而仿真设计已经成为电路系统设计中的重要调试手段。电磁暂态仿真中需要精确计算电力电子开关的动作时刻，保证计算精度以及仿真的准确性。通过不同目的需求而对仿真算法进行改进，可以实现提高仿真精度、仿真实时性以及稳定性等效果，提供对设计出的电路性能的实际预测。因此在对权利要求方案的创造性判断中，算法相关的特征作为应用于仿真设计、作为实现上述效果的构成手段而需要考虑。

另外，在进行创造性判断时不能孤立地考虑权利要求与最接近的现有技术之间的区别特征，而是需要分析二者的发明目的以及为此而采取的技术方案，从而整体考虑每项区别在发明方案中所起的作用，这样才能准确判断现有技术中是否存在相关的技术启示。

【案例3-5-6】

（一）案情介绍

【发明名称】 一种基于马拉算法的电力系统故障录波数据分析方法

【背景技术】

电力系统中一般都设有数字故障录波器，用其监视传输线、配电线路、变压器以及其他设备的电压电流信号，并将电力系统的故障、电压跌落和开关事件进行录波。对录波数据中扰动的事后分析是很有必要的。例如，确定故障和开关事件的发生时间、故障持续时间和定位、故障的性质和类型以及评估继保和断路器的性能等。

【问题及效果】

然而数字故障录波器通常记录有大量的非暂态数据，所以在众多的波形数据中检视故障暂态数据是非常困难的。暂态信号的识别、处理和利用是电力系统状态监视、故障诊断、电能质量分析的重要依据，高压输电线路和电力设备故障发生之后，其电压和电流中含有大量的非基频暂态分量，而且故障分量随着时刻、故障点位置、故障点过渡电阻以及系统工况的不同而不同，故障引起的暂态信号是一个非平稳随机过程。

传统的方法大多是基于傅里叶变换的数字滤波，但傅里叶变换无法做时域局部化分析，不适合对电力系统暂态信号进行分析，而且传统傅里叶变换对频谱很宽的信号时域采样后易产生混叠现象、泄漏效应和栅栏效应。

另外，在现代电力系统中，电力电子设备在运行过程中均会产生大量的非整次谐波。傅里叶分析只能识别基频的整数次谐波，无法检测非整次谐波，这样由于非整次谐波的存在，应用傅里叶分析计算出的结果就会被误认为均是整次谐波的结果，从而使整个计算存在较大的模型误差。

因此提出一种基于马拉算法的故障诊断分析方法，来对录波数据进行有效的分析。通过这种分析方法可以大大降低小波变换的计算量，有利于对含有大量信息的电力系统故障信号进行实时处理，很好地分析电力系统故障过程并提取故障特征基因，从而进行故障的诊断以及定位。

【实施方式】

图1是本申请有关电力系统故障录波数据分析方法的具体步骤：

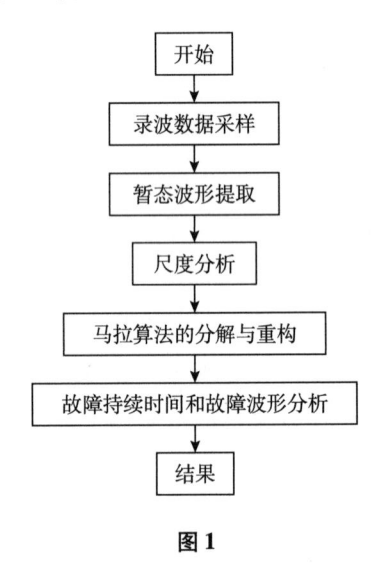

```
开始
 ↓
录波数据采样
 ↓
暂态波形提取
 ↓
尺度分析
 ↓
马拉算法的分解与重构
 ↓
故障持续时间和故障波形分析
 ↓
结果
```

图1

上述电力系统故障录波数据分析方法通过马拉算法来实现，从而对电力系统扰动和故障的检测、分类作出具体的分析。

【权利要求】

1. 一种基于马拉算法的电力系统故障录波数据分析方法，其特征是：包括以下步骤：

S1 录波数据采样

每个周期的采样点数取 N = 128，对应的采样频率 $f_s = Nf_f = 128 \times 50 = 6400\,\mathrm{Hz}$。

S2 暂态波形提取

采用马拉算法使用多贝西滤波器对故障波形进行分解和重构，在第一尺度下将故障录波信号的频谱分离成高频带和低频带。

S3 尺度分析

在第一尺度下，以多贝西 4 为小波基，得出下式：

$$\begin{bmatrix} w_1(1) \\ w_1(2) \\ w_1(3) \\ \vdots \\ w_1(64) \end{bmatrix} = H \begin{bmatrix} x(1) \\ x(2) \\ x(3) \\ \vdots \\ x(128) \end{bmatrix}$$

$$H = \begin{bmatrix} h(3) & h(4) & 0 & 0 & \cdots & 0 & 0 & h(1) & h(2) \\ h(1) & h(2) & h(3) & h(4) & \cdots & 0 & 0 & 0 & 0 \\ 0 & 0 & h(1) & h(2) & \cdots & 0 & 0 & 0 & 0 \\ \vdots & \vdots & \vdots & \vdots & \vdots & \vdots & \vdots & \vdots & \vdots \\ 0 & 0 & 0 & 0 & \cdots & h(1) & h(2) & h(3) & h(4) \end{bmatrix}$$

w_1 是第一尺度下的小波系数，h 是小波滤波器的系数。

同样，第一尺度下，以多贝西 4 为小波基的马拉算法的近似系数由下式给出：

$$\begin{bmatrix} a_1(1) \\ a_1(2) \\ a_1(3) \\ \vdots \\ a_1(64) \end{bmatrix} = G \begin{bmatrix} x(1) \\ x(2) \\ x(3) \\ \vdots \\ x(128) \end{bmatrix}$$

$$G = \begin{bmatrix} g(3) & g(4) & 0 & 0 & \cdots & 0 & 0 & g(1) & g(2) \\ g(1) & g(2) & g(3) & g(4) & \cdots & 0 & 0 & 0 & 0 \\ 0 & 0 & g(1) & g(2) & \cdots & 0 & 0 & 0 & 0 \\ \vdots & \vdots & \vdots & \vdots & \vdots & \vdots & \vdots & \vdots & \vdots \\ 0 & 0 & 0 & 0 & \cdots & g(1) & g(2) & g(3) & g(4) \end{bmatrix}$$

a_1 是第一尺度下的近似系数，g 是尺度滤波器的系数；

不断递归计算出不同尺度下的小波系数和近似系数。

S4 马拉算法的分解与重构

对信号进行 5 层多分辨分析，再利用小波变换检测信号的突变点，检测模极大值；

模极大值的检测步骤如下：

S3 - 1 对数据窗内的采样序列进行小波分解，得到第一层高频系数和第二层高频系数；

S3 - 2 求第一层高频系数和第二层高频系数的模平均值和模最大值；

S3 - 3 比较模最大值与模平均值，若大于设定的阈值，则认为已检测到突变点，否则认为没有检测到突变点；

S3 - 4 若检测到突变点，则记下突变发生的时间，并进一步进行小波分解和重构，若没有检测到突变点，则视为稳态信号。

S5 故障和故障持续时间分析

如果在第一层和第二层高频系数中检测到了模极大值点，说明存在故障或电能质量扰动，否则未出现故障或电能质量扰动；

模极大值点还可以得出故障或扰动的持续时间；

由扰动持续时间对其所在的频带进行重构，提取出扰动波形，通过重构的扰动波形对扰动进一步分析：

如果是短期或者长期变化扰动，则调用相应的短期或者长期变化扰动识别子程序；如果是暂态扰动，则将扰动波形作为人工神经网络和模糊专家系统的输入信号；如果是负荷扰动，则进一步判断是负荷变化引起的扰动还是负荷本身引起的扰动。

（二）案例分析

对比文件 1 为最接近的现有技术，其公开了六个章节的内容，其中相关的章节包括第 2 章小波理论，第 3 章基于小波变换的暂态电能质量检测；第 4 章，暂态电能质量信号的小波去噪分析以及第 5 章暂态电能质量信号分类和识别。

在第 2 章小波理论的 2.2.3 Mallat（马拉）算法一节中，介绍了采用马拉算法对波形进行分解和重构，Mallat 分解的算法公式为：$\begin{cases} C_{j+1} = HC_j \\ D_{j+1} = GC_j \end{cases}, j = 0, 1, \cdots, J$，其中，$C_{j+1}$ 是第 J 尺度下的低频系数矩阵，H 是低通滤波器的系数矩阵，D_{j+1} 是第 J 尺度下的高频系数矩阵，G 是高通滤波器的系数矩阵，J 为多分辨分析的层数，而且，利用 mallat 算法对波形进行分解和重构，不必知道具体的小波函数是什么样的。

在第三章基于小波变换的暂态电能质量检测这一章中，提到采用 Daubeechics 小波（多贝西滤波器）分析暂态电能质量信号，选择 db4 作为小波基。关于数据采样，采用 f_c 为 50Hz，采样频率 f_s = 12.8kHz，得出应该对波形信号进行 6 层多分辨分析。利用小波分析检测信号突变点的一般方法为：(1) 对数据窗内的数据进行采样，得到的离散数据序列进行小波分解，得到第一层和第二层的高频系数 cd1 和 cd2；(2) 分别对 cd1 和 cd2 求模平均，即所有系数绝对值的平均值，记为 mean；(3) 分别求出 cd1 和 cd2 的最大模，即所有系数绝对值中的最大值，记为 max；(4) 比较最大模与模平均，如果 $\frac{max - mean}{mean} > 10$，则认为检测到突变点，否则认为没有检测到突变点，在各种暂态电能质量信号的扰动点附近，小波变换如期而至地出现了模极大值，若没有检测到突变点，则视为稳态信号，若检测到突变点，则记下突变发生的时间，需要进一步进行小波分解和重构；并且还给出了各扰动信号发生和结束时刻的实际值和检测值的对比情况，从对比情况表中可以看出，测得的相对误差较小，所以用小波变换模极大值的方法可以精确地检测出信号的突变时刻，从而计算扰动的持续时间。

在第四章暂态电能质量信号分类与识别一章的 4.2 暂态电能质量信号小波去噪的基本思想中，记载了利用里小波变换技术对信号进行消噪的 3 个步骤：(1) 信号的小波分解，选择一个小波基并确定一个小波分解的层数 N，然后对含噪信号进行 N 层小波分解。(2) 对小波分解高频系数进行阈值量化；对各个分解尺度下的高频系数选择适当的阈值和阈值函数进行阈值量化。(3) 小波重构；根据小波分解系数的底层低频系数和经过量化处理的各层高频系数进行小波重构。

此外，在第一章绪论中还提到，将人工智能应用于电能质量分析也是目前从事电能质量的科研工作者研究的热点。国外专家学者对此开发和研究了将小波变换与人工神经网络、专家系统、模糊逻辑等相结合，利用人工智能技术对暂态电能质量波形进行自动辨识的软件系统，并进行实际的应用和验证。

对比文件 1 着重阐述了暂态电能质量的研究和分析，其披露了权利要求 1 相应的步骤，并且还详细阐述了在电力领域的小波变换中，马拉算法的重要地位，而小波变换是一种信号的时间—尺度分析方法，因此二者涉及的技术领域极为相关，当然在具体步骤的表达的细节上，权利要求 1 的技术方案与对比文件所公开的内容相比的不同之处具体表现为：

（1）权利要求 1 的主题名称是基于马拉算法对电力系统故障录波数据进行分析的方法；而对比文件 1 主要涉及的是对暂态电能质量的研究和分析。本领域的技术人员都知道，数字故障录波器是记录电网的电能质量数据的重要工具，并且对比文件 1 明确提到了利用马拉算法对波形进行分解和重构，基于此本领域的技术人员在对比文件 1 公开的基础上应该可以构思一种基于马拉算法对电力系统故障录波数据进行分析方法。

（2）权利要求 1 规定了每个周期的采样点数取 N = 128，对应的采样频率 f_s = Nf_f = 128 * 50 = 640Hz，在第一尺度下，以多贝西 4 为小波基，得出下式：

$$\begin{bmatrix} w_1(1) \\ w_1(2) \\ w_1(3) \\ \vdots \\ w_1(64) \end{bmatrix} = H \begin{bmatrix} x(1) \\ x(2) \\ x(3) \\ \vdots \\ x(128) \end{bmatrix}$$

$$H = \begin{bmatrix} h(3) & h(4) & 0 & 0 & \cdots & 0 & 0 & h(1) & h(2) \\ h(1) & h(2) & h(3) & h(4) & \cdots & 0 & 0 & 0 & 0 \\ 0 & 0 & h(1) & h(2) & \cdots & 0 & 0 & 0 & 0 \\ \vdots & \vdots & \vdots & \vdots & \vdots & \vdots & \vdots & \vdots & \vdots \\ 0 & 0 & 0 & 0 & \cdots & h(1) & h(2) & h(3) & h(4) \end{bmatrix}$$

w_1 是第一尺度下的小波系数，h 是小波滤波器的系数；

同样，第一尺度下，以多贝西 4 为小波基的马拉算法的近似系数由下式给出：

$$\begin{bmatrix} a_1(1) \\ a_1(2) \\ a_1(3) \\ \vdots \\ a_1(64) \end{bmatrix} = G \begin{bmatrix} x(1) \\ x(2) \\ x(3) \\ \vdots \\ x(128) \end{bmatrix}$$

$$G = \begin{bmatrix} g(3) & g(4) & 0 & 0 & \cdots & 0 & 0 & g(1) & g(2) \\ g(1) & g(2) & g(3) & g(4) & \cdots & 0 & 0 & 0 & 0 \\ 0 & 0 & g(1) & g(2) & \cdots & 0 & 0 & 0 & 0 \\ \vdots & \vdots & \vdots & \vdots & \vdots & \vdots & \vdots & \vdots & \vdots \\ 0 & 0 & 0 & 0 & \cdots & g(1) & g(2) & g(3) & g(4) \end{bmatrix}$$

a_1 是第一尺度下的近似系数，g 是尺度滤波器的系数，对信号进行 5 层多分辨分析。

对比文件采用 mallat 算法对波形进行分解和重构，mallat 分解算法的公式为：$\begin{cases} C_{j+1} = HC_j \\ D_{j+1} = GC_j \end{cases}$，$j=0$，1，$\Lambda$，$J$ 其中，C_{j+1} 是第 J 尺度下的近似系数矩阵，H 是尺度滤波器的系数矩阵，D_{j+1} 是第 J 尺度下的小波系数矩阵，G 是小波滤波器的系数矩阵，J 为多分辨分析的层数，对该信号进行 6 层多分辨分析。

由于对比文件 1 与权利要求 1 涉及相同的技术领域，当根据需求选择以采样频率 $f_s = 6400 \text{Hz}$，基频 $f_c = 50 \text{Hz}$ 对录波数据进行采样时，每个周期的采样点数 N 则为 128，采用 mallat 算法对波形进行分解和重构，应该对信号进行 5 层多分辨分析，属于本领域技术人员所公知的以 db4

为小波基的马拉算法，只是在算法的表达形式的不同，算法的核心思想是相同的，本领域的技术人员很容易作出这种算法上的变形。

（3）权利要求1最后提到的由扰动持续时间对其所在的频带进行重构，提取出扰动波形，通过重构的扰动波形对扰动进一步分析，如果是短期或者长期变化扰动，则调用相应的短期或者长期变化扰动识别子程序；如果是暂态扰动，则将扰动波形作为人工神经网络和模糊专家系统的输入信号，如果是负荷扰动，则进一步判断是负荷变化引起的扰动还是负荷本身引起的扰动。

虽然对比文件1对此没有明确的描述，但是由于对比文件1与权利要求1所涉及相同的技术领域，因此本领域技术人员很容易想到在检测出电力系统故障扰动时，需要对扰动进行进一步的分析，由扰动持续时间对其所在的频带进行重构，提取出扰动波形，通过重构的扰动波形对扰动进一步分析；如果是短期或者长期变化扰动，则调用相应的短期或者长期变化扰动识别子程序，如果是负荷扰动，则进一步判断是负荷变化引起的扰动还是负荷本身引起的扰动；而目前对暂态扰动进行识别的方法主要有基于神经网络的方法、基于规则的专家系统方法以及结合小波变换技术的神经网络方法等，因此也能够想到如果是暂态扰动，则将扰动波形作为人工神经网络和模糊专家系统的输入信号。

综合上述分析，由于对比文件1和权利要求1属于相同的技术领域，这就使得本领域的技术人员在对比文件1的公开内容的基础上有能力结合自己的专业技术能力获得权利要求1所要求保护的技术方案，因此权利要求1不具备创造性。

（三）案例启示

在该案例的创造性判断中，由于对比文件1与权利要求1的技术方案属于相同的技术领域，因而本领域的技术人员有能力判断出所述的算法只是在表现形式上存在着差别，同时能够将最接近的现有技术与本领域的基本专业知识相结合，从而获得权利要求1要求保护的方案。

第六章
涉及商业方法的专利申请

概　　述

　　涉及商业方法的发明可分为单纯商业方法发明和商业方法相关发明。《专利审查指南2010》在涉及《专利法》第25条第1款第（二）项的部分以列举方式罗列了智力活动的规则和方法，其中包括组织、生产、商业实施和经济等方面的管理方法及制度。也就是说，单纯的商业方法发明专利申请不属于专利保护的客体。

　　涉及商业方法的发明专利申请在适用一般的审查原则的基础上有其特殊性，在审查过程中存在着诸多的难点、热点问题。例如，因解决方案多涉及商业领域中的商业规则等，往往会给人一种先入为主的感觉，所以能否授权就被打上了问号。一部分涉及商业方法的发明专利申请仅是将线下的商业运营方式/方法转为线上，利用自动化的手段加以实现，这类申请在利用自动化的手段实现的过程中并没有跳脱线下商业方法的模式或框架，按照《专利审查指南2010》第二部分第九章列举的案例8

的情形，往往很难获权。

此外，目前商业方法相关发明申请的创新与大量软件创新一样，很多都是源于对用户需求的关注或商业模式的创新，创新的效果更多体现为用户体验的改善和/或商业上的成功，这与传统的技术创新以解决技术问题为导向有所不同。而涉及用户体验的改善，其解决方案大多属于计算机应用层面的方案，就其发明高度而言，创造性高度往往不高，很难获得专利授权。而商业上的成功作为创造性判断的辅助因素，究竟如何考量还缺乏大量的审查实践。当然，随着我国互联网技术的飞速发展，越来越多的申请注重体现商业规则与技术手段的融合，这也对专利审查提出了更高的要求。以下就结合具体的审查案例就上述问题展开分析和讨论。

第一节 专利保护客体判断

对于涉及商业方法的发明专利申请的保护客体判断，同样基于整体判断原则。在整体判断的基础上考虑申请的方案是否属于智力活动的规则和方法；是否包含技术特征，且该技术特征在权利要求中是否发挥了实际的限定作用；以及是否满足技术三要素的要求，符合技术方案的定义。

一、仅涉及预算管理规则

【案例3-6-1】

（一）案情介绍

【发明名称】预算管理与会计核算一体化的管理方法及系统

【背景技术】

现有的预算管理中，预算与核算相互不关联。设立预算经费项目，只跟踪具体的核算项目，有些系统只将经费作为核算项目的一个属性；

对于预算额度的生成,通过设立 6 开头的预算科目,类似于核算的方式,通过做会计凭证,实现项目的追加预算或者预算收入;对于核算范围的控制,在建立项目的同时建立与核算科目的核算关系,当场确定项目的核算范围;在项目会计核算时同时做一笔项目预算支出分录与之对应。

【问题及效果】

没有对经费的整体控制,往往会突破预算总额限制,或对经费的整体控制只能通过事后分析判断,要实时准确控制非常困难。预算和核算两种业务都由核算人员操作,造成岗位职责不清;预算和核算两种业务有时会出现在同一张凭证上,不符合会计核算规范;当需要对核算项目的预算进一步拆分控制时,只能通过设立子项目的方式进行拆分,从而使项目失去了完整性。对于核算范围的控制随意性较大,往往会因人为因素出现遗漏或错误。在项目会计核算时同时做一笔项目预算支出分录与之对应,预算经费项目与项目会计核算始终各自在两条平行线上进行,存在通常所称的预算与核算"两张皮"现象。

本发明设立预算经费项目,与财政批复进行对应,通过计划生成总预算,通过预算拨款形成核算项目的预算额度,从源头控制预算超支问题;预算拨款和核算项目之间的调拨都以相同的预算经费项目为前提,实现专款专用;设立预算控制项作为桥梁,有效沟通预算和核算,同时有保持预算和核算的相对独立性;预算额度的生成与会计核算人员无关,岗位职责清晰;一个核算项目的预算额度可以拆分到多个控制项,核算项目依然是一个,保证核算项目的完整性;预算核算控制关系事先定义,在单位层面对预算管理进行统一规范,避免人为因素造成的错误;实现预算核算同步控制,避免"两张皮"。

【实施方式】

本发明将把预算管理和会计核算管理两个系统集成在一个管理体系中完成。

在预算管理业务系统中,先是预算经费项目的设置,然后是对预算经费项目做计划,最后是预算经费项目计划的拨款,即进入预算执行阶段;预算管理系统的具体流程是:经费设置→经费计划→经费拨款→核算项目+预算控制项+预算指标额度。

如图1所示，拨款类资金是指部门预算通过财政批复后形成的预算，主要包括人员经费、公用经费和专项经费三大类。这类资金只在事业支出（经费支出）中核算。通过预算经费计划形成总预算，并可以根据不同的管理要求对总预算进行分层细分。通过拨款将总预算的额度下拨到同一经费下具体的核算项目，形成项目预算额度，并通过辅助核算的方式，对会计核算进行控制。

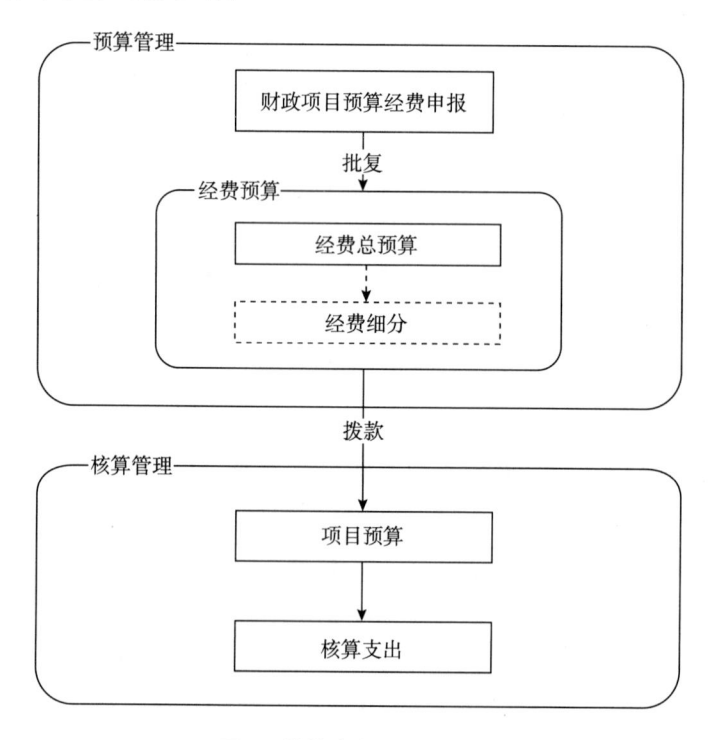

图1 拨款类资金的流程图

如图2所示，非拨款类资金是事业类资金以外的资金，主要包括拨入专款、科研、代管、其他资金等，其特征是没有事先的计划，自收自支。通过科目设置辅助核算，项目关联相应的预算模板的方式，当核算收入时自动形成项目预算额度，当核算支出时自动扣减项目预算额度。

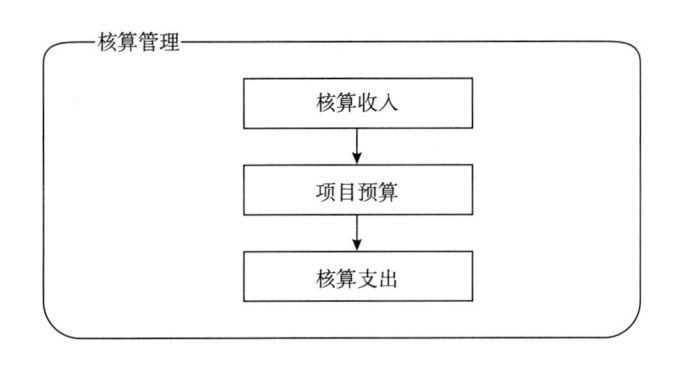

图 2　非拨款类资金的流程图

对于会计核算管理系统，根据会计业务的不同分类，围绕会计科目，进行一级或一级以下的多级明细科目进行分户核算，有纯科目核算与辅助科目（项目加科目）核算，纯科目核算就是，按内容设置会计科目，按科目进行归类统计；辅助科目核算就是，除了按科目进行核算的同时，还要辅以项目配合进行核算，这样有利于多项目在同一科目中核算，减少科目设置的数量，方便项目核算的统计需要。会计核算管理系统的流程是：核算项目→会计科目→核算金额→控制项预算额度。如图3所示，在会计核算过程中，具体核算的金额受该项目控制项预算额度的控制，这是一个实时管理的过程，即预算的扣减或增加是随着会计业务的发生而发生，预算与核算的"影随其形"关系，完成了两个管理系统的业务融合在预算与核算一体化过程中。

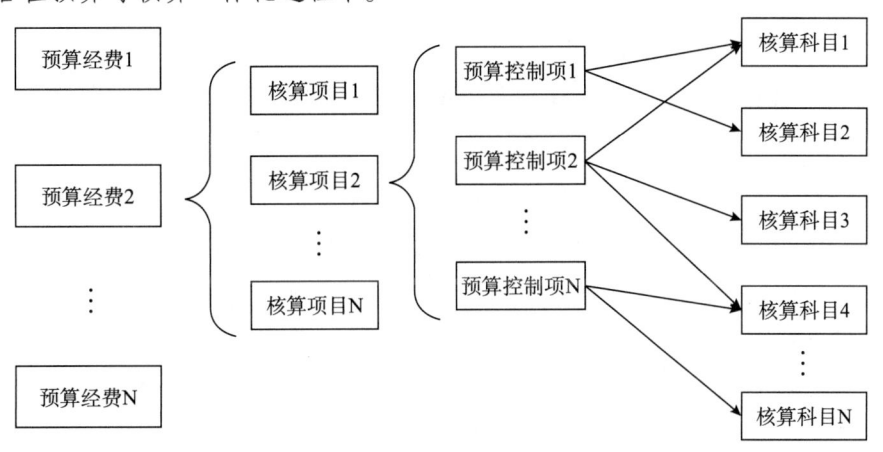

图 3　控制机制说明

设立预算经费项目,与财政预算审批项目相对应。每一个预算经费项目可以拆分成多个核算项目进行核算,也就是说在设立每一个核算项目时,都必须戴一个预算经费的帽子,以确定其经费来源。按预算经费的大类分组,设立不同预算控制项组,每个组中的预算控制项与相对应类别的核算科目之间建立核算关系,从而确定了每一个经费项目的资金核算范围。核算项目根据所属经费对应的控制项范围,将项目预算按控制项拆分成多个预算额度,在核算时,先确定核算项目,然后根据所处的核算科目来确定本笔业务受哪一个预算额度来控制。

【权利要求】

1. 一种预算管理与会计核算一体化的财务管理方法,其特征在于,包括如下步骤:

步骤1:根据经费生成预算额度;

步骤2:设立预算额度的预算控制项组,定义预算控制项组中每一个预算控制项与核算科目之间的核算关系;

步骤3:建立核算项目,并确定核算项目的所属预算额度;

步骤4:根据预算额度的预算控制项组中预算控制项与核算科目之间的核算关系形成核算项目的核算范围;并根据核算项目所属预算额度的预算控制项组中的预算控制项将预算额度进行拆分。

2. 根据权利要求1所述的预算管理与会计核算一体化的财务管理方法,其特征在于,在步骤1中,对于拨款类预算,根据预算经费项目及财政批复指令生成预算额度。

3. 根据权利要求2所述的预算管理与会计核算一体化的财务管理方法,其特征在于,在步骤1中,预算经费项目与财政批复进行对应,通过计划生成总预算,然后通过预算拨款形成核算项目的预算额度。

4. 根据权利要求1所述的预算管理与会计核算一体化的财务管理方法,其特征在于,在步骤1中,对于非拨款类预算,在核算收入时自动生成预算额度。

5. 根据权利要求1所述的预算管理与会计核算一体化的财务管理方法,其特征在于,还包括如下步骤:

在核算时,首先确定核算项目,然后根据核算项目所对应预算控制项的对应核算科目来确定控制本笔业务的预算额度。

(二) 案例分析

本申请权利要求1的主题是一种预算管理与会计核算一体化的财务管理方法，对其进行限定的内容包括确定预算额度、设立预算控制项组、定义预算控制项与核算科目的核算关系、建立核算项目、确定预算额度、形成核算范围、拆分预算额度等特征。这些特征全都属于人为规定的财务管理手段，例如，其中通过经费生成预算额度，以避免预算资金超支；或者设立预算控制项，根据管理者对财务管理的需要，确定预算控制项与核算科目的核算关系，使不同的预算内容与对应的核算科目建立关联，从而将预算管理与核算管理相结合。它们体现的是一种依赖于人为规定的管理规则，而非依赖于自然规律。也就是说，权利要求1中对该财务管理方法进行限定的全部内容都属于智力活动的规则，因此，该权利要求的方案属于《专利法》第25条第1款第（二）项所规定的情形，不属于专利保护的客体。

从属权利要求2~5中的附加特征对其所要保护的方案进一步限定的内容在于，按照管理的需要，将预算类型区分为拨款类预算和非拨款类预算，并区分其相应的预算和核算管理规则，它们依赖的是人为制定的规则，而非自然规律，因此，权利要求2~5的方案也属于《专利法》第25条第1款第（二）项所规定的情形，不属于专利保护的客体。

此外，从技术三要素的角度看，预算管理和会计核算虽然会涉及对数据的分类、计算等管理，但本申请的权利要求及说明书中限定或描述的仅是一种管理的思想，涉及如何根据管理者对财务管理的需要，在预算与核算之间定义核算关系，以实现预算与核算的统一管理，它体现的是一种抽象的思维活动。其要解决的是财务管理中预算与核算互不关联而可能带来预算资金超资、岗位职责不清、不符合会计核算规范，或因人为控制核算范围的随意性较大出现的遗漏或错误等管理问题；并不在于利用计算机或网络通信的技术属性对预算与核算中的数据进行处理、发送、接收或存储等技术问题。为了将预算与核算关联，其采用的手段是利用项目经费管理的思想，人为地定义预算控制项与核算科目之间的关联关系，使不同的预算内容与对应的核算科目建立关联；其采用的手段并不涉及对预算或核算中的数据信息进行依赖于自然规律的处理等技术手段。其取得的效果是对预算和核算的关联和同步管理,并非技术效果。因此,整体上而言,本申请权利要求 1~5 中限定的方案以及说明书中记载的方案亦不构成技术方案。

(三) 案例启示

本申请权利要求的方案仅涉及通过人为定义预算与核算之间的关联关系,制定预算管理与会计核算的规则,由此实现预算管理与会计核算一体化的财务方法。该方案中没有包含任何技术特征,是一种单纯的智力活动规则和方法,属于《专利法》第 25 条第 1 款第(二)项所规定的不属于专利保护的客体的情形。可见,分析一项方案中是否包含技术特征,是判断该方案是否属于《专利法》第 25 条第 1 款第(二)项的情形的关键因素,如果它没有包含任何技术特征,则因其仅涉及智力活动的规则和方法而不属于专利保护的客体。

通常情况下,如果一项方案中在对其进行限定的部分包含了技术特征,则其在整体上而言,并不仅涉及智力活动的规则和方法,不能用《专利法》第 25 条第 1 款第(二)项排除其获得授权的可能。但也有例外的情况,如案例 3-6-2 所示。

二、涉及存储特征的配置规则

【案例 3-6-2】

(一) 案情介绍

【发明名称】一种产品规划过程中的产品配置规则

【背景技术】

映射规则确定的是与订单需求相关的产品选配结构,此时得到的结构是分散的,各结构之间能否装配还未确定,需要通过一定的配置规则将其组合起来形成合理结构。产品结构中可选部分使得产品呈现出多样化的特性,产品配置规则就是这种产品结构中可选部分之间的选择关系,产品配置的目的就是依据规则表达的可选部分之间的选择关系来实现客户个性化的需求,产生特定关系的定制产品结构。

【问题及效果】

以往的产品配置规则存在两点不足:一是缺乏灵活性。配置规则是按照产品模型的主结构来定制的,没有将规则定制逻辑和规则匹配实行分层解决。二是缺乏通用性。配置规则与产品模型之间是一种固定关系,不同的产品模型其配置规则的定制都具有不同的方法和工具,缺乏对面向产品族的产品配置支持。

本发明的产品配置规则,既能够将规则定制和规则匹配分层解决,又能够面向整个产品族群进行产品配置,最后可有效地实现客户个性化的需求,产生特定关系的定制产品结构。

【实施方式】

图1为规则匹配推理的流程图。

根据得到的聚类订单,将规格化样本数据输入系统中,对订单表达方式进行定义,按照产品配置规则,对订单需求项进行数值化,计算出一个订单与产品族每个关联的相似度,每个订单与产品族关联中相对应各个需求项的相似度。设置参数相似度权重系数,代表一个需求项在其他需求项中的重要度。订单与所有关联之间建立一个对称的相似矩阵,对角的"1"是指订单或关联与其本身的相似度为1。在形成相似矩阵的基础上输入阈值,阈值的不同会影响到订单与关联匹配的结果。通过阈值计算得到截矩阵,"0"表示匹配未成功,"1"表示匹配成功。最后保存结果。

【权利要求】

1. 一种产品规划过程中的产品配置规则,其组成包括:作用范围、传递性、可逆性、自反性、合并性、互斥性、互补性、一致性、强制性,在给出以上配置规则后,可对产品族中的结构进行规则定制。

……

12. 如权利要求1所述的产品配置规则,其特征在于,把设计产品族时的需求与结构之间的知识映射关系描述成映射规则,并存储到知识库中。

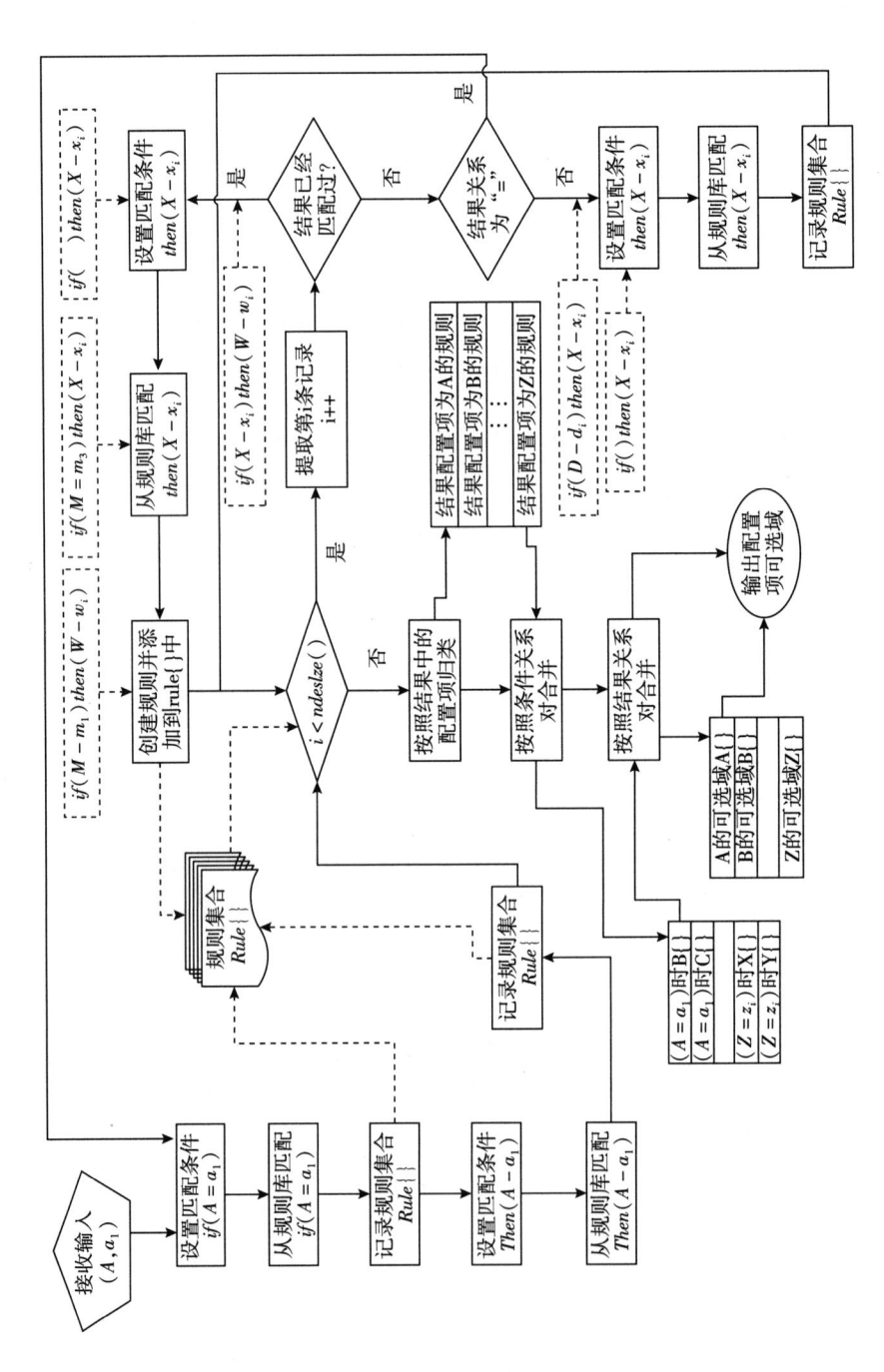

图 1 规则匹配推理流程

（二）案例分析

该案权利要求 1 要求保护的是产品规划过程中的产品配置规则，对其限定的内容包括：一是限定了该规则组成内容；二是限定该规则可对产品族的结构进行规则定制，全部内容都属于人为的规则。因此，权利要求 1 前序部分以及特征部分不包括任何技术特征。由于对权利要求 1 方案限定的全部内容都属于智力活动的规则和方法，因此属于《专利法》第 25 条第 1 款第（二）项规定的情形，不能被授予专利权。

该案权利要求 12 是权利要求 1 的从属权利要求，其中把设计产品族时的需求与结构之间的知识映射关系描述成映射规则，也属于人为定制的规则，属于非技术特征；但"存储到知识库中"依赖于技术实施来实现，该特征属于技术特征。

可见，权利要求 12 的方案，既包含了智力活动的规则和方法，又包含了技术特征。按照《专利审查指南 2010》第二部分第一章的规定，如果一项权利要求的方案在对其进行限定的部分既包含智力活动的规则和方法，又包含技术特征，则其在整体上而言，并不仅涉及智力活动的规则和方法，不能用《专利法》第 25 条第 1 款第（二）项排除其获得授权的可能。

但是这种情况也有例外，例如，《专利审查指南 2010》第二部分第九章中对于存储计算机程序的介质的认定，虽然也包含了技术特征"存储"，由于该方案实质保护的是计算机程序本身，因此属于智力活动的规则和方法。权利要求 12 的情形与之类似，它虽然包含了技术特征"存储到知识库中"，但是该特征仅限定了产品配置规则存在的位置或方式，其方案整体上仍旧仅仅是该规则本身，因此仍旧属于智力活动的规则和方法。

（三）案例启示

一项权利要求的方案中包含了技术特征，但并不必然赋予了该方案技术性，还需判断该技术特征在方案中的实际限定作用，及其对方案整体带来的影响。该案中，该技术特征的实际限定作用是限定了产品配置规则存在的位置或方式，从整体上看，该方案仍旧仅是规则本身。在此情形下，即使方案中包含了技术特征，该方案也仍旧属于不予保护的情形。

多数情况下，如果一项方案中包含了技术特征，该技术特征构成的技术手段在该方案中从整体上而言能够解决一定的技术问题，并且取得一定技术效果，从而使该方案从整体上构成了一项技术方案，属于专利保护的客体。参见案例3-6-3。

三、涉及技术特征的管理方法

【案例3-6-3】

（一）案情介绍

【发明名称】尼尔森规格管理方法及系统

【背景技术】

在半导体行业，产品加工工艺非常复杂，成本高，故整个加工过程需要不断地对正在加工的产品进行质量监控，以保证每道工艺加工的质量得到可靠保证，以及加工机台是有效可用的，从而生产出高质量的产品。在整个加工过程中，每个产品加工完成后所上传的测量数据众多，因此对大量的测量数据进行快速分析计算以判断相应的产品数据是否超出规格就成为一个关键的问题。对产品工艺加工的监控，通常都是采用统计过程控制方法，即对产品加工过程中测量收集到的数据进行统计学上的分析和必要的规格、趋势管理。常见的统计过程控制（Statistical Process Control，SPC）系统，采用尼尔森规则（Nelson Rule）进行规格和趋势管理。尼尔森规则一共有8条规则组成，每条规则所使用的采样点范围都有所不同，而且其中部分规则还需要历史数据作为采样点。尼尔森规则所需要的术语 Zone A（区域A）、Zone B（区域B）、Zone C（区域C）、Upper Control Limit（UCL，上限）、Target（Center Line，中心线）、Lower Control Limit（LCL，下限）的定义如下：

表 1

Nelson 规则	描　述	举　例
Rule 1 规则一	One point beyond Zone A (3Sigma) 一点在 A 区 (3Sigma) 以外	
Rule 2 规则二	< n > points in a row in Zone C or Beyond 连续 n 个点在中心线同一侧	
Rule 3 规则三	< n > points in a row Stendils increasing or decrensing 连续 n 个点递增或递减	
Rule 4 规则四	< n > points in a row Alternating Up and Down 连续 n 个点上下交错	
Rule 5 规则五	2 ont of 3 points in a row in Zone B or Beyond 连续 3 个点中有 2 个点落在中心线同一侧 B 区以外	
Rule 6 规则六	4 ont of 5 points in a row in Zone C or Beyond 连续 5 点中有 4 点落在中心线同一侧的 C 区以外	
Rule 7 规则七	< n > points in a row in Zone Cmarve and Below the Centerline 连续 n 个点落在 C 区	
Rule 8 规则八	< n > points in a row on both sides of the Centerline with none in Zone C 连续 n 个点落在 C 区以外	

常见的尼尔森规格管理系统中,当产品的测量数据进入该系统时,系统会按照尼尔森规则逐条获取所需数据,根据产品质量要求设置好的规格及所需要的数据统计采样点,结合历史数据中同类型测量数据,判断数据有无超出控制规格,从而来判断该工艺的趋势发展是否异常。

【问题及效果】

随着半导体技术的发展,工艺的提升,产品在整个加工过程中所需要采集的测量数据越来越多,每个产品加工完成后所上传的测量数据众多,因此对大量的测量数据进行快速分析计算以判断相应的产品数据是否超出规格就成为一个关键的问题。尼尔森规则的每条规则所使用的采样点范围都有所不同,而且其中部分规则还需要历史数据作为采样点,当产品的测量数据进入该系统时,系统会按照尼尔森规则逐条获取所需数据,根据产品质量要求设置好的规格及所需要的数据统计采样点,结合历史数据中同类型测量数据,判断数据有无超出控制规格,从而来判断该工艺的趋势发展是否异常。这样的数据处理算法,虽然逻辑上很直观,但耗时长,对应用系统资源负载要求高,速度慢。

本申请要解决的问题是提高尼尔森规格管理的计算速度,降低数据计算处理的资源负载。

【实施方式】

本申请中根据尼尔森规则中每一条规则的特点,对每一个产品数据进行特征总结分析,并将其转化8个属性的二进制值,然后根据尼尔森规则中每一条规则与8个属性的关联关系,采用二进制的按位算法来判断相应的产品数据是否超出规格。具体的方案包括两个步骤:(1)确定最后收集的N个产品数据的8个属性的二进制值;(2)根据收集的N个产品数据的8个属性的二进制值,确定收集的N个产品数据是否超出控制规格。具体方案描述参见下方的权利要求内容。

【权利要求】

1. 一种尼尔森规格管理方法,其特征在于,包括以下步骤:

(1) 按照下表,确定最后收集的N个产品数据的8个属性的二进制值;

表 2

属性	属性描述	具有该属性	不具有该属性
1	落在 A 区以外	1	0
2	落在 A 区	1	0
3	落在 B 区	1	0
4	落在 C 区	1	0
5	落在中心线上侧	1	0
6	落在中心线下侧	1	0
7	大于前一个点的值	1	0
8	小于前一个点的值	1	0

表中的 A 区、B 区、C 区、中心线是尼尔森规则的相应定义，N 为正整数；

（2）根据收集的 N 个产品数据的 8 个属性的二进制值，确定收集的 N 个产品数据是否超出控制规格，具体如下：

① 如果最后收集的一个产品数据的属性 1 的值为 0，则不违反第一条尼尔森规则；

② 如果最后收集的 N 个产品数据的属性 5 的值不都为 1，或者最后收集的 N 个产品数据的属性 6 的值不都为 1，则不违反第二条尼尔森规则；

③ 如果最后收集的 N 个产品数据的属性 7 的值不都为 1，或者最后收集的 N 个产品数据的属性 8 的值不都为 1，则不违反第三条尼尔森规则；

④ 如果最后收集的 N 个产品数据的属性 7 的值不是 0、1 交错，并且最后收集的 N 个产品数据的属性 8 的值不是 0、1 交错，则不违反第四条尼尔森规则；

⑤ 如果最后收集的 3 个产品数据的属性 1 的值中至少有两个为 0，或者最后收集的 3 个产品数据的属性 2 的值中至少有两个为 0，或者最后收集的 3 个产品数据的属性 1 的值中至少有 1 个为 0 并且最后收集的 3 个产品数据的属性 2 的值中至少有 1 个为 0，或者最后收集的 3 个产品数据的属性 5 的值不都是 1 并且最后收集的 3 个产品数据的属性 6 的值不

都是 1，则不违反第五条尼尔森规则；

⑥ 如果最后收集的 5 个产品数据的属性 4 的值中至少有两个为 1，并且最后收集的 5 个产品数据的属性 5 的值不都是 1、最后收集的 5 个产品数据的属性 6 的值不都是 1，则不违反第六条尼尔森规则；

⑦ 如果最后收集的 N 个产品数据的属性 4 的值不都是 1，则不违反第七条尼尔森规则；

⑧ 如果最后收集的 N 个产品数据的属性 4 的值不都是 0，则不违反第八条尼尔森规则。

（二）案例分析

尼尔森规格由 8 条规则组成。规则一：一点在 A 区（3 Sigma）以外；规则二：连续 N 个点在中心线同一侧；规则三：连续 N 个点递增或递减；规则四：连续 N 个点上下交错；规则五：连续 3 个点中有 2 个点落在中心线同一侧 B 区以外；规则六：连续 5 点中有 4 点落在中心线同一侧的 C 区以外；规则七：连续 N 个点落在 C 区；规则八：连续 N 个点落在 C 区以外。尼尔森规则被用于产品加工过程中对产品进行质量判断。尼尔森规格本身是一种人为制定的管理规则，属于智力活动的规则和方法。

权利要求 1 的尼尔森规格管理方法要保护的是一种利用计算机设备对采集的数据进行计算和处理，依据尼尔森规则判断产品质量的方法。本发明采用已有的尼尔森规则，利用计算机来执行尼尔森规则管理，依据尼尔森规则中的 8 条规则定义了 8 个属性并依据规则，并定义了 8 个属性与尼尔森规则中每一条规则的关联关系，对 8 个属性赋予 0 或 1 的值，从而用二进制数值表达复杂的规则，通过计算机对该二进制数值的计算来判断产品的质量。由此可见，本发明通过将复杂的数据转换成最利于计算机处理的二进制数据，利用了计算机固有的自然属性和技术属性，解决了数据量大、处理数据慢的问题，并取得了提高计算速度、简化数据存储以及降低数据计算处理的资源负载的效果。上述问题是技术问题，将复杂数据转换成二进制数据以利于计算机的处理，是利用计算机本身采用二进制计算的技术属性，属于符合自然规律的技术手段，上述效果也属于技术效果，因此，权利要求 1 的方案构成技术方案，属于专利保护的客体。

虽然该方案包含了上述尼尔森规则，但是其采用的是已有的尼尔森规则，发明实质并不在于对尼尔森规格本身的改进并提出一种新的规则或方法。本发明并不是单纯地利用计算机来执行尼尔森规则的自动化过程。虽然依据尼尔森规则中的8条规则定义了8个属性，并定义了8个属性与尼尔森规则中每一条规则的关联关系，如权利要求1中表所示，用8个属性替换8个规则来表达尼尔森规则，本发明对尼尔森规则给出了一种新的表达方式，但是本发明并不是单纯地提供一种尼尔森规则的新的表达方式。本发明涉及的用二进制值表达8个属性并不单单是不同进制之间数值的转换。如上所述，由于该方案整体上采用计算机处理二进制数据替代处理复杂数据的技术手段，解决数据量大和速度慢的问题并取得了相应的技术效果，因此，该方案整体上属于专利保护的技术方案，并不能因为它同时还包含了智力活动的规则和方法而否定它整体上属于技术方案。

(三) 案例启示

对于一项权利要求的方案是否属于技术方案应当从整体上进行判断，即使该方案中包含了智力活动的规则和方法，但如果该方案中同时所包含的技术手段在该方案中从整体上能够解决一定的技术问题，并且取得一定技术效果，则该方案从整体上而言构成技术方案。

第二节 创造性判断

涉及商业方法的发明专利申请即使过了专利保护客体这一关，也不意味着一定能够满足技术贡献的要求。本书在第二部分第四章中提到，非技术特征的存在不应当影响创造性的判断。因此，涉及商业方法的发明专利申请在创造性判断时，基于区别特征判断发明专利申请的方案实际解决的问题时，要着重对商业规则这类非技术特征的内容进行整体理解。也就是说要将商业规则类的特征放在整个方案中，理解其实际解决了什么问题，并能产生什么样的效果，其是否和技术特征共同发挥作用，其商业上的成功是否是与发明的技术特征或技术改进之间存在直接关联等，从而使创造性的判断更为客观准确。

一、无技术贡献

【案例 3-6-4】

（一）案情介绍

【发明名称】 左右记账处理方法以及基于该方法的记账处理装置

【背景技术】

随着办公自动化的发展，利用计算机技术实现记账处理的财务系统已为广大用户所接受，其中，记账处理主要是对记账信息进行录取，并根据录取的信息登录到账本中。

目前，通常是采用借贷记账法的方式来进行记账处理，所述的借贷记账法是一种"借""贷"为记账符号，记录经济业务的复式记账法。在这种记账处理方法中，根据用户输入的记账信息，生成对应的账本，且针对不同的账本通常需要采用不同的账本填写方案，通常每种账本的填写方案均对应一个账本模板，基于账本模板进行账本的填写。

但是，现有记账处理方法中，由于针对不同的账本都需要不同的账本填写方案，对于用户来说，有新账本时，使用传统记账处理方法的装置无法在不更新装置的情况下直接支持新账本；装置需要重新确定该新账本的填写方案，导致记账处理的通用性较差，同时用户无法在不更新装置的基础上直接增加对新账本类型的支持。

【问题及效果】

提供一种左右记账处理方法以及基于该方法的记账处理装置，使之可克服现有记账处理所存在的通用性差的问题。所述左右记账处理方法以及基于该方法的记账处理装置，通过获取账本的账本类型，可基于左左右右规律确定账本名对应的交易金额为左栏金额还是右栏金额，从而可实现账本的登录，使得账本的处理过程对任何账本都是通用的，可有效提高账本处理的通用性。

【实施方式】

本实施例的记账处理方法可包括如下步骤：

步骤101：获取记账信息，该记账信息包括账本名以及账本名对应的交易金额，该交易金额为增加金额或减少金额；

步骤102：根据账本名，在账本类型数据库中查询得到该账本名对应账本的账本类型，该账本类型数据库包括账本名及账本名对应账本的账本类型，账本类型包括左账本和右账本；

步骤103：根据账本名获得账本，并按照账本的账本类型，以左左右右规律将账本名对应的交易金额确定为左栏金额或右栏金额，将确定的左栏金额或右栏金额登录在账本的左栏或右栏，其中，账本包括账本名，以及记录金额的左栏和右栏；

其中，所述的左左右右规律具体为：账本的账本类型为左账本，且账本的账本名对应的交易金额为增加金额时，将账本名对应的交易金额作为左栏金额，否则将账本名对应的交易金额作为账本的右栏金额；账本的账本类型为右账本，且账本的账本名对应的交易金额为增加金额时，将账本名对应的交易金额作为右栏金额，否则将账本名对应的交易金额作为左栏金额。

本实施例提供的左右记账处理方法，通过获取账本的账本类型，可基于左左右右规律确定账本名对应的交易金额为左栏金额或右栏金额，从而可实现账本的登录，使得账本的处理过程对任何账本都是通用的，可有效提高账本处理的通用性。

为便于对本发明实施例技术方案的理解，下面将以具体应用实例进行说明。本实施例可为用户提供一个用户输入界面，包括日期、说明、金额以及账户名选项。同时，该界面也可以表1的表格方式提供给用户，以便用户填写时更加直观和方便。

表1

日期	说明	账本	金额
2012-02-06	购买饮料100件	现金	-10000
2012-02-06	购买饮料100件	库存商品	10000
2012-02-07	购买食物10箱	现金	-5000
2012-02-07	购买食物10箱	库存商品	5000

其中，上述表1中的内容均是用户填写的内容，账本选项对应的是账本名，金额或增、减选项表示的是相应账本名对应的交易金额，交易金额都分为增加金额或减少金额。表1也可称为记账信息表。

用户在输入上述记账信息后，就可以根据上述记账信息表，得到相应的记账凭证和账本。

具体地，根据表1中的账本名，就可以在账本类型数据库中查询得到账本名对应账本的账本类型，其中账本类型数据库见表2所示。

表2　账本类型数据库

左账本	右账本
资产类	投资者资本类
现金	投资者资本
银行存款	资本公积
应收账款	盈余公积
原材料	本年利润
库存商品	利润分配
固定资产	负债类
无形资产	长/短期借款
	应付工资
	应付账款
	应交税金
费用类	
生产成本	收入类
主营业务税金及附加	主营业务收入
销售费用	其他业务收入
财务费用	
所得税	

其中，表2中记录了左账本和右账本对应的账本名，且左账本和右账本是按照上述等式来确定的，例如资产类项目记录的账本名有现金、银行存款等，均为左账本。表1中，用户填写的账本名应与该账本类型数据库中的账本名一致。

根据上述表1中填写的账本名，就可以在表2中查询得到账本名对应账本的账本类型是左账本还是右账本,并可根据账本名以及账本类型,按照左左右右规律得到相应的记账凭证。

表 2 中,账本名为"现金"对应的账本就为现金账本,属于"资产类"账本,然后根据资产类账本属于左账本的特性,就可以得到现金账本属于左账本;根据左左右右规律就可以确定现金账本对应的交易金额为左栏金额还是右栏金额,并可将确定的左栏金额或右栏金额对应填写在记账凭证中的左栏或右栏,从而可以得到标准的记账凭证 1。

记账凭证 1:

记账凭证				
2012 - 02 - 06				第 006 号
说明	账本名称	明细账本	左	右
购买饮料 100 件	现金			10,000
	库存商品		10,000	
合计			10,000	10,000

其中,记账凭证 1 中的"右"和"左"选项中登记的金额就是根据左左右右规律确定的。具体地,现金是资产类,属于左账本,我们处理的是减少金额,因此登记在记账凭证的右栏,库存商品是资产类,属于左账本,我们处理的是增加金额,记录在记账凭证的左栏。其中所述的说明项,就是上述中的账本的业务类型,且记账凭证中必须包括记账凭证号(该记账凭证号由系统按照序列自动生成),如记账凭证 1 中的 006 号,以及记账日期(来自于用户填写的记账信息)等信息。

类似地,表 3 中购买食物的业务类型也会产生一个记账凭证 2。

"互联网+"视角下看专利审查规则的适用

记账凭证2：

<table>
<tr><td colspan="6" align="center">记 账 凭 证</td></tr>
<tr><td colspan="4">2012-02-07</td><td colspan="2">第007号</td></tr>
<tr><td>说明</td><td>账本名称</td><td>明细账本</td><td>左</td><td colspan="2">右</td></tr>
<tr><td>购买食品50件</td><td>现金</td><td></td><td></td><td colspan="2">5,000</td></tr>
<tr><td></td><td>库存商品</td><td></td><td>5,000</td><td colspan="2"></td></tr>
<tr><td></td><td></td><td></td><td></td><td colspan="2"></td></tr>
<tr><td></td><td></td><td></td><td></td><td colspan="2"></td></tr>
<tr><td></td><td></td><td></td><td></td><td colspan="2"></td></tr>
<tr><td>合计</td><td></td><td></td><td>5,000</td><td colspan="2">5,000</td></tr>
</table>

根据记账凭证1和记账凭证2，就可以得到相应的这几笔交易涉及的需要更新的账本，分别为现金账本1、库存商品账本1。

现金账本1：

<table>
<tr><td colspan="5" align="center">账本名称：现金（是左账本，减少金额登入右栏）</td></tr>
<tr><td>日期</td><td>凭证号</td><td>摘要</td><td>左（借）</td><td>右（贷）</td><td>余额</td></tr>
<tr><td></td><td></td><td>结余</td><td></td><td></td><td>20000.00</td></tr>
<tr><td></td><td>006</td><td>购买饮料100件</td><td></td><td>10000.00</td><td>10000.00</td></tr>
<tr><td></td><td>007</td><td>购买食品50件</td><td></td><td>5000.00</td><td>5000.00</td></tr>
</table>

库存商品账本1：

<table>
<tr><td colspan="5" align="center">账本名称 库存商品（是左账本，增加登入左栏）</td></tr>
<tr><td>日期</td><td>凭证号</td><td>摘要</td><td>左（借）</td><td>右（贷）</td><td>余额</td></tr>
<tr><td></td><td></td><td>结余</td><td></td><td></td><td></td></tr>
<tr><td></td><td>006</td><td>购买饮料100件</td><td>10000.00</td><td></td><td>10000.00</td></tr>
<tr><td></td><td>007</td><td>购买食品50件</td><td>5000.00</td><td></td><td>15000.00</td></tr>
</table>

现金账本1和库存商品账本1中，包括记账凭证号以及相应的摘要

说明等。可以看出，账本中的左栏和右栏与记账凭证中账本名对应的左栏和右栏中登记的金额均是根据左左右右规律确定，因此方位相同，这样，在得到记账凭证后，就可以将记账凭证中账本名对应的左栏金额和右栏金额对应地登录在账本名对应账本的左栏和右栏中。

【权利要求】

1. 一种左右记账处理方法，其特征在于，包括：

获取记账信息，所述记账信息包括账本名以及账本名对应的交易金额，所述交易金额为增加金额或减少金额；

根据所述账本名，在账本类型数据库中查询得到所述账本名对应账本的账本类型，所述账本类型数据库包括账本名及账本名对应账本的账本类型，所述账本类型包括左账本和右账本；

根据所述账本名对应账本的账本类型，以左左右右规律将所述账本名对应的交易金额确定为左栏金额或者右栏金额，并将所述账本名以及确定的左栏金额或右栏金额登录在记账凭证中，其中，所述记账凭证包括账本名、以及记录金额的左栏和右栏；

根据所述账本名获得所述账本，并按照所述账本的账本类型，以左左右右规律将所述账本名对应的交易金额确定为左栏金额或右栏金额，将确定的所述左栏金额或右栏金额登录在所述账本的左栏或右栏，其中，所述账本包括账本名，以及记录金额的左栏和右栏；

其中，所述左左右右规律具体为：账本的账本类型为左账本，且账本的账本名对应的交易金额为增加金额时，将账本名对应的交易金额作为左栏金额，否则将账本名对应的交易金额作为右栏金额；账本的账本类型为右账本，且账本的账本名对应的交易金额为增加金额时，将账本名对应的交易金额作为右栏金额，否则将账本名对应的交易金额作为左栏金额。

（二）案例分析

权利要求 1 要求保护一种左右记账处理方法。对比文件 1 作为最接近的现有技术公开了一种财务数据处理方法，并具体公开了如下内容：接收用户通过前台界面的输入，从数据库中提取用户指定的会计分录文件，其中所述会计分录文件中的会计分录信息包括账户标识、账户变动信息、账户类别，所述账户类别包括借方账户和贷方账户；接收用户通过前台界面输入的账务数据；基于账务数据修改所述会计分录文件中的会计分录信息；在所述会计分录信息修改完毕后，查询数据库，提取与所述会计分录信息中的账户标识对应的账户金额文件；基于所述会计分录信息中的账户变动信息，更新所述账务金额文件，更新所述账户金额文件包括更新对应借方账户的账户金额文件和对应贷方账户的账户金额文件。由此可知，本申请权利要求1中涉及获取记账信息、数据库查询、根据账户类型和输入数据自动更新账本的内容已被对比文件1公开。

权利要求1请求保护的方案相对于对比文件1公开的上述方案存在如下区别特征：根据所述账本名对应账本的账本类型，以左左右右规律将所述账本名对应的交易金额在记账凭证或账本中确定为左栏金额或者右栏金额，所述左左右右规律具体为：账本的账本类型为左账本，且账本的账本名对应的交易金额为增加金额时，将账本名对应的交易金额作为左栏金额，否则将账本名对应的交易金额作为右栏金额；账本的账本类型为右账本，且账本的账本名对应的交易金额为增加金额时，将账本名对应的交易金额作为右栏金额，否则将账本名对应的交易金额作为左栏金额。基于上述区别特征可以确定，本申请权利要求1实际要解决的问题为：以何种规则登记交易金额。

本申请权利要求1对于左账本（相当于"借方账户"）类型仍为增加的金额填写在账本的左栏、减少的金额填写在账本的左栏，对于右账本（相当于"贷方账户"）类型更改为增加的金额填写在账本的左栏、减少的金额填写在账本的右栏。上述特征属于对记账格式和规则的更改，是按照人的主观意愿进行的一种设定方式。这种设定方式可以根据实际情况的需要进行任何形式的调整和变化，只是一种商业上记账规则的制定，其并未利用自然规律对现有技术作任何技术贡献。因此，权利要求1相对于对比文件1不具备《专利法》第22条第3款规定的创造性。

根据该案可以看出，现有技术中已经公开了从数据库中读取多个文件，分别提取其中各个字段的内容来合并更新数据表等技术手段，其同样应用于财务记账领域，也是用于对账户标识、账户变动信息、账户类别等内容进行查询更新的，二者无论是在核心技术实现手段还是在应用环境层面都是相同的。二者区别仅在于本发明将所述账本名对应的交易金额在记账凭证或账本中确定为左栏金额还是右栏金额是按照所设定的左左右右规律进行的，即如何按照此规律来登记交易金额，从整体来看，该区别特征使权利要求 1 请求保护的方案所解决的是登记交易金额的具体版式的问题，这只是将账本按照何种方式进行排布的问题，并非是技术问题；这种登记版式的方式只与人为规定有关，即按照人的意愿构画账本的排布形式，其只受人意愿的支配而不受自然规律的支配，且并未作出任何技术上的贡献，实施该方案的过程仅仅是教导人们将什么样的交易金额放在左边，什么样的交易金额放在右边的过程，也未能使方案获得任何技术效果。换句话说，这种教导并非是基于技术上的考虑，而是完全根据人的意愿所作出的规定，例如，左右对调或增加一列或多列等。

从该案中还可以看出，对于权利要求中记载的同一特征在"技术性"方面的认定在任何阶段应该保持一致。对于规则性内容而言，不包含任何技术特征的单纯的记账规则属于智力活动的规则和方法，同时因其不会解决技术问题、未采用技术手段、亦无法获得技术效果而不构成技术方案。此时，如果将某些其他技术特征补入该单纯的记账规则，使其方案整体上除了智力活动的规则和方法外，还包括技术特征，那么从整体上判断时该方案由于包括技术特征而不属于智力活动的规则和方法，更进一步地还可能由于这些技术内容的存在而能够相应地解决一定的技术问题获得一定的技术效果，从而满足技术方案的要求。但是，如果增加的技术内容与所述记账规则并无技术上的关联，即所述记账规则从整体上在方案中解决的问题（或所起的作用）仍然是如何规范登记的记账格式，那么在进行创造性评判时，倘若该权利要求与对比文件的区别特征仅在于该记账规则时，该记账规则整体上在方案中所起的作用依然是规范登记的记账格式，从而也不会对方案带来技术上的贡献，亦即不会因为该部分内容的存在而使方案具备创造性。

（三）案例启示

通过上述分析可以看出，在涉及商业方法的申请的创造性评判中，当申请与现有技术相比，区别特征如果全部是规则性非技术内容，并且这些内容与方案中的技术内容不存在技术上的关联或相互作用时，如果从整体上判断上述区别特征没有使方案解决技术问题,那么将认为该部分特征没有对方案作出技术贡献,也不会因为该部分特征而使整个方案具备创造性。

二、整体判断无创造性

【案例3-6-5】

(一) 案情介绍

【发明名称】手机、结账服务器、手机购物系统以及手机购物方法

【背景技术】

随着物质生活水平的不断提高,购物也越来越追求方便快捷。现有免购物推车的消费是使用具条形码读取功能的资料收集器(Data collecter)来进行欲购商品的选择与数量输入。在结账时,通过有线或无线的方式将购物清单传送给POS机进行购物的确认。但是,这种购物系统需要专门的资料收集器设备,资本投入庞大,发放、回收、维修等管理不易,并且需通过有线或无线的连接方式进行数据传输,连接设定耗时,不利于快速结账。

【问题及效果】

为了解决以上问题,使手机购物更加方便快捷,本发明提供了一种手机、结账服务器、手机购物系统以及手机购物方法。通过上述方式,使得用户在手机购物的时候更方便快捷,并且可有效地降低成本。

【实施方式】

如图1所示,图1为本发明的手机购物系统的一优选实施例的示意框图。本发明的手机购物系统包括手机10与结账服务器20。

如图1所示,手机10包括摄像装置11、解码装置12、输入装置13、存储装置14、编码装置15以及显示装置16。摄像装置11具有拍照功能,用于获取含有商品编码的商品条码01。获取商品条码01之后,由解码装置12对摄像装置11所获取的商品条码01进行解码,以获得商品编码。输入装置13用于输入商品编码的对应预购数量,确定商品的购买量。

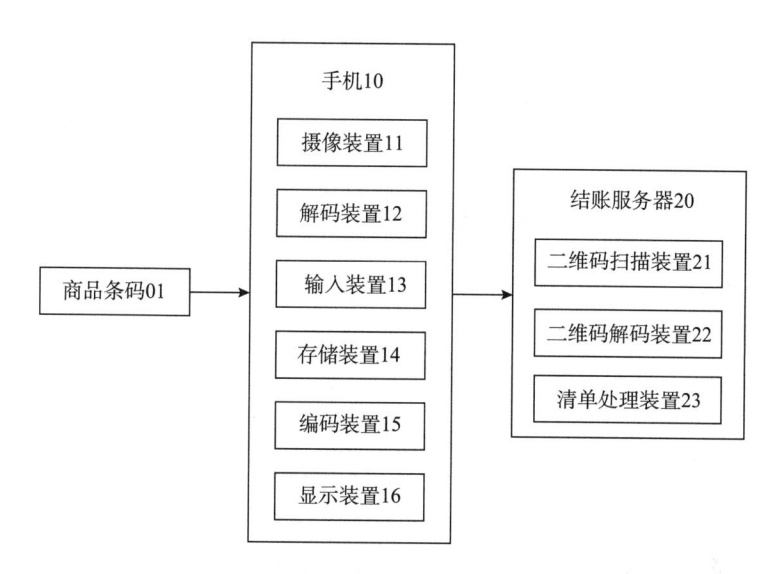

```
                    ┌─────────────────┐
                    │    手机10        │
                    │ ┌─────────────┐ │
                    │ │ 摄像装置11    │ │       ┌─────────────────┐
                    │ └─────────────┘ │       │   结账服务器20    │
                    │ ┌─────────────┐ │       │ ┌─────────────┐ │
                    │ │ 解码装置12    │ │       │ │二维码扫描装置21│ │
┌──────────┐        │ └─────────────┘ │       │ └─────────────┘ │
│ 商品条码01 │ ────▶ │ ┌─────────────┐ │ ────▶ │ ┌─────────────┐ │
└──────────┘        │ │ 输入装置13    │ │       │ │二维码解码装置22│ │
                    │ └─────────────┘ │       │ └─────────────┘ │
                    │ ┌─────────────┐ │       │ ┌─────────────┐ │
                    │ │ 存储装置14    │ │       │ │清单处理装置23 │ │
                    │ └─────────────┘ │       │ └─────────────┘ │
                    │ ┌─────────────┐ │       └─────────────────┘
                    │ │ 编码装置15    │ │
                    │ └─────────────┘ │
                    │ ┌─────────────┐ │
                    │ │ 显示装置16    │ │
                    │ └─────────────┘ │
                    └─────────────────┘
```

图1 手机购物系统的一优选实施例的示意框图

存储装置14存储商品编码及对应预购数量。在本实施例中，输入装置13也可确定使用者是否要进行下一件商品的购买，若使用者继续购买，则继续由摄像装置11获取下一商品条码，并将此笔商品编码及对应预购数量存储到存储装置14。当使用者结束购买时，可通过输入装置13确定购买结束。此时，在存储装置14中存储有包含至少一笔商品编码及对应预购数量的购买资料清单。

编码装置15将购买资料清单编码成二维码，然后由显示装置16显示此二维码。在本实施例中，编码装置15进一步判断存储装置14所存储的将要编码成二维码的购买资料清单的数据大小是否超过预设上限。若购买资料清单的数据大小超过预设上限，则将购买资料清单分割为多个子清单，并分别将多个子清单编码成多个二维码。购买资料清单分割时优选为根据显示装置16所能显示的二维码最佳资料量设定预设上限并进行资料分割。显示装置16以预定的时间间隔或根据输入装置13的输入指令依次显示多个二维码。显示装置16可进一步显示解码装置12获取的商品编码以及输入装置13所输入的各项指令，以方便使用者的确定。

如图1所示，本发明的结账服务器20包括：二维码扫描装置21、二维码解码装置22与清单处理装置23。手机10的显示装置16所显示的二

"互联网+"视角下看专利审查规则的适用

维码由结账服务器20中的二维码扫描装置21进行扫描。然后，由二维码解码装置22对二维码扫描装置21所扫描的二维码进行解码，获取购买资料清单。最后，由清单处理装置23处理二维码解码装置22所获取的购买资料清单。清单处理装置23的处理可以包括显示购买资料清单以及对购买资料清单中的商品的总金额进行结算等操作。

如图2所示，图2是本发明手机购物方法的第一实施例的流程图。

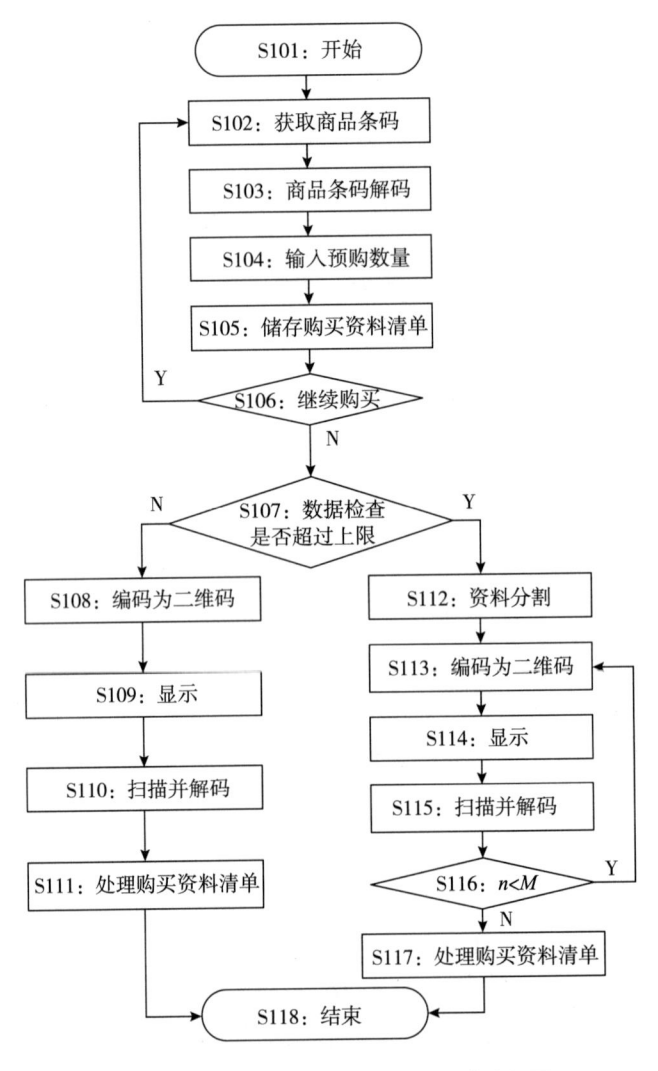

图2 手机购物方法的第一实施例的流程图

在步骤S101中，系统运作开始。

在步骤S102中，由使用者使用手机拍摄预购商品的商品条码，以获取含有商品编码的商品条码。

在步骤S103中，由手机对获取的商品条码进行解码，以获得商品编码。

在步骤S104中，由使用者使用手机输入在步骤S103中获得的商品编码的对应预购数量。

在步骤S105中，由手机存储上述步骤得出的包含商品编码及对应预购数量的购买资料清单。

在步骤S106中，由手机询问使用者是否进行下一笔购买。若是，回到步骤S102，若否，则进行到步骤S107。因此，手机所存储的购买资料清单为至少一笔。

在步骤S107中，由手机检查购买资料清单的数据容量是否超过预设上限。若是，则转到步骤S112；若否，则转到步骤S108。

在步骤S108中，由手机直接将购买资料清单编码为二维码。

在步骤S109中，由手机显示在步骤S109中得到的二维码。

在步骤S110中，由结账服务器扫描在步骤S109中的手机所显示的二维码并进行解码，获取购买资料清单。

在步骤S111中，由结账服务器处理步骤S110中所获取的购买资料清单。对购买资料清单的处理可以包括显示购买资料清单以及对购买资料清单中的商品的总金额进行结算等操作。

在步骤S118中，系统运作结束。

在步骤S112中，由手机将购买资料清单分割为多个子清单。若购买资料清单的数据除以每次能够显示的预设上限得到 M，则分割份数优选为 M 份。

在步骤S113中，由手机将一份子清单编码为二维码。

在步骤S114中，由手机显示在步骤S113中获得的二维码。

在步骤S115中，由结账服务器扫描在步骤S114中手机所显示的二维码并进行解码，获取购买资料清单。

在步骤S116中，判断显示次数 n 与购买资料清单所分割份数 M 的关系。当显示次数 n 小于购买资料清单所分割份数 M 时，则返回步骤 S113，对下一份子清单进行编码、显示等步骤。当显示次数 n 等于购买资料清单所分割份数 M 时，则进入步骤 S117。

在步骤 S117 中，由结账服务器处理步骤 S115 中所获取的购买资料清单。对购买资料清单的处理可以包括显示购买资料清单以及对购买资料清单中的商品的总金额进行结算等操作。

在步骤 S118 中，系统运作结束。

通过上述方式，使得用户在手机购物的时候更方便快捷，并且可有效地降低成本。

【权利要求】

1. 一种商品防伪方法，包括以下步骤：

a. 在手机通讯服务系统中将目标商品的信息与手机 SIM 卡的卡号绑定，所述手机通讯服务系统设置查询号码建立商品真伪查询服务；

b. 商品生产商将手机 SIM 卡固定设置在所述目标商品的商品包装内；

c. 目标商品消费者打开目标商品的商品包装后，取出手机 SIM 卡，将手机 SIM 卡插入手机通过所述查询号码进行商品真伪查询；

d. 所述手机通讯服务系统将查询中的手机 SIM 卡卡号与绑定的手机 SIM 卡卡号进行比较，若相同，则提示商品为正品；若不同，则提示假冒商品。

（二）案例分析

权利要求 1 请求保护一种手机。对比文件 1 作为最接近的现有技术公开了一种移动终端购物系统，所述系统包含移动终端、网络支付子系统以及商品销售终端，其中，所述移动终端还包含：摄像头，用于拍摄条形码图像，该条形码包含商品识别信息以及说明信息；解析模块，用于从所述条形码图像中解析出所述商品识别信息以及说明信息；显示模块，用于向用户显示所述说明信息；输入模块，用于接收用户对所述商品的购买确认或购买取消信息；网络付账模块，用于当所述用户确认购买时向所述网络支付子系统发送支付请求消息，该消息中包含所述商品识别信息；所述网络支付子系统用于响应所述支付请求消息，根据所述商品识别信息查询该商品的价格，完成支付，并向所述移动终端和商品销售终端发送支付成功消息。移动终端还必然包括处理装置和显示装置。

该权利要求请求保护的方案与对比文件1公开的上述方案的区别在于：手机包括编码装置，编码装置用于将信息编码成二维码；手机的显示装置，用于显示所述二维码；将包含多笔商品的购买资料清单编码成二维码。因此基于上述区别特征，权利要求1实际要解决的问题是提高手机处理信息能力以用于更复杂的购买环境。

对比文件2公开了一种二维码传播、储存和显示的系统，并具体公开了其中的移动终端包括：储存装置，用于储存条码信息；编码装置，用于基于所述条码信息形成二维码；以及显示装置，用于显示所述二维码。当需要使用时，用户可以选择所需的条码信息，所选择的条码信息则被传送到编码装置。编码装置可以根据不同的编码规则将来自储存装置的条码信息编制为二维码码图，并且通过显示装置显示该二维码码图，以供扫码装置读取识别，且该特征在对比文件2中所起的作用与其在权利要求1所述的方案中所起的作用相同，也就是说对比文件2给出了将该特征用于对比文件1以解决上述问题的启示，进而使得本领域技术人员在面对所述问题时，有动机地将对比文件2的内容结合到对比文件1中，至于所编码的对象是包含多笔商品的购买资料清单，只是对于编码内容的限制和选择，在对比文件1已经公开了购物应用的情况下，由于二维码在技术上固有地比条形码能够存储更多的信息内容，因此，本领域技术人员当将对比文件2中的二维码编码手段应用于对比文件1中时容易想到可以把包含多笔商品的购买资料清单等更多的信息编码到二维码中，因此，权利要求1不具有突出的实质性特点和显著的进步，因而不具备《专利法》第22条第3款规定的创造性。

该案相对于最接近现有技术的区别特征既包含技术特征——将信息编码成二维码并且显示（以下简称"特征一"），也包含非技术内容——所编码的内容是包含多笔商品的购买资料清单（以下简称"特征二"）。虽然特征二记载的内容是可以根据人的意愿进行任意规定的，如还可以包括价格、产地、保质期等，但整体分析权利要求1的解决方案就会发现，特征一和特征二实际上是存在一定的技术关联的。由于条形码编码只是对应一串数字，存储容量较小，所以一般不能存储其他内容，只能存储对应的标识；相比之下，二维码存储容量较大，可以存储更多的内容。本申请的解决方案采用了二维码编码，使得存储大量信息成为可能，由此才可能存储包含多笔商品的购买资料清单，换言之，将信息编码成二维码与其编码信息包含多笔商品的购买资料清单二者之间是存在技术上的关联的，前者是实现后者的技术基础，亦即后者并非完全按照人们的意愿而任意规定的，正是因为有了前者的技术实现基础，才可能实现后面的具体规定内容。因此，在判断显而易见时需整体考虑上述区别特征而不能将二者简单割裂。另外，在从现有技术中已经获得了结合采用二维码编码手段的情况下，因为二维码编码本身固有的大容量存储能力，本领域技术人员在该具体应用的场景下容易想到将购买交易中可能需要的诸如购物清单、价格等其他信息也一并编入到二维码中，从而方便整个交易操作，因此，该方案不具备创造性。

（三）案例启示

可见，在请求保护的方案与最接近的现有技术相比的区别特征既包括技术特征也包括非技术内容时，如果所述非技术内容与该方案中的技术特征从整体上考虑存在技术上的关联，亦即该部分非技术内容会对方案中包括的技术特征带来技术上的影响，那么不能简单地将非技术内容与技术特征割裂，排除对这些非技术内容的考虑，而应一体地整体判断其显而易见性，客观地分析该部分内容对于整个方案的影响，并从技术和具体应用两个方面客观分析该部分内容是否是容易想到的，从而客观得出方案是否具备创造性的结论。

三、整体判断具备创造性

【案例3-6-6】

（一）案情介绍

【发明名称】用于电子安排车辆订单的系统

【背景技术】

特定类型的车辆订单处理系统可依靠规则来规定用于给定车辆或车辆生产线的构建标准（build criteria）。可通过几个不同的数据库紧密地连接或分发这些规则。

这种车辆订单系统的问题在于，紧密连接的规则集使可扩展性变得复杂。编写错误和数据库之间的差别可导致规则表现出导致系统性能问题的不确定性。

【问题及效果】

需要在多数据库环境中有效工作的规则驱动的车辆订单系统。本申请的目的就在于提供这样一种车辆订单系统，通过将每个车辆选项输入与来自数据库的多个部件代码相关联来扩展车辆订单，从而为客户提供期望的部件，简化客户的操作。

【实施方式】

图 1 示出根据本发明实施例的车辆订单处理系统 100 的简化示意图。订单处理系统 100 包括具有一个或多个相关联的数据库 104 的数据库系统 102。可使用任意合适数量的数据库，并且每个数据库 104 可以是任意合适的类型。例如，数据库 104 可以是分级（hierarchical）数据库、关系（relational）数据库、基于模糊逻辑的数据库等。

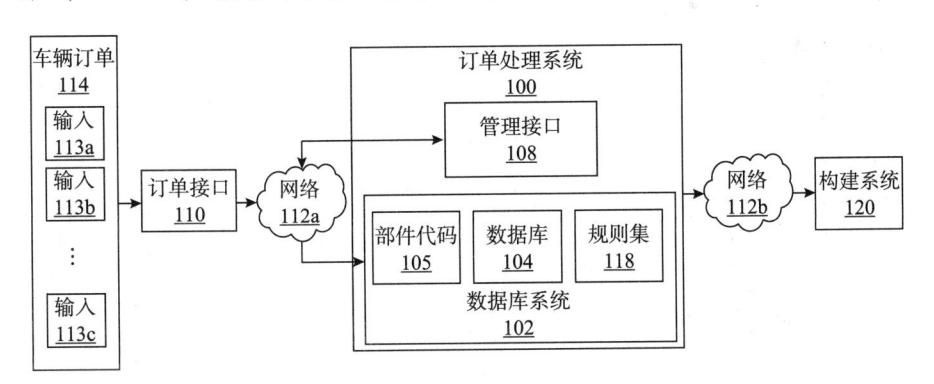

图 1　车辆订单处理系统 100 的简化示意图

数据库系统 102 具有在一个或多个数据库 104 中分布的相关联的规则集 118。以下公开用于阐述规则集 118 的功能。在实施例中，将所述规则二进制编码到计算机可读介质。然而，可以以其他合适的编码形式

[例如，静态文本字符串（static textural string）和/或二进制逻辑结构]存储规则集118。将从下面公开中清楚的是，订单处理系统100非常适合于手动地输入规则集118或包括多个异类数据库的环境。

如图1所示，订单处理系统100包括通过网络112a与数据库系统102电通信并与订单接口110电通信的管理接口108。订单接口110可从客户接收电子车辆订单114，并通过网络112a将所述订单114发送到订单处理系统100。例如，客户可通过订单接口110在车辆代理店发出电子订单。

如图1所示，数据库系统102包括多个部件代码105，可将所述多个部件代码105存储在单个数据库104或将所述多个部件代码105分布于多个数据库104。

图2示出描述图1中示出的订单处理系统100的一方面示出用于电子安排车辆订单的技术示意图。需要注意的是，订单处理系统100可通过订单接口110和网络112a接收电子车辆订单114。如图2所示，车辆订单114具有多个相关联的车辆选项输入113a～113c。每个选项输入113a～113c可包括，例如，与客户选择的各个车辆选项相应的信息。

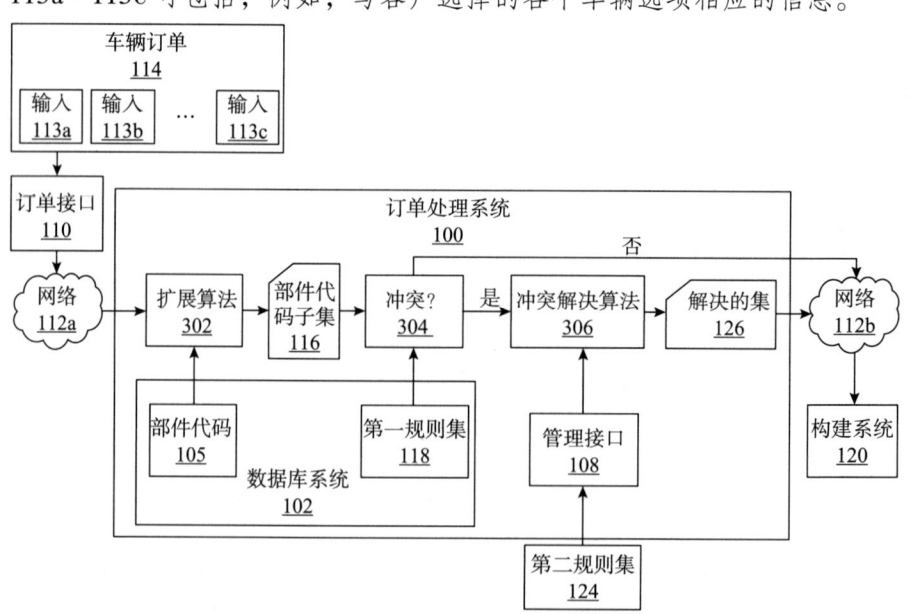

图2　订单处理系统用于电子地安排车辆订单的技术示意

如图 2 所示，扩展算法 302 将电子车辆订单 114 与多个部件代码 105 一起接收为输入。扩展算法 302 通过将每个车辆选项输入 113a～113c 与来自数据库系统 102 的多个部件代码 105 相关联来扩展车辆订单 114，以产生部件代码子集 116。在实施例中，每个输入 113a～113c 通过前向扩展算法被扩展为相关联的部件代码的系列。部件代码子集 116 包括每个部件代码系列。在实施例中，车辆选项输入 113 是客户选择的高等级车辆选项，部件代码 105 包括与各个选项输入 113 相关联的低等级代码。

元素 304 描述确定元素。在此，将第一规则集 118 应用于部件代码子集 116，以确定在子集 116 中的各种部件代码之间是否存在冲突。如在本公开中所述的，部件代码之间的"冲突"包括，但是不限于，两个或更多部件代码如规则集 118 规定的一样一起错误地发生的事件。"冲突"还可以是需要确定以选择两个或更多部件代码中的一个的事件。

在实施例中，按预定顺序将第一规则集 118 应用到确定元素 304。第一规则集 118 可具有与所述第一规则集 118 相关联的非确定性标准。更为具体地，第一规则集 118 可包括与手动输入格式错误、逻辑错误等相关联的信息。在实施例中，将重新安排策略的规则来消除第一规则集 118 中的向前引用。

如所述的，确定元素 304 确定在子集 116 中的部件代码之间是否存在冲突。如果存在一个或多个冲突，则通过冲突解决算法 306 来应用第二规则集 124 以解决所述冲突。如示出的，通过管理接口 108 可应用第二规则集 124。在实施例中，第二规则集 124 可以使授权用户提供冲突解决。例如，授权用户提供确定集以解决在部件代码子集 116 中的非确定性冲突。在另一实施例中，可通过与管理接口进行电通信的管理系统（未示出）应用规则集 124。

图 3 和图 4 分别示出根据本发明实施例的用于将规则和部件代码与逻辑数据结构相关联的示意图。如描述的，扩展算法 302 从给定电子订单 114 和给定部件代码集 105 产生部件代码子集 116。部件代码子集 402 与图 3 的部件代码子集 116 对应。在部件代码子集 402 中，示出了 11 个部件代码 402a。此外，将以静态文本形式对在子集 402 中的每个部件代码进行编码。对部件代码子集 402 执行逻辑关联，从而每个部件代码与

"互联网+"视角下看专利审查规则的适用

数字标识符相关联。

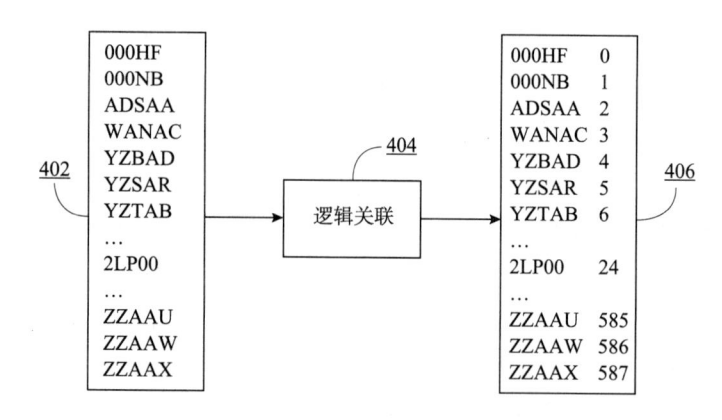

图3 将规则和部件代码与逻辑数据结构相关联的示意图

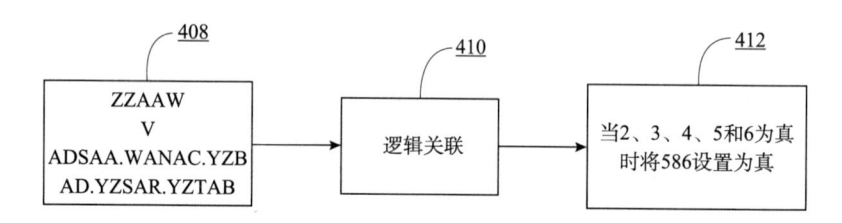

图4 将静态文本规则和部件代码与逻辑数据结构相关联的示意图

在图4中,以静态文本形式示出规则408。当部件代码"ADSAA""WANAC""YZBAD""YZSAR"和"YZTAB"中的每一个启用时,所述规则启用部件代码"ZZAAW"。在由元素410描述的逻辑关联阶段,执行逻辑关联,从而在规则408中的每个部件代码被替换为其对应数。图3的元素406示出部件代码和与其对应的对应数的列表。可以以各种方式将静态文本代码116与规则408逻辑相关联。在一个实施例中,可将规则和部件代码分别编码为位向量。在该方式中,可在向量之间进行二进制比较,而不是静态字符串比较。

【权利要求】

1. 一种车辆订单系统,所述系统包括:

数据库系统,包括一个或多个数据库,所述数据库系统具有分布于所述一个或多个数据库的第一规则集;

管理接口,与数据库系统进行电通信;

— 206 —

订单接口，通过网络与数据库系统和管理接口进行电通信；

计算机可读介质，具有编码到所述计算机可读介质上的计算机可读指令集，所述计算机可读指令集包括用于如下目的的指令：

通过订单接口从客户接收电子车辆订单，所述电子车辆订单具有多个相关联的车辆选项输入；

通过将每个车辆选项输入与来自数据库系统的多个部件代码相关联来扩展车辆订单；

按预定顺序将第一规则集应用于所述部件代码以确定在所述部件代码之间是否存在任何冲突，第一规则集具有与第一规则集相关联的非确定性标准；

如果存在一个或多个冲突，则应用通过管理接口接收的第二规则集来解决部分代码之间的冲突，第二规则集具有与第二规则集相关联的确定性标准；

如果不存在冲突，则至少部分基于部件代码安排车辆构建订单；

其中，第一规则集中的规则是静态文本规则，用于扩展车辆订单的指令还包括将每个静态文本规则与相应的逻辑数据结构相关联；

通过逻辑数据结构来表示每个部件代码，应用第一规则集的步骤包括在一个或多个逻辑二进制规则与多个部件代码之间执行二进制比较；

至少一个冲突包括产生多个冲突部件代码的第一规则集，第二规则集中的规则通过选择冲突部件代码中的一个来解决所述至少一个冲突。

（二）案例分析

1. 复审决定对权利要求创造性的分析

复审决定中引用了与驳回决定相同的三篇对比文件，合议组认为，对比文件1作为最接近的现有技术公开了一种网络车辆订购系统，权利要求1与对比文件1相比区别特征在于：（1）数据库系统为一个或多个，第一规则集分布于该一个或多个数据库；订单接口还通过网络与数据库系统进行电通信；（2）权利要求1在从用户接收车辆订单后，进一步对该车辆订单进行扩展操作，以及分别使用第一、第二规则集来解决订单中的冲突，具体记载为：通过将每个车辆选项输入与来自数据库系统的多个部件代码相关联来扩展车辆订单；按预定顺序将第一规则集应用于所述部件代码以确定在所述部件代码之间是否存在任何冲突，第一规则集具有与第一规则集相关联的非确定性标准；如果存在一个或多个冲突，则应用通过管理接口接收的第二规则集来解决部分代码之间的冲突，第二规则集具有与第二规则集相关联的确定性标准；其中，第一规则集中的规则是静态文本规则，用于扩展车辆订单的指令还包括将每个静态文本规则与相应的逻辑数据结构相关联，其中，通过逻辑数据结构来表示每个部件代码，应用第一规则集的步骤包括在一个或多个逻辑二进制规则与多个部件代码之间执行二进制比较，其中，至少一个冲突包括产生多个冲突部件代码的第一规则集，第二规则集中的规则通过选择冲突部件代码中的一个来解决所述至少一个冲突。

对于区别特征（1），合议组经过分析认为其属于所属领域技术人员在构建数据库系统时所经常采用的技术手段。

对于区别特征（2），合议组认为，本申请权利要求1中对接收的订单进行扩展，这种扩展的方式使解决冲突的对象并非用户输入的车辆选项本身而是经扩展的多个部件代码；基于该扩展代码所存在的冲突，本申请权利要求1先使用第一规则集，通过第一规则集中的静态文本规则以及逻辑数据结构等以非确定性标准来解决冲突，然后使用第二规则集的确定性标准来解决冲突，对比文件1中的系统虽然具有判断选项是否兼容的能力，其相当于一种使用规则来解决冲突的方式。但是二者经过比较可知，首先，在利用规则来解决冲突的过程中所解决冲突的对象不同，前者解决冲突的对象涉及由订单选项扩展的代码，而后者仅为用户提交的订单选项；其次，解决冲突时所依据的具体规则以及具体解决方式不同，前者具体使用两个规则集，并采用不确定性和确定性标准，以及使用具体的静态文本规则以及逻辑数据结构等具体手段来进行冲突判断，后者仅是提及考虑兼容的情况，并未公开任何具体的解决规则和解决方式。可见，对比文件1并未公开上述区别特征（2），同时对比文件1也未给出对接收的选项进行订单扩展，进而使用具体的两个规则集并采用区别特征（2）中具体的手段来解决上述扩展的部件代码的冲突的启示。

对比文件2公开了一种解决用户定制冲突的系统，对比文件3公开了一种用于规则冲突解决的方法，由于对比文件2和对比文件3与本申请权利要求 1 的冲突解决方案中所要解决的冲突的应用领域、解决冲突的手段不同，因此，没有给出将上述区别特征（2）应用于对比文件 1 以进一步解决其技术问题的技术启示。同时，区别特征（2）也不是所属领域技术人员的公知常识。而且包含上述区别特征（2）的权利要求 1 的技术方案能够获得方便用户对车辆订单的操作的同时，解决经上述扩展车辆订单而产生的车辆部件中可能存在的冲突，从而更加方便和准确地提供用户期望的数据的技术效果。因此，合议组认为修改后的权利要求 1 具备《专利法》第 22 条第 3 款规定的创造性。

2. 在创造性判断中对"规则性"内容的考虑

对于上述区别特征（2）中的特征"通过将每个车辆选项输入与来自数据库系统的多个部件代码相关联来扩展车辆订单；按预定顺序将第一规则集……如果不存在冲突，则至少部分基于部件代码安排车辆构建订单"，以及"其中，第一规则集中的规则是静态文本规则……第二规则集中的规则通过选择冲突部件代码中的一个来解决所述至少一个冲突"，部分观点认为这些特征均属于非技术特征，没有对现有技术作出技术贡献，因而得出权利要求 1 不具备创造性的结论。

在前面的章节中我们提到，创造性的判断遵循的是整体判断原则，当权利要求中既包含技术内容又包含非技术内容时，不要轻易地割裂两者之间的关联，尤其是要考虑非技术内容在权利要求的整个方案中所起到的实际作用是什么，能够对技术方案带来何种影响。

本申请涉及的车辆订单系统，其中包含第一规则集与第二规则集，从说明书的描述中可知，第一规则集可具有与所述第一规则集相关联的非确定性标准，可包括与手动输入格式错误、逻辑错误等相关联的信息；第二规则集具有与第二规则集相关联的确定性标准。单从第一规则集与第二规则集所包含的内容来看，会给人感觉是一种人为设定的规则，也正因为如此，部分观点认为利用这种人为设定的规则所实现的内容都属于非技术特征，因而不能对现有技术作出技术贡献。这种观点恰恰是把规则性的内容与整个技术方案割裂看待的结果。

然而，当我们把第一规则集和第二规则集放到整个方案中看待时，会理解到，本申请是要通过将每个车辆选项输入与来自数据库系统的多个部件代码相关联来扩展车辆订单,这里的"部件代码"指代的是车辆部件的代码。而第一规则集则是被应用于所述部件代码以确定所述部件代码之间是否存在冲突;如果存在一个或多个冲突,则通过管理接口接收的第二规则集来解决部分代码之间的冲突,如果不存在冲突,则基于部件代码产生车辆订单。其中每个部件代码通过逻辑数据结构来表示,应用第一规则集的步骤包括在一个或多个逻辑二进制规则与多个部件代码之间执行二进制比较;第二规则集中的规则通过选择冲突部件代码中的一个来解决所述至少一个冲突。

由于客户对车辆结构理解程度的限制,客户选择的车辆选项之间可能存在冲突。例如,客户可能选择了多个不同的车辆部件,但在车辆结构中只能选择一个,或者客户选择了相互不匹配的两个或多个车辆部件等。因此,需要判断经车辆订单扩展而产生的部件代码之间是否存在冲突。否则,若经存在冲突的车辆部件代码产生车辆订单,将会发生无法组装车辆或产生多余部件等严重事故。由此可知,应用规则集的过程明显是由机器执行的过程,且符合一定的自然规律,其所要解决的问题是确定所述车辆部件代码之间是否存在冲突并解决这一冲突,从而得到包含用户期望的车辆部件的车辆扩展订单。就方案整体来看,其显然解决了相应的技术问题,并且采用了逻辑二进制规则与部件代码执行二进制比较等具体的技术手段来进行冲突的判断和解决,并获得了更加方便和准确的提供用户期望的数据的技术效果。因此,上述区别特征(2)显然不属于非技术特征。而基于对比文件2和对比文件3公开的内容可知,其均没有给出将上述区别特征(2)应用于对比文件1以进一步解决其技术问题的技术启示,同时,该区别特征(2)也不属于本领域的公知常识。因此,基于当前的对比文件,权利要求的方案具备创造性。

(三)案例启示

商业方法领域的案例大多包含看似非技术的商业规则等特征,对于这些特征的考虑一定要放到整个方案中进行整体考量,而不能妄下无技术贡献的结论。另外,还要关注这些商业规则处理过程所针对的对象究竟是什么,不能因为一提到订单、广告等商业内容就予以全盘否定。准确理解发明,排除订单、广告等词语的影响,从方案整体是否具备技术性进行判断,对于正确作出创造性的结论更为有利。

四、商业上的成功在创造性判断中的考量

目前商业方法相关发明专利申请的创新与大量软件创新一样，很多都是源于对用户需求的关注或商业模式的创新，创新的效果更多体现为用户体验的改善或商业上的成功，这与传统的技术创新以解决技术问题为导向有所不同。

对于商业上的成功，《专利审查指南2010》第二部分第四章第5.4节规定："当发明的产品在商业上获得成功时，如果这种成功是由于发明的技术特征直接导致的，则一方面反映了发明具有有益效果，同时也说明发明是非显而易见的，因为这类发明具有突出的实质性特点和显著的进步，具备创造性。但是，如果商业上的成功是由于其他原因所致，例如由于销售技术的改进或者广告宣传造成的，则不能作为判断创造性的依据。"

同时，《专利审查指南2010》第二部分第四章第5节还指出：发明是否具备创造性，通常应当根据本章第3.2节所述的审查基准进行审查。应当强调的是：当申请属于以下情形时（发明解决了人们一直渴望解决但始终未能获得成功的技术难题、发明克服了技术偏见、发明取得了预料不到的技术效果、发明在商业上获得成功），审查员应当予以考虑，不应轻易作出发明不具备创造性的结论。

也就是说，对于商业上的成功因素，遵循的是一般的审查原则，并不会因为所属领域的不同而区别对待。以下就结合两个案例看一看在实际的创造性审查中究竟是如何考量商业上的成功这一因素的。

（一）案情介绍

【案例3-6-7】 ZL200420012332.3（2012）

【发明名称】 女性计划生育手术B型超声监测仪
【相关案情】

某公司对涉案专利权提出无效宣告请求，提交相关对比文件，主张权利要求1～6不具备创造性。无效决定（第12728号决定）和一审判决均基于请求人提供的证据认定涉案专利权利要求不具备创造性。

专利权人在行政诉讼二审阶段提出了涉案专利取得商业上成功的新

的诉讼理由，并为此提交了新的证据。北京市高级人民法院二审认为，涉案专利的提出，克服了现有技术中的缺点与不足。新证1、2、3均可采信，涉案专利已经取得商业上的成功，而且这种成功是由于其技术特征直接导致的，涉案专利具备创造性。判决撤销一审判决和第12728号决定，判令专利复审委员会就涉案专利重新作出无效宣告请求审查决定。

专利复审委员会不服二审判决，向最高人民法院申请再审。最高人民法院经过审查后裁定提审本案，作出（2012）行提字第8号行政判决，撤销一、二审判决和第12728号决定，判令专利复审委员会就涉案专利重新作出无效宣告请求审查决定。

【最高人民法院判决内容】

当采取"三步法"难以判断技术方案的创造性或者得出技术方案无创造性的评价时，从社会经济的激励作用角度出发，商业上的成功被纳入创造性判断的考量因素。当一项技术方案的产品在商业上获得成功时，如果这种成功是由于其技术特征直接导致的，该技术方案即具备创造性。相比相对客观的"三步法"而言，对于商业上的成功是否确实导致技术方案达到被授予专利权的程度，应当持相对严格的标准。

当申请人或专利权人主张其发明或者实用新型获得了商业上的成功时，应当审查：发明或者实用新型的技术方案是否真正获得了商业上的成功；该商业上的成功是否源于发明或者实用新型的技术方案相比现有技术作出改进的技术特征，而非该技术特征以外的其他因素所导致的。

该案中，专利权人在二审阶段提交证据证明涉案专利产品获得了商业成功，但其提交的证据仅载明湖北、河南、黑龙江省的人口与计划生育委员会采购了116台涉案专利产品，从产品的销售量来看，尚不足以证明涉案专利产品达到商业上成功的标准。

【案例3-6-8】 Transocean Offshore Deepwater Drilling Inc. v. Maersk Drilling USA Inc.（2012）

【相关案情】

Transocean公司所拥有的US6068069A等3项美国授权专利中的部分

权利要求因为显而易见性而被美国地方法院判定为无效,基于该决定,Transocean公司向联邦巡回法院提出上诉。

上述三项专利均属于离岸钻探领域。涉案的US6068069A的权利要求17限定了一种多活动钻孔组合件,其能够被支撑在水体表面上的某个位置处,并被用于实施指向海底的钻孔操作以及在水体的底部内的钻探操作。相对于传统的使用具有单个绞车的起重机的钻机,本申请采用了同时具有主推进站和辅助推进站的起重机,其中,每个推进站都能够单独地组装钻柱并将各组件沉入到海平面,以此来更好地提高钻机效率。美国地方法院的判决书中引用了两篇现有技术:GB2041836A及US4850439A,并认为上述权利要求17相对于这两篇现有技术的结合是显而易见的。

【判决内容】

在联邦巡回法院的判决书中,并没有否认前述两篇现有技术公开的内容以及它们之间的结合启示。但是,判决书中指出,地方法院的错误在于仅基于上述初步确定的事实就作出决定。联邦巡回法院的法官认为,初步事实的确定,并不是关于显而易见性的最终事项的结论,初步事实调查应当基于前三个Graham要素,即现有技术的范围与内容、现有技术与权利要求的区别以及本领域一般技术水平。一方当事人可以自由地提供与第四个Graham要素相关的证据,即非显而易见性的客观证据,这样的证据能够反驳或驳回显而易见性的初步事实。

陪审团在判决书中将与此案相关的非显而易见性的客观证据归为7种类型:商业成功、业界好评、预料不到的效果、效仿(copying)、业界质疑、许可以及长期渴望但未解决的需求。

关于商业成功,陪审团认为,Transocean公司已经提交了关于商业成功以及商业成功与本申请的特征的关联的足够证据。例如,这些证据表明,Transocean公司的双活动钻机相对于单活动钻机产生了市场溢价,Transocean公司指出两份与其他公司在同日签署的合同,一份是双活动钻机的合同,另一份是单活动钻机的合同,根据这两份合同的内容,Transocean公司为双活动钻机索要了大概12%的溢价。同时,Transocean公司介绍了其他合同,这些合同证明了如果在钻机上没有双活动特性,则日产量会降低。另外，Transocean 公司呈交了一些顾客明确地需要双活动钻机的证据，例如，在法庭上 Maersk 公司的一位雇员在证词中提到，Maersk 公司将多活动特性加入到它的钻机中，而这种设计是基于用户调查，该调查显示顾客需要这种特性。最后，Transocean 公司还提供了证词，该证词表明，双活动钻机能够解释钻机销售额的增长百分比，并且这些双活动钻机已经变成了产业标准。

基于上面的证据，陪审团认为，Transocean 公司的双活动钻机已经成为商业成功，并且这样的成功与专利中要求的特征之间具有关联。因此，陪审团断定，有实质性的证据支持陪审团发现了能够支持非显而易见性的商业成功。

之后，判决书又对其他 6 类证据进行了论述及分析，最终陪审团认为涉案的多项权利要求都是非显而易见的，因此决定撤销地方法院关于上述权利要求无效的决定。

（二）各国实际掌握的原则比较

上述案例分别是中、美在创造性判断时涉及商业上的成功因素考量的正、反两个案例。通过对案例的分析我们发现，对于商业上成功因素的考量，各国实际掌握的原则有一些共同点，同时也存有一定的差异。共同点在于，都将商业成功作为创造性判断的辅助因素，且仅在商业成功与发明的技术特征或技术改进之间存在直接关联的情况下才予以考虑。而差异则在于：

（1）我国虽然在相关规定中没有明确辅助判断因素与创造性判断的一般方法"三步法"之间的关系，但在实践中把握的原则仍是以"三步法"判断显而易见性为主，只有在创造性判断存疑的情况下才将商业成功作为辅助因素进行考量。

（2）美国对商业成功的考量与我国不同，认为不能只在对于显而易见性犹豫的时候才考虑辅助判断要素，而是要将这些客观的证据作为所有证据的一部分进行考虑，因为辅助判断要素非常重要，其客观的证据往往最能经得住检验，也往往最强有力。但美国同时也明确：如果发明的技术方案相对于现有技术表现出了明显的显而易见性，那么这样的技术方案仍然会被认为是显而易见的，这也体现出了商业成功相关的辅助判断要素在创造性判断过程中的作用是有限的。可见,美国在创造性评判中对于辅助因素的运用更加客观。

(3) 欧洲明确辅助因素在创造性判断中的从属地位,在创造性评判的过程中,一开始不考虑辅助判断因素(如商业上的成功),而是考察其他事实要件,如区别技术特征、客观上解决的技术问题等,只有在创造性判断存疑的情况下才考虑辅助判断因素,这一点与我国相同。此外,对于商业成功的考虑强调其是否源于技术问题的解决。

尽管中美欧对于辅助判断因素的作用定位存在差别,但从实际案例体现出的情况看,在借助商业成功证明发明具备创造性时三者都采取了严格、谨慎的做法,在标准的把握上是趋于一致的。此外,一般领域和涉商领域对于"商业成功"这一辅助判断因素的考虑程度是相同的,领域的差别与这一因素的重要程度没有关系,不会因为涉商领域就侧重考虑该因素,其仅起到辅助判断作用。

第七章

涉及数据库的专利申请

概　　述

在信息技术中，数据库技术是信息系统的一项核心技术。从传统技术意义上来说，数据库是相关联数据的集合，数据库管理系统是支持用户创建和管理数据库的应用程序的集合，数据库和数据库管理系统合称为数据库系统。[①]

在信息产业中，数据库已经成为一种确定的产品形式在市场上销售和使用。作为产业意义上的数据库产品，其不只包含数据本身，而且包含如何管理数据、如何操作数据以及如何保证数据安全等一系列整体方案。因而，从产业意义上来说，数据库的概念范畴不仅包含了数据的集合，也包含了数据库管理系统，可以说是一种数据库系统的简称。

---

① RAMEZ ELMASRI, SHAMKANT B. NAVATHEA, 等. 数据库系统基础：初级篇 [M]. 5 版. 北京：人民邮电出版社，2007.

由此可见，数据库这一技术术语的含义从不同的角度来说内涵会有所不同。通常情况下，理解词语的含义需要联系词语所处的具体语言环境，也就是说，需要从整体阅读理解的角度出发，将词语放到特定的语言环境中去分析。因此，如同通常所说的那样，理解数据库这一技术术语的含义也需要从整体阅读的角度出发，将数据库放到其所应用的具体语言环境中去分析。

在专利保护客体判断中，如果一件发明专利申请中的一项权利要求请求保护的主题涉及一种数据库，那么对于该项数据库主题的权利要求是否属于发明专利保护的客体通常依据《专利法》第 25 条第 1 款第（二）项和《专利法》第 2 条第 2 款来进行判断。

在判断数据库主题权利要求是否属于发明专利保护的客体时，如何从权利要求的整体方案出发，理解其数据库主题的含义以及其整体方案实质保护的内容，是准确判断其是否属于信息表述的方法或者是否构成技术方案的前提，也是保护客体判断的难点所在。本章第一节将从以下方面就具体案例进行探讨：如何判断数据库主题权利要求是否仅涉及信息表述的方法；如何判断涉及数据结构的数据库主题权利要求是否属于专利保护的客体；以及如何判断涉及数据管理的数据库主题权利要求是否属于专利保护的客体。

在创造性判断中，对于数据库相关发明专利申请是否具备创造性，是通过判断其相对于现有技术是否具有突出的实质性特点和显著的进步来进行的。

在判断数据库相关发明专利申请相对于现有技术是否具有突出的实质性特点和显著的进步时，如何从权利要求的整体方案出发，在充分理解权利要求各技术特征自身的含义以及该技术特征与其他技术特征的关系的基础上，判断权利要求相对于现有技术是否显而易见是创造性判断的关键点所在。进一步地，在创造性判断中如何考虑数据库相关发明专利申请中包含的数据性质或者数据类型等特征也是创造性判断的难点之一。本章第二节将从以下方面就具体案例进行探讨：如何判断涉及数据类型的数据库相关发明专利申请的创造性，创造性判断中如何考虑数据库相关发明专利申请中所包含的数据性质和数据格式特征？

第一节　专利保护客体判断

对于涉及数据库的数据库主题专利申请，如果其权利要求的主题名称为"一种……数据库"，在进行专利保护客体判断时，不能仅仅通过主题名称，简单地将主题名称为"一种……数据库"的权利要求理解为数据集合，需要通过权利要求的整体方案判断其是否属于《专利法》第25条第1款第（二）项规定的智力活动的规则和方法。如果权利要求的整体方案属于一种信息表述方法，则该解决方案属于智力活动的规则和方法，不属于专利保护客体。如果权利要求的整体方案不属于一种信息表述方法，同时该方案采用了技术手段，解决了相应的技术问题，并且由此获得符合自然规律的技术效果，则该解决方案属于《专利法》第2条第2款规定的技术方案，属于专利保护的客体。

一、涉及信息表述的数据库主题权利要求的客体判断

【案例3-7-1】

（一）案情介绍

【发明名称】数据库及其构建方法

【背景技术】

本体论（Ontology）最早是一个哲学上的概念，定义为共享概念模型的明确的形式化规范说明。本体可以分为领域本体、通用或常识性本体、应用型本体、表示本体。本体由概念、属性、关系、规则、实例组成。通俗地讲，本体是用来描述某个领域甚至更广范围内的概念以及概念之间的关系，使得这些概念和关系在共享的范围内具有大家共同认可的、明确的、唯一的定义，这样，人机之间以及机器之间就可以进行交流。目前，本体已经被广泛应用于语义Web、智能信息检索、信息集成、数字图书馆等领域。常用的本体构建方法均从本体所在领域出发，确定

其覆盖的范围和目的，然后按照不同的思路构建本体及其之间的关系。这些方法完成了对研究所覆盖范围内的本体及本体之间关系的构建，但是存在明显的问题。其一，所构建本体覆盖的范围并不是整个领域，而仅仅是领域中的某一部分；其二，本体的构建过程并不与最终的应用相联系，而是单纯的构建本体，直到本体构建完成以后，再去考虑其应用。也就是说，这些方法的本体构建过程与具体应用过程是完全分离进行的。

【问题及效果】

克服现有的本体构建方法存在的缺陷，提供一种新的数据库及其构建方法，所要解决的技术问题是通过对知识库与本体库双向映射实现对应构建，使其大大缩短产品的研究设计过程，将本体构建研究成果投入使用的时间，并实现了研究设计用知识条目的有效管理和重用，从而更加实用。

【实施方式】

依据本发明提出的知识数据库及其构建方法如下：

构建知识库，该知识库中知识条目以如下表达形式构建：

A. 定义知识条目的唯一号；

B. 定义知识条目的标题；

C. 定义知识条目的初始问题；及

D. 定义知识条目的解决方案；

其中上述知识条目的标题、知识条目的初始问题及知识条目的解决方案皆以动词/参数/对象的方式定义；

具体知识库构建：

标题：增加零件刚性。

初始问题描述：容易产生变形，刚性不够。

解决方案描述：杠臂较长，铸造及热处理时均容易产生变形。改进后，加上了横梁，增加了刚性，零件的铸造和热处理变形减小。

示意图以及动画；

附加信息：开口或非对称零件结构，热处理加热后骤冷时，零件各部分收缩速率不一致，因此易产生变形。

专业技术领域：工艺→热处理→热处理结构要素的选择→采用封闭、

"互联网+"视角下看专利审查规则的适用

对称结构。

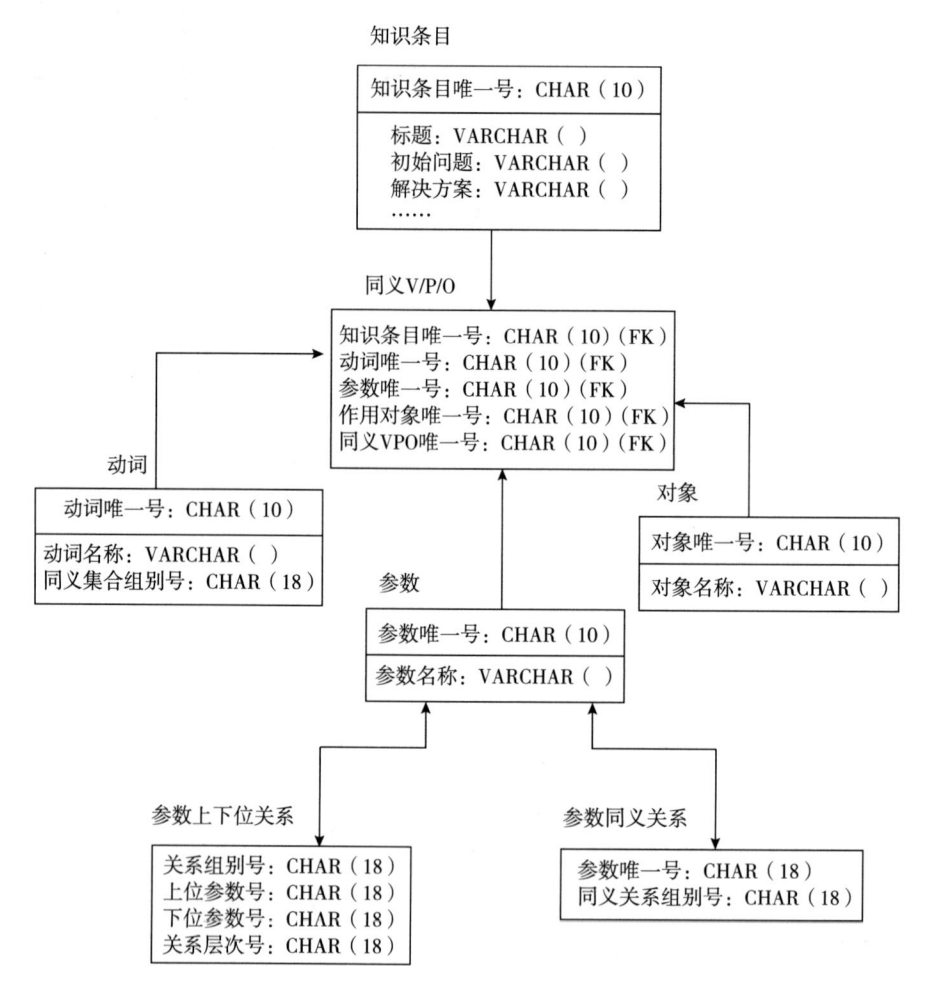

知识条目
- 知识条目唯一号：CHAR（10）
- 标题：VARCHAR（ ）
- 初始问题：VARCHAR（ ）
- 解决方案：VARCHAR（ ）
- ……

同义V/P/O
- 知识条目唯一号：CHAR（10）（FK）
- 动词唯一号：CHAR（10）（FK）
- 参数唯一号：CHAR（10）（FK）
- 作用对象唯一号：CHAR（10）（FK）
- 同义VPO唯一号：CHAR（10）（FK）

动词
- 动词唯一号：CHAR（10）
- 动词名称：VARCHAR（ ）
- 同义集合组别号：CHAR（18）

对象
- 对象唯一号：CHAR（10）
- 对象名称：VARCHAR（ ）

参数
- 参数唯一号：CHAR（10）
- 参数名称：VARCHAR（ ）

参数上下位关系
- 关系组别号：CHAR（18）
- 上位参数号：CHAR（18）
- 下位参数号：CHAR（18）
- 关系层次号：CHAR（18）

参数同义关系
- 参数唯一号：CHAR（18）
- 同义关系组别号：CHAR（18）

图1 知识数据库构成图

将上述知识存储在知识库中，形式如表1所示：

其中上述标题、初始问题及解决方案皆以V/P/O方式定义，其中V代表动词，P代表参数，O代表对象。

表1　知识数据库

知识条目唯一号	题目	初始问题描述	解决方案描述	附加信息	示意图、动画	技术领域
1	增加（V）零件（O）刚性（P）	零件（O）产生（V）变形（P），零件（O）刚性（P）不够（V）	杠臂（O）较长（P），零件（O）铸造及热处理（O）变形（P）减少（V）……	开口或非对称零件结构，热处理加热……		工艺→热处理→热处理结构要素的选择→采用封闭、对称结构
2	……	……	……	……		……

【权利要求】

1. 一种知识数据库，其特征在于所述知识数据库中知识条目的表达形式如下：

A. 知识条目的唯一号；

B. 知识条目的标题；

C. 知识条目的初始问题；

D. 知识条目的解决方案；

其中上述知识条目的标题、知识条目的初始问题及知识条目的解决方案皆以动词/参数/对象方式定义。

2. 根据权利要求1所述的数据库，其特征在于其中所述的知识库中知识条目的表达形式还包括：

E. 知识条目的附加信息；

F. Flash动画以及示意图。

3. 一种系统，包括知识数据库，

所述知识数据库中知识条目的表达形式如下：

A. 知识条目的唯一号；

B. 知识条目的标题；

C. 知识条目的初始问题；

D. 知识条目的解决方案；

其中上述知识条目的标题、知识条目的初始问题及知识条目的解决方案皆以动词/参数/对象方式定义。

（二）案例分析

该案权利要求1请求保护一种知识数据库，属于主题名称为数据库的权利要求。

在对该权利要求进行客体判断时，首先进行是否属于《专利法》第25条第1款第（二）项规定的智力活动的规则和方法的判断。从权利要求的限定可以看出，权利要求1除主题名称是数据库外，权利要求中未包含任何技术特征，同时该权利要求仅限定了知识数据库中知识条目的表达形式，即知识条目包括：唯一号、标题、初始问题和解决方案以及知识条目的标题、知识条目的初始问题及知识条目的解决方案皆以动词/参数/对象方式定义，也就是说，该权利要求仅限定了数据库中的数据所代表的含义，具体来说，限定了包括唯一号、标题、初始问题以及解决方案的知识条目的表达形式，这是对知识条目的表述方式进行人为定义，类似于字段的编排与定义；限定了知识条目的标题、初始问题及解决方案皆以动词/参数/对象方式定义，这也是对知识条目中的标题、初始问题及解决方案的具体表述方式进行人为定义。整体来看，权利要求1所要求保护的数据库仅仅是一种特定数据的集合，属于一种信息表述方法。

因此，该案例中的权利要求1虽然主题名称为数据库，但除主题名称外的方案中并不涉及任何技术特征，同时对其进行限定的全部内容均为数据表达含义的人为定义，这里要保护的"数据库"仅表示一种特定数据的集合，实质是一种信息表述方法，属于智力活动的规则和方法的范畴，属于《专利法》第25条第1款第（二）项规定的情形，不能被授予专利权。权利要求2为权利要求1的从属权利要求，其附加特征也同样不包含任何技术特征，仅仅是对知识条目的表达形式做了进一步限定，是对数据库中的数据所代表含义的进一步限定，权利要求2的解决方案实质仍然是一种信息表述方法，属于智力活动的规则和方法的范畴。

权利要求3要求保护一种包括知识数据库的系统，其不属于智力活动的规则和方法的范畴。结合说明书的记载可知，该方案采用的手段是对知识条目所包含项目（唯一号、标题、初始问题以及解决方案）以及知识条目的项目（标题、初始问题及解决方案）的具体表达形式进行人为定义，并没有采用技术手段，解决的也仅是规则定义的问题，并非技术问题，也无法获得符合自然规律的技术效果，因而权利要求3的解决方案不构成《专利法》第2条第2款规定的技术方案。

二、涉及数据结构的数据库主题权利要求的客体判断

【案例3-7-2】

（一）案情介绍

【发明名称】用于导航设备的数据库

【背景技术】

现有技术中，地形的高度信息日益广泛地应用于导航设备，高度信息的一个示例性输出是三维地图。数字高程模型（DEM）数据可以三角不规则网（TIN）的形式存储。当从TIN提交地形时，可以分别对切面的每个切片定义多个TIN。

在存储切片的TIN时，每个TIN的数据被单独存储，因此重建TIN所需的所有信息被包括在TIN的单独数据结构中。在常规方法中，描述TIN的数据可包括其中存储各个TIN的顶点的三维坐标的阵列，包括顶点索引以指定哪些顶点分别形成TIN的多个三角面的角的另一阵列，以及可能地定义三角面的法向量的另一阵列。当不同TIN具有共同顶点时，这些顶点的三维坐标将存储多次，从而可导致存储冗余信息。

【问题及效果】

常规方法在存储地形切面的切片的多个TIN时，不同TIN共用的顶点的三维坐标被存储多次，从而存在存储冗余信息的问题。

针对上述问题，本发明提供一种用于导航设备的数据库，其通过将多个不同TIN的顶点坐标集成在一个第一阵列中，所有顶点坐标仅保存一次。将确定顶点位于哪个TIN的顶点索引集成在第二阵列中，从而达到减轻冗余问题，减少存储空间需求的效果。

【实施方式】

一种导航设备，包含处理设备，用于控制导航设备的操作。处理设备可包括中央处理单元，处理设备也可包含图形处理器。导航设备进一步包括在存储设备中存储的数据库。导航设备还包括光学输出设备。存储设备存储用于定义三维地形的数据库。数据库中的数据可由处理设备产生三维地图。

图1是定义切面8的地形的示意平面图。地形可以在不同高程面上延伸，如由阴影区示意示出。阴影区可以在一个高程面，诸如海平面，而非阴影区可在其他高程面，表现高程的逐渐变化。切面8具有多个切片，诸如切片11。切面8经定义以覆盖地形。地形的三维表面结构可由对于每个切片定义的多个TIN表示。

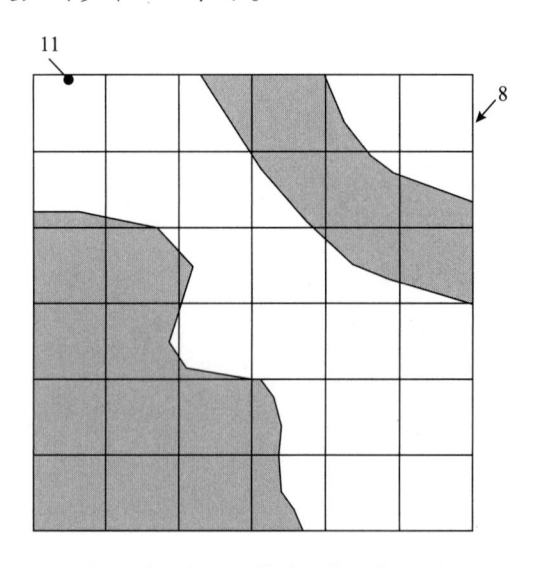

图1 定义切面8的地形的示意平面图

切片11被平分为三角区块12和13。三角区块12、13是直角等边三角形。在三角区块12、13上，可定义TIN。

在三角区块12上定义的TIN18和TIN19，具有共同的多个顶点。为了减少数据冗余，定义两个TIN18和TIN19的数据使用切片的顶点坐标的全局列表，其中包括TIN18的所有顶点和TIN19的所有顶点的三维坐标。但同时作为TIN18和TIN19的顶点坐标只在顶点坐标列表中保存一次。

图 2 是数据库 10 的示意图。数据库 10 可用于导航设备中。数据库 10 对于每个切片定义多个 TIN。数据库 10 包括对第一切片定义多个 TIN 的数据 21 和对第二切片定义多个 TIN 的数据 22。数据 21 包括切片唯一识别符和定义多个 TIN 的数据。数据 21 包括在为切片定义的任何一个 TIN 中包括的所有顶点的三维顶点坐标的阵列 23。数据 21 还包括描述一个 TIN 的三角面的第二阵列 24。第二阵列 24 可以是顶点索引的阵列。所述第二阵列 24 可定义具有第一阵列 23 中第一条目的多个顶点中哪些形成 TIN 的三角面的夹角。所述第二阵列 24 可以三角带的形式定义所述三角面。

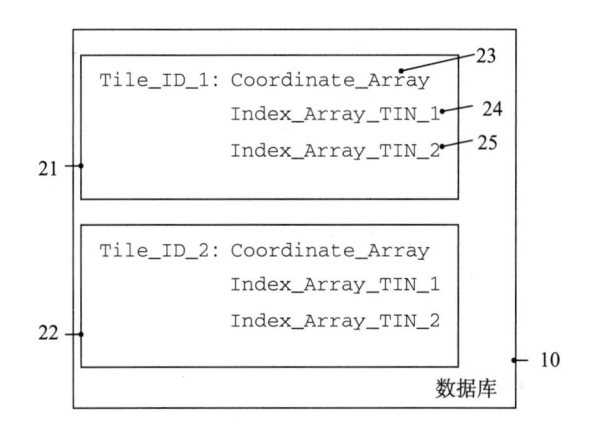

```
        ┌─────────────────────────────────┐
        │ Tile_ID_1: Coordinate_Array ────┼── 23
        │           Index_Array_TIN_1 ────┼── 24
        │           Index_Array_TIN_2 ────┼── 25
   21 ──┤                                 │
        └─────────────────────────────────┘
        ┌─────────────────────────────────┐
        │ Tile_ID_2: Coordinate_Array     │
        │           Index_Array_TIN_1     │
   22 ──┤           Index_Array_TIN_2     │
        │                            ─────┼── 10
        │                          数据库  │
        └─────────────────────────────────┘
```

图 2　数据库 10 的示意图

如果在切片上定义两个以上的 TIN，在数据 21 中包括对应的更大数量的第二阵列，所述第二阵列分别是顶点索引的阵列。在第一阵列 23 中包括的顶点数量可随着 TIN 的增加而增加。然而，所有的第二阵列引用相同的第一阵列 23，即使提供两个以上的第二阵列。对于作为多个 TIN 的顶点的任何顶点，顶点坐标可在第一阵列 23 中只存储一次，而不论包括各个顶点的 TIN 的数量。

【权利要求】

1. 一种用于导航设备的数据库（10），所述数据库（10）包括定义地形的三维平面的数字高程模型数据，其中所述数据库（10）对于切面（8）的多个切片（11）中每个切片（11）存储：

第一阵列（23），对于各个切片（11）包括多个三角不规则网 TIN（18，19）的顶点（A-H）的三维坐标，以及

多个第二阵列（24，25），每个第二阵列（24，25）分别确定 TIN（18，19）的三角面并包括所述顶点（A-H）的多个索引，所述顶点（A-H）坐标被存储在所述第一阵列（23）中以定义所述各个 TIN（18，19）的三角面。

（二）案例分析

该案权利要求 1 请求保护一种用于导航设备的数据库，属于主题名称为数据库的权利要求。

在对该权利要求进行客体判断时，首先判断是否属于智力活动的规则和方法。从权利要求的限定可以看出，权利要求 1 除主题名称是数据库外，权利要求中包含了"存储""索引"以及代表特定数据结构的"阵列""三角面"等技术特征，则其不属于《专利法》第 25 条第 1 款第（二）项规定的情形。权利要求整体限定的方案中包含"存储""索引""阵列""三角面"等技术特征，则要求保护的"数据库"整体方案，并不是单纯的特定数据的集合，而是通过某种特定数据结构进行数据处理的数据库处理系统，因此，其并不仅仅是一种信息表述方法，不属于智力活动的规则和方法。

当判断该案中的权利要求不属于智力活动的规则和方法的情形后，需要对其是否属于《专利法》第 2 条第 2 款规定的技术方案进行判断，最终得到该案是否属于专利保护客体的结论。

结合该案说明书记载的内容可知，权利要求 1 所要解决的问题是：常规方法在存储地形切面的切片的多个 TIN 时，不同 TIN 共用的顶点的三维坐标被存储多次，从而存在存储冗余信息的问题。由此可见，该问题涉及数据库存储冗余和存储空间的问题，属于数据库领域的技术问题。

针对上述问题，权利要求 1 提供一种用于导航设备的数据库，其方案限定了对三维地形切面的切片存储第一阵列和第二阵列，并将多个不同 TIN 的顶点坐标集成在第一阵列中，将确定顶点位于哪个 TIN 的顶点索引集成在第二阵列中。由此可见，其方案虽然具体涉及导航数据库的数据结构，但是该数据结构不仅限定了字段（TIN 的顶点坐标）的含义，

还通过存储索引（顶点索引）而将第一阵列和第二阵列联系起来，因而采用了数据库领域的技术手段。

通过权利要求1的上述方案，使得顶点坐标仅保存一次，从而达到减轻存储冗余问题，减少存储空间需求的效果，该效果属于数据库领域的符合自然规律的技术效果。

由此可见，虽然权利要求1请求保护的是一种导航数据库，从其整体方案来看，不仅仅是人为定义的数据条目表达形式或字段的编排与定义，不属于智力活动的规则和方法，并不是单纯的特定数据的集合，而是一种包含了特定数据的数据结构进行数据处理的数据库处理系统。其采用了技术手段，解决了技术问题，并获得了技术效果，因而构成技术方案，属于专利保护的客体。

三、涉及数据管理的数据库主题权利要求的客体判断

【案例3-7-3】

（一）案情介绍

【发明名称】人体步态数据库及其建立方法

【背景技术】

在生物特征识别领域，步态识别是生物特征识别技术的一个新兴子领域，步态的差异可以作为生物标识来识别个体。生物特征识别是利用人的生理或行为特征进行人的身份识别。步态分析是用来分析研究人类的行走能力的一种方法，这一技术可以用于生物特征识别和取证、医疗诊断、生物力学比较，但研究者要实现步态的分析和识别，需要采集和存储大量的步态数据。

【问题及效果】

目前国内外仅有少量的步态数据库可供查询，且现有的步态数据库的步态特征都是基于图像的。动态环境中拍摄的图像受光照变化、运动目标的影子等多方面因素的影响，会给基于图像的步态特征提取带来较大困难。目前尚未有一个大的标准数据库可以涵盖所有的研究内容所需

的数据，因此各研究机构有不同的自己采集的数据库。而且这些数据库都不太完善，采集范围小，采集单一，没有对性别以及各个年龄段、身高段等的采集，没有对非正常步态的采集，不具有普遍性和广泛适用性，为具有针对性的步态分析带来很大的困难。与现有技术相比，本发明的有益效果在于：1. 数据库存储多角度采集到的数据，数据量大，分类清晰，可以通过数据库界面直观地找出所需数据类别的数据，方便分析研究，节省研究者在实验过程中采集数据的人力和物力；2. 数据库界面与步态数据相连接，可以根据研究者的要求提取不同类型的数据，这样不仅可以满足研究者对大数据量的需求，而且满足了不同研究者对不同类别步态数据的需要；3. 数据库界面可以简单提取不同类别的步态数据，该数据库按正常和病理（不同疾病分类存储）、性别、年龄、身高等分类，例如从病理分类中提取脑中风患者的步态数据进行分析，可以及时在临床上对患者采取诊断和干预策略；4. 通过在进行人物识别的同时存储数据来扩大数据量，避免了数据冗余。

【实施方式】

一种建立人体步态数据库的方法，包括如下步骤：

步骤 A：采集人体步态数据，该人体步态数据包括运动数据、人体 EMG 数据和足底压力数据；步骤 B：通过人物身份识别，分类存储人体步态数据。该方法还包括设计人体步态数据库界面的步骤，设计人体步态数据库界面的步骤的执行时间不限，可以在步骤 A 之前，步骤 A 与步骤 B 之间，或者步骤 B 之后。该数据库界面与步态数据相连接，根据用户在数据库界面上的操作要求可提取不同类型的步态数据。

上述步骤 A，通过红外运动捕捉系统运动数据，如红外摄像头；通过无线肌电采集系统采集人体 EMG 数据；通过三维测力台采集足底压力数据。

上述步骤 B，如图 1 所示，将采集的被试者的步态数据在人体步态数据库的现有数据中通过线性判别分析法进行模式识别；若识别结果在人体步态数据库中，则识别出该被试者；若识别结果不在人体步态数据库中，则将采集的人体步态数据和该被试者信息加入人体步态数据库中。

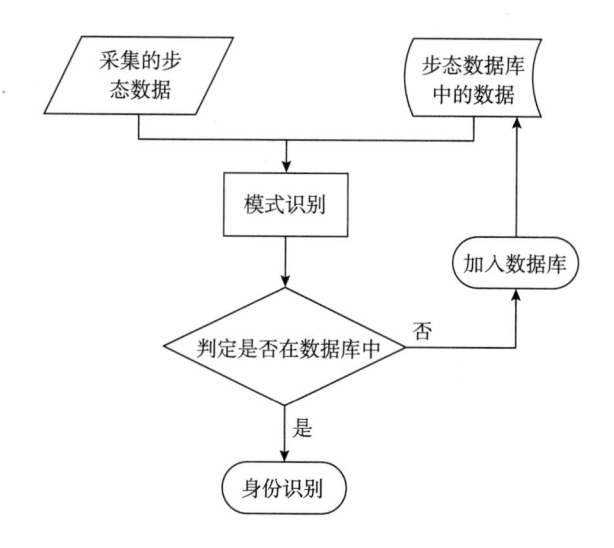

图1 人体步态数据识别和存储的流程图

上述人体步态数据库界面，包括步态存储选项、全部步态数据选项和分类步态数据选项，其中：通过步态存储选项将经过步态识别后的但未在人体步态数据库中的数据进行存储；通过全部步态数据选项选择采集过的所有未经分类的人体步态数据；通过分类步态数据选项下设的分类选择经分类处理的人体步态数据类别。

【权利要求】

1. 一种人体步态数据库，其特征在于，包括：

数据存储模块，所述数据存储模块存储的人体步态数据包括运动数据、人体 EMG 数据和足底压力数据，通过人物身份识别将所述人体步态数据存储进数据存储模块；

人体步态数据库界面，所述数据库界面与所述步态数据相连接，根据用户在数据库界面上的操作要求提取不同类型的步态数据；

所述通过人物身份识别将所述人体步态数据存储进数据存储模块具体为：

将采集的被试者的步态数据在所述人体步态数据库的现有数据中通过线性判别分析法进行模式识别；

若识别结果在人体步态数据库中，则识别出所述人物；

若识别结果不在人体步态数据库中，则将采集的人体步态数据和所述人物信息加入人体步态数据库中。

（二）案例分析

该案权利要求1请求保护一种人体步态数据库，属于主题名称为数据库的权利要求。

在对该权利要求进行客体判断时，首先进行是否属于智力活动的规则和方法的判断。从权利要求的限定可以看出，权利要求1除主题名称是数据库外，权利要求整体限定的方案中包含"存储""识别""提取"等技术特征，则要求保护的"数据库"整体方案并不是单纯的特定数据的集合，而是通过某种特定流程进行数据管理的数据库管理系统，因此，其并不仅仅是一种信息表述方法，不属于《专利法》第25条第1款第（二）项规定的情形。

结合该案说明书记载的内容可知，权利要求1所要解决的问题是：仅基于图像的步态特征提取比较困难，现有步态数据采集范围小，采集单一，不具有普遍性和广泛适用性，不利于针对性的步态分析。由此可见，该问题涉及数据库的数据采集和存储效率低以及步态分析准确性低的问题，属于数据库领域的技术问题。

针对上述问题，该案权利要求1采用的方案为：提供了一种人体步态数据库，其包括了数据存储模块和人体步态数据库界面。数据存储模块存储人体步态数据（包括运动数据、人体EMG数据和足底压力数据），通过人物身份识别将所述人体步态数据存储进数据存储模块；人体步态数据库界面与所述步态数据相连接，根据用户在数据库界面上的操作要求提取不同类型的步态数据。权利要求1由于利用了数据存储、数据识别和数据提取，属于技术手段。

因而针对上述技术问题，权利要求1请求保护的人体步态数据库采用了技术手段，实现了多角度采集数据、避免数据冗余、分类别提取数据的效果，该效果属于数据库领域的符合自然规律的技术效果，因而属于《专利法》第2条第2款规定的技术方案，属于专利保护的客体。

四、案例启示

在对主题名称为"一种……数据库"的权利要求在进行客体判断

时，不能仅仅以其主题名称作为是否属于专利保护客体判断的依据，而应将权利要求的方案作为一个整体进行分析。

对于数据库主题的权利要求而言，如果方案的主题名称为"一种……数据库"，则首先进行整体方案是否为信息表述方法的判断，即是否为《专利法》第25条第1款第（二）项规定的智力活动的规则和方法。如果权利要求中除主题名称外，方案中没有任何技术特征，其限定的全部内容仅仅是人为定义的数据条目表达形式或字段的编排与定义，那么这种人为定义的数据表达形式实质上是一种信息表述方法，权利要求所要保护的数据库实质上是特定数据的集合，则该权利要求属于智力活动的规则和方法。

如果权利要求中除主题名称外，方案中还包含技术特征，其限定的内容不仅仅是人为定义的数据条目表达形式或字段的编排与定义，那么该权利要求不是一种信息表述方法，不属于智力活动的规则和方法。之后对当前权利要求是否属于《专利法》第2条第2款规定的技术方案进行判断，即判断方案中是否采用技术手段、解决技术问题、产生技术效果这三要素。如果权利要求的方案涉及信息表述，整体方案使用技术手段，解决技术问题，达到技术效果，则该方案构成技术方案，属于专利保护的客体。例如，如果权利要求的方案涉及数据结构，但通过该数据结构实现了对数据的特定处理，其整体方案采用了存储、索引等技术手段，解决了减轻冗余、减少存储空间需求的技术问题，并产生了相应的技术效果，则其方案构成技术方案，属于专利保护的客体。如果权利要求的方案涉及数据管理，其整体方案采用了存储、识别、提取等技术手段，解决了数据库的数据采集和存储效率低以及步态分析准确性低的技术问题，并产生了相应的技术效果，则其方案构成技术方案，属于专利保护的客体。

第二节 创造性判断

由于数据库技术自身的复杂性，数据库相关发明专利申请的权利要求中各技术特征之间的关联关系也相对复杂。因此，对于该领域的专利申请，要注意将各技术特征及其技术联系作为整体来判断其创造性。在整体性判断涉及数据库的发明的创造性时，需注意如下两个方面。

（1）数据库管理系统各模块之间的技术关联以及数据库管理方法各步骤之间的技术关联。

对于涉及数据库管理系统的权利要求，在整体考察其创造性时，除了关注系统各构成模块，还应重视系统各模块之间的技术关联，要考虑对这种技术关联及其改进是否在数据处理方式或数据库运行方式等方面产生了影响，从而在解决相应技术问题时作出贡献，获得了相应的技术效果。

类似地，对于涉及数据库管理方法的权利要求，也需重视各方法步骤之间的技术关联，从整体上判断其创造性。

（2）数据库处理/管理方法各步骤与相关数据库模块之间的技术关联。

对于涉及数据库处理或管理方法的权利要求，其方法步骤可能会涉及部分数据库模块。在整体考察这类权利要求的创造性时，要关注各方法步骤与相关数据库模块之间的技术关联，以及各步骤之间的关系与相关数据库模块之间的技术关联，考虑这些技术关联及其改进是否在数据处理方式或数据库运行方式等方面产生了影响，并解决了相应技术问题，获得了相应的技术效果。

除以上两方面外，在整体性考量权利要求的创造性时，更需要关注数据类型、数据性质以及数据格式与其他技术特征之间的技术关联。

当数据库相关发明专利申请与现有技术的区别在于数据类型、数据性质以及数据格式等方面时，由于这些方面与数据处理方式或数据库运行方式具有较强的技术关联，例如，数据类型、数据性质以及数据格式的改变可能会带来数据存储系统或方法的改变，或者可能会影响该数据的处理方式，因此，在判断其是否具备创造性时，要考虑上述几个方面与其他技术特征之间是否存在紧密的技术联系，避免将数据类型、数据性质以及数据格式简单割裂出来。

一、涉及数据类型的发明专利申请的创造性判断

【案例3-7-4】

（一）案情介绍

【发明名称】 数据库间的数据交互方法、系统及发送方数据库、接收方数据库

【背景技术】

现有技术中，应用服务器在管理一个或多个数据库存储的数据时，由于源数据库和目标数据库的数据编码类型不一致，需要在源数据库和目标数据库之间采用第三方服务器，通过第三方服务器实现源数据库和目标数据库之间交互数据的数据类型转换。

【问题及效果】

使用第三方服务器实现数据编码类型不同的数据库之间的数据交互成本高，数据产生错误的可能性较大，并且也无法实现数据实时交互。

针对上述问题，本申请提供了一种数据库间数据交互的方法、发送方数据库以及接收方数据库，通过将采用第一编码类型的数据转换为采用第三编码类型的数据并由发送方数据库发送给接收方数据库，再由接收方数据库将所述采用第三编码类型的数据，转换成第二编码类型的数据，以实现采用不同编码类型编码数据的数据库间的数据交互，无须架构用于数据转换和中转的第三方服务器，避免了架构第三方服务器带来的成本增加、数据交互效率低且准确度差的问题，降低了采用不同编码类型编码数据的数据库间数据交互的成本，提高了数据交互的准确性和实时性。

【实施方式】

图1为本发明实施例提供的数据交互方法流程图，结合该图，该方法包括步骤：

步骤1，将发送方数据库中采用第一编码类型编码的数据，转换为采用第三编码类型编码的数据，其中第三编码类型编码的数据能够由发

送方数据库和接收方数据库识别；

步骤2，发送方数据库将转换后的所述数据发送给接收方数据库；

步骤3，接收方数据库接收发来的所述数据；

步骤4，将接收方数据库接收的所述数据，转换为采用第二编码类型编码的数据，其中接收方数据库无法识别第一编码类型编码的数据。

```
┌─────────────────────────────────┐
│ 将发送方数据库中采用第一编码类型编码的数据， │──1
│ 转换为采用第三编码类型编码的数据         │
└─────────────────────────────────┘
              │
              ▼
┌─────────────────────────────────┐
│ 发送方数据库将转换后的所述数据发送给接收方 │──2
│ 数据库                          │
└─────────────────────────────────┘
              │
              ▼
┌─────────────────────────────────┐
│ 接收方数据库接收发来的所述数据         │──3
└─────────────────────────────────┘
              │
              ▼
┌─────────────────────────────────┐
│ 将接收方数据库接收的所述数据，转换为采用第二 │──4
│ 编码类型编码的数据                  │
└─────────────────────────────────┘
```

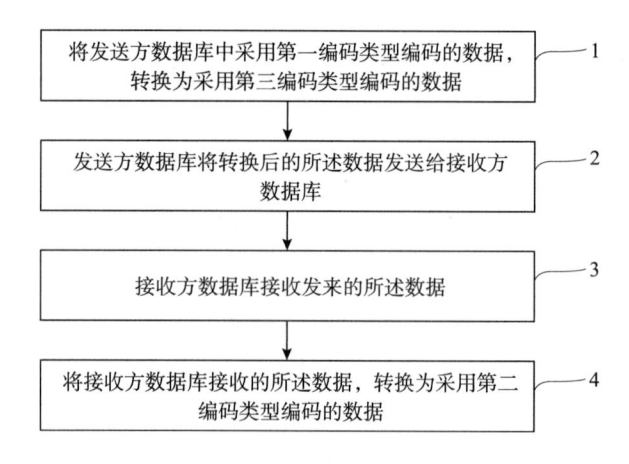

图1　数据交互方法流程图

本发明实施例还提供了数据库间数据交互系统，以提高数据交互的准确性和实时性，并降低成本。

图2为本发明实施例提供的数据交互系统的结构示意图，该系统包括发送方数据库50及接收方数据库60，其中发送方数据库50采用第一编码类型编码数据，接收方数据库60采用第二编码类型编码数据，且接收方数据库60无法识别第一编码类型编码的数据。

所述系统还包括：发送数据转换单元51，用于将发送方数据库50中采用第一编码类型编码的数据，转换为采用第三编码类型编码的数据，其中所述第三编码类型编码的数据能够由发送方数据库50及接收方数据库60识别；接收数据转换单元62，用于将目标数据库60中数据接收单元61接收的所述数据，转换为采用第二编码类型编码的数据。

所述发送方数据库50包括：数据发送单元52，用于发送所述发送数据转换单元51转换后的数据；

所述接收方数据库60包括：数据接收单元61，用于接收发送方数据库 50 发来的所述数据。

其中所述第一编码类型例如但不限于是 WE8DEC，所述第二编码类型可以但不限于是 ZHS16GH，对于中文数据，则接收方数据库 60 无法识别发送方数据库 50 发来的由 WE8DEC 编码的数据。

上述数据交互系统能够在发送方发送数据时，通过发送数据转换单元 51 将数据转换，然后由发送方数据库 50 中的数据发送单元 52 把转换的数据发送给接收方数据库 60 接收，并将接收的数据转换，因此采用该数据交互系统就无须架设第三方服务器，提高了数据交互的实时性和准确性，且降低了成本。

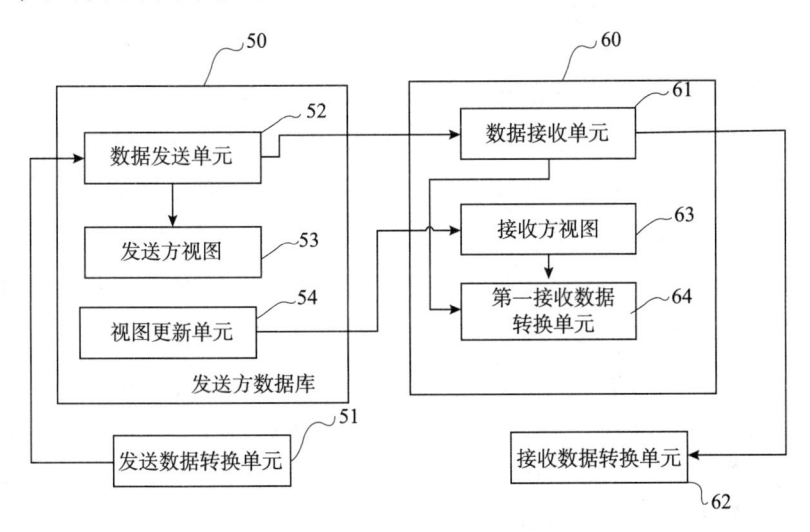

图 2　数据交互系统结构示意图

【权利要求】

1. 一种发送方数据库，采用第一编码类型编码数据，能够识别采用第三编码类型编码的数据，其特征在于，包括：

数据发送单元，用于将采用第一编码类型编码的数据转换成的第三编码类型编码的数据发送给接收方数据库，所述第三编码类型能够由发送方数据库及接收方数据库识别。

2. 一种接收方数据库，采用第二编码类型编码数据，能够识别采用第三编码类型编码的数据；其特征在于，包括：

数据接收单元，用于接收发送方数据库发来的采用第三编码类型编码的数据，其中所述第三编码类型编码的数据，由发送方数据库中采用第一编码类型编码的数据转换而来。

（二）案例分析

对比文件1是最接近的现有技术，其公开了一种字符集转换系统，并具体公开了以下特征：该系统包括来源数据库，来源数据库是采用来源字符集进行字符编码，转换器进行第一转换，将字符的编码由来源字符集转换至中介字符集。在对比文件1中，来源数据库的来源字符集可转换至中介字符集，而中介字符集能被转换为目的数据库的目的字符集；即表明中介字符集能够被来源数据库及目的数据库识别；该系统包括目的数据库以及转换器，目的数据库采用目的字符集进行字符编码，转换器进行第二转换，将字符的编码由中介字符集转换至目的字符集。

由此可见，权利要求1和权利要求2分别请求保护一种发送方数据库和一种接收方数据库，所述发送方数据库通过数据发送单元将第一编码类型的数据转换为接收方数据库能够识别的第三编码类型的数据并发送给接收方数据库。所述接收方数据库通过数据接收单元识别和接收由发送方数据库发送的第三编码类型的数据。在作为最接近现有技术的对比文件1公开了包括来源数据库、目的数据库以及能够将字符的编码由来源字符集转换至中介字符集和由中介字符集转换至目的字符集的转换器的情况下，权利要求1和权利要求2的数据库与对比文件1的区别分别仅在于数据发送单元和数据接收单元，而由于数据发送单元和数据接收单元均属于本领域公知常识，权利要求1和权利要求2的技术方案对本领域技术人员来说是显而易见的，因此不具备创造性。

由该案可以看出，对涉及数据类型的数据库相关发明专利申请在进行创造性判断时，仍然是将权利要求的技术方案作为一个整体，分析其技术特征之间的联系和相互作用，在考察现有技术的基础上判断其相对于现有技术是否显而易见，如果其技术方案相对于现有技术是显而易见的，那么其技术方案就不具备创造性。

具体而言，该案中权利要求中涉及数据类型，且上述数据类型与其他技术特征之间存在很强的技术关联，数据类型的改变对于解决在采用了不同数据类型编码的数据库之间进行交互的技术问题时起了重要作用。

因此，在整体考量权利要求的创造性时，应当注重数据类型与其他技术特征的技术联系。作为最接近的现有技术，对比文件1的技术方案中也公开了字符数据类型及其与其他技术特征之间的技术联系，在整体评价权利要求1的创造性时，对于对比文件技术方案的理解也应当是整体性的。

二、涉及数据性质的数据库相关发明专利申请的创造性判断

【案例3-7-5】

（一）案情介绍

【发明名称】一种统计数据的方法和装置

【背景技术】

随着商品网络化的发展，越来越多的用户愿意在网上购物，在交易的过程中，服务器需要为用户提供各种商品信息，以满足用户的购买愿望，面对数十亿级别的商品数据和数十亿级别的用户行为，在如此庞大的数据库中，如何根据用户实时输入的查询条件在第一时间将用户所选择的产品以排行榜的形式展现出来是目前面临的一大问题。现有技术中，采用将几种条件组合下的产品的排行榜预先计算好，前台直接显示计算后的排行榜信息；或者，预先将已有的几个固定条件下的产品进行顺序或是倒序的排列，将预设好的排行榜直接展示给用户。

【问题及效果】

现有技术中，将几种固定条件组合下的产品的排行榜预先计算好，将计算好的排行榜输出给用户，满足不了不同用户的不同需求，用户的购物体验感不高。

针对上述问题，本发明提供一种统计数据的方法和装置，以实现满足不同用户不同的购物需求，增强用户的购物体验。

【实施方式】

如图1所示，为本发明统计数据的方法的流程图，具体包括以下几个步骤：

```
┌─────────────────────────────┐
│ 接收用户输入的所选商品的属性信息 │──S101
└─────────────────────────────┘
              │
              ▼
┌─────────────────────────────┐
│ 根据用户输入的所选商品的属性信息，│
│ 从预设的数据库中查询商品的属性信 │──S102
│ 息对应的SPU                  │
└─────────────────────────────┘
              │
              ▼
┌─────────────────────────────┐
│ 将SPU和用户对SPU发生的行为数据 │
│ 的累计次数进行汇总，生成行为基础 │──S103
│ 数据表                       │
└─────────────────────────────┘
              │
              ▼
┌─────────────────────────────┐
│ 输出行为基础数据表            │──S104
└─────────────────────────────┘
```

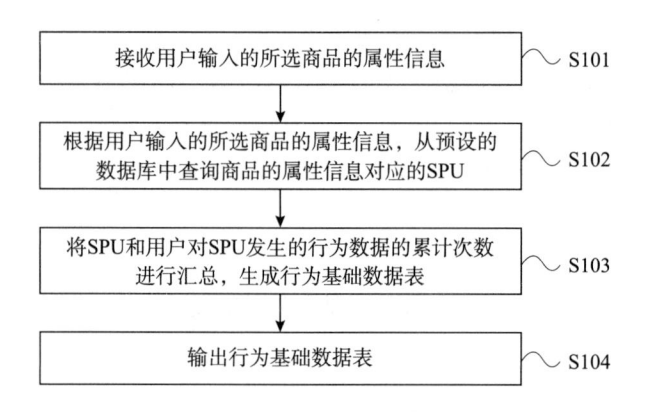

图1　统计数据的方法流程图

步骤S101，服务器接收用户输入的所选商品的属性信息。

当用户访问网页时，选定一个产品类目，用户可以根据个人的喜好，实时输入用户所选商品的基础属性信息，其中，商品的基础属性信息包括：商品的价格、展视图片、成交件数、商品产地、商品性能等基础信息。

步骤S102，根据用户输入的所选商品的属性信息，从预设的数据库中查询商品的属性信息对应的SPU。

具体可以为：首先服务器将商品的基础属性信息归类到各个SPU中，服务器中包含数十亿的商品，而每一个商品都具有自身的基础属性信息，其中基础属性信息主要包括：商品的价格、展视图片、成交件数、商品产地、商品性能等基础信息。SPU（Standard Property Union，标准属性联盟），定义为类目下某些具有相同属性商品的集合，其中，SPU可以重复使用，一个SPU可以由多个商品组成，一个商品只能对应一个SPU。在众多商品中，服务器可以将具有某些相同属性的商品归类到一起，称为一个SPU，将SPU以数据表的形式存储在数据库中，该数据表中的SPU包含该SPU的SPU_ID并罗列出该SPU类目下具有某相同属性的商品。

例如，服务器可以将手机品牌为诺基亚、型号为N73且具有摄像头的一类商品归类为SPU1；或者，服务器可以将手机品牌为诺基亚、型号为N72且具有摄像头的一类商品归类为SPU2；又或者，可以将手机品牌为诺基亚、型号为 N76 且具有摄像头的一类商品归类为 SPU3。当用户输入的所选商品的属性信息为：具有摄像头、手机品牌为诺基亚时，服务器查询数据库，可以获得与该用户输入的所选商品的属性信息对应的 3 个 SPU，分别为 SPU1、SPU2 和 SPU3。

步骤 S103，将 SPU 和用户对 SPU 发生的行为数据的累计次数进行汇总，生成行为基础数据表。

用户的行为数据具体包括：用户对某一商品购买、收藏或者浏览等行为。

在一定时间区域内，服务器累计用户对商品发生的行为数据次数，用户对商品发生的行为数据可以相同，也可以不同，用户对商品每发生一次行为数据，服务器都会将该次行为数据记录下来并进行相应的累加。具体的，将用户发生的行为数据为购买时的购买次数记为 L，L 为非负整数，可以取值 0、1、2、3…，用户每发生一次的购买行为，购买次数 L 自动加 1；将用户发生的行为数据为收藏时的收藏次数记为 M，M 为非负整数，可以取值 0、1、2、3…，用户每发生一次的收藏行为，收藏次数 M 自动加 1；将用户发生的行为数据为浏览时的浏览次数记为 N，N 为非负整数，可以取值 0、1、2、3…。

在一定时间区域中，根据累计用户对商品的不同行为数据的次数，按照商品的基础属性信息所对应的 SPU，将累计的用户对商品的不同行为数据的次数归类到累计用户对 SPU 的不同行为数据的次数。

整理对不同 SPU 发生的不同行为数据的累加次数，将对 SPU 发生的不同行为数据的累加次数和对应的 SPU 进行汇总，生成行为基础数据表，行为基础数据表例如可以包括：SPU_ID、关联属性 ID、类目 ID、购买次数 L、收藏次数 M、浏览次数 N 等信息。

步骤 S104，服务器将行为基础数据表按照某一行为数据从大到小进行排列输出。

服务器将行为基础数据表可以按照购买次数、收藏次数或是浏览次数从大到小的顺序以排行榜的形式排序实时输出给前台。前台根据接收到的行为基础数据表，将满足用户输入的查询条件的产品按照服务器已排列好的顺序输出给用户，向用户输出的产品的信息例如可以包括：产品的展视图片、产品的价格等，使得用户在购物网站淘宝网中，可以第一时间清楚地了解到用户所查询的关联属性对应的产品的排行榜，方便用户明确购买产品的意向。

【权利要求】

1. 一种统计数据的方法，其特征在于，包括：

将商品按照所述商品的一个或多个相同属性归类为一个标准属性联盟SPU，并保存在数据库中；

接收用户输入的所选商品的属性信息，所述商品的属性信息包括：商品类目及单个或多个所述商品关联属性；

根据所述用户输入的所选商品的属性信息，从预设的数据库中查询所述商品的属性信息对应的SPU；

将所述SPU和所述用户对所述SPU发生的行为数据的累计次数进行汇总，生成行为基础数据表，具体为：将所述SPU与所述用户对所述SPU发生的行为数据累计次数进行一一对应，生成所述SPU与所述行为数据累计次数相对应的行为基础数据表；

输出所述行为基础数据表；

所述将SPU和所述用户对所述SPU发生的行为数据的累计次数进行汇总，生成行为基础数据表之前还包括：

获取并记录所述用户对所述SPU发生的行为数据；

累计所述用户对所述SPU发生的行为数据的次数。

2. 如权利要求1所述统计数据的方法，其特征在于，所述用户对所述SPU发生的行为数据包括：购买、收藏和浏览中的一种或几种。

3. 一种服务器，其特征在于，包括：

接收模块，用于接收用户输入的所选商品的属性信息；

所述商品的属性信息包括：商品类目及单个或多个所述商品关联属性；

查询模块，用于根据所述接收模块接收的由所述用户输入的所选商品的属性信息，从预设的数据库中查询所述商品的属性信息对应的SPU；

生成模块，用于将所述SPU和所述用户对所述SPU发生的行为数据的累计次数进行汇总，生成行为基础数据表，具体为：将所述SPU与所述用户对所述 SPU 发生的行为数据累计次数进行一一对应，生成所述 SPU 与所述行为数据累计次数相对应的行为基础数据表；

输出模块，用于输出所述生成模块生成的所述行为基础数据表；

所述生成模块包括：

获取子模块，用于获取所述用户对所述 SPU 发生的行为数据；

记录子模块，用于记录获取子模块获取的所述用户对所述 SPU 发生的行为数据；

累计子模块，用于累计所述记录子模块记录的所述用户对所述 SPU 发生的行为数据的次数；

汇总子模块，用于将所述 SPU 与所述累计子模块累计的所述用户对所述 SPU 发生的行为数据的次数进行汇总；

归类模块，用于预先将所述商品按照所述商品的一个或多个相同属性归类为一个 SPU，并保存在数据库中。

在实质审查程序中，审查意见指出该案的所有权利要求均不具备《专利法》第 22 条第 3 款规定的创造性，并最终驳回了该案。在复审审查程序中，申请人修改了权利要求书，专利复审委员会针对上述各权利要求作出撤驳决定。

（二）案例分析

该案权利要求 1 要求保护的是一种统计数据的方法，其限定从预设的数据库中查询所述商品的属性信息对应的 SPU，并根据该 SPU 进行后续的数据统计处理。由此可见，权利要求 1 是涉及对数据库中的数据进行查询及后续处理的权利要求。

对比文件 1 作为最接近的现有技术公开了一种电视节目自动检索和推荐的方法，并具体公开了如下技术特征：特征抽取模块从用户正在观看的电视节目中抽取节目特征信息（相当于属性），所述节目特征信息可以是电子节目指南中出现的节目特征、图像特征、声音特征或以上的固定组合（相当于类目或关联属性）；特征分析模块会对这些特征信息进行分析综合，并选择其中有代表性的特征进行组合，然后将上述组合作为与目前节目类型相对应的查询条件存储在特征存储模块；在用户的多次电视节目观看中,重复地进行上述过程,当用户经过一定时间的观看后,电视节目自动检索装置便会根据用户观看的不同电视节目形成一个用户潜在感兴趣的节目查询条件库(相当于预设的数据库),以备后来的查询和检索;电视节目自动检索装置接收用户未在观看的一个频道节目,从中自动抽取一些节目特征信息,分析所抽取的节目特征信息并组合成一个查询条件,特征判断模块将上述形成的查询条件与特征存储模块中存储的节目查询条件库中的特征信息和查询条件进行比对判断,看是否有吻合(相当于从预设的查询条件库中查询所述组合成的查询条件对应的查询条件);如果有吻合或近似的查询条件存在,则判断该节目为用户可能喜欢收看的节目,然后频道存储模块存储该电视节目频道并向用户推荐,节目检索结果在屏幕上显示的一个示意表;可以将一些相同或类似特征所组成的查询条件进行合并,以及对查询条件进行重要度统计或累加,当用户数次收看同类节目时,电视节目自动检索装置可能会多次形成相同或类似的查询条件(隐含公开了在生成所述示意表之前,获取和记录用户对查询条件发生的行为数据并进行累加以便进行后续处理)。

由此可以看出,权利要求1所要求保护的技术方案与对比文件1的区别在于:统计的是商品行为数据,保存的是标准属性联盟SPU;接收用户输入的所选商品属性信息,根据用户输入的所选商品的属性信息来进行查询所述商品的属性信息对应的SPU,将所述SPU和所述用户对所述SPU发生的行为数据的累计次数进行汇总,生成行为基础数据表,其中,将所述SPU与所述用户对所述SPU发生的行为数据累计次数进行一一对应,生成所述SPU与所述行为数据累计统计次数相对应的行为基础数据表,输出所述行为基础数据表。基于该区别技术特征,权利要求1实际解决的技术问题是:如何实时输出商品发生的行为数据次数以满足用户不同的实际需求,由此增加用户的交互体验。

该区别特征是一个有机整体,如何将其与技术方案整体考量。首先,权利要求1与对比文件1涉及的是不同的技术领域,权利要求1涉及商品网上购物平台,面向所有用户对所有商品的购物行为,统计的是所有用户对某类商品的所有行为数据,由于商品数据及对应的用户数据巨大,其面向的是大数据的统计;而对比文件1涉及电视节目检索领域,用于生成用户习惯或喜欢观看的电视节目类型,其是根据特定用户的观看习惯来向该特征用户推荐其可能喜爱的电视节目,因而其统计的仅是该特定用户所观看过的电视节目数据;由此可见,权利要求1与对比文件1的技术方案所适用的场景、所面向的用户群及统计的数据量均存在明显的不同。

其次,权利要求1与对比文件1的技术方案所要解决的技术问题、所采用的技术手段以及所取得的技术效果不同。权利要求1所要解决的技术问题是如何向用户输出所有用户对某一类商品的行为基础数据表,从而让该用户了解该商品相关的行为数据次数,例如,购买次数、收藏次数以及浏览次数等结果,由此满足用户的不同实际需求,增强用户的网上交互体验。为解决上述技术问题,所采用的技术手段是:在数据库中存储商品的标准属性联盟SPU,接收用户输入的所选商品的属性信息,根据用户输入的所选商品的属性信息,实施输出满足该属性信息的商品,同时,通过生成和输出行为基础数据表,可以向用户展示所输出商品的排行榜,方便用户获得某类商品的行为统计信息并明确购买产品的意向。上述各个步骤之间相互关联,其作为一个整体以解决上述技术问题;而对比文件1所要解决的技术问题是如何依靠个体用户的观看习惯来实现电视节目针对该用户的个性化自动检索,所采用的技术手段是根据个体用户以前所观看电视节目的内容,自动构造一个查询条件库,从目前所接收的电视节目中抽取特征信息与上述查询条件库进行对比检索;若与其中的条件相吻合则该节目被推荐给用户。

那么,权利要求1与对比文件1公开的技术方案相比:(1)二者的发明目的不同,权利要求1的发明目的在于向用户提供商品的行为基础数据表,而对比文件1的发明目的在于向个体用户提供自动检索的可能喜爱的电视节目。(2)权利要求1的技术方案面对的是所有的用户以及所有商品的相关行为数据,存储的是商品的标准属性联盟SPU,该标准属性联盟是商品的固有属性,其并不随用户的行为及兴趣发生动态的变化;对比文件1的技术方案面向的是个体用户对电视节目的选择,其存储的"查询条件"是从个体用户观看的电视节目中抽取的特征信息,其反映的是该个体用户感兴趣的电视节目,与个人观看习惯密切相关,所生成的查询条件库随着个体用户的观看行为而动态的变化，可见，权利要求1中反映商品固有属性的"标准属性联盟SPU"与对比文件1中反映个体用户兴趣的"查询条件"相比，二者在形成方式及功能上均存在不同。(3)权利要求1查询步骤依据的是用户输入的所选商品的属性信息，而对比文件1是依据当前各频道的节目特征进行自动查询；虽然通过输入设备输入查询关键词是检索中惯用的技术手段，但是该技术手段在对比文件1的技术方案中完全不能适用；对比文件1的发明目的在于自动检索，其中的步骤"将一些相同或类似的特征所组成的查询条件进行合并，以及对查询条件进行重要度统计或累加"完全是为了自动检索的目的而设置，通过该步骤以获得用户对电视节目偏爱的重要度，并基于偏爱的重要度向用户推荐喜爱的电视节目。可见，对比文件1的技术方案不可能采用用户输入的属性信息来进行查询，也就是说，如果用户自己输入喜欢的电视节目的特征信息进行搜索，将完全没有必要执行"对查询条件进行重要度统计或累加"的步骤，对比文件1的技术方案作为一个整体不会使用如权利要求1中"根据所述用户输入的所选商品的属性信息"的技术手段。(4)权利要求1中限定了"行为基础数据表"的生成和输出步骤，虽然对比文件1公开了"将一些相同或类似的特征组成的查询条件进行合并，以及对查询条件进行重要度统计或累加"，但其并不输出行为基础数据表，由于对比文件1的发明目的在于向用户推荐喜爱的电视节目，其关注的仅在于未观看的频道中是否存在用户喜爱的电视节目，而对该电视节目的行为数据并不是个体用户所关注的，因此，其并不存在输出行为基础数据表的技术需求。因此，本领域技术人员没有动机对对比文件1中公开的内容进行修改以获得本申请权利要求1的技术方案。

同时，上述区别技术特征作为一个整体体现了本申请的发明构思，通过上述区别技术特征以解决上述技术问题也不是本领域的公知常识，其给权利要求1的技术方案带来了有益的技术效果：实现了在网上购物平台向购买者输出所有用户对某一类商品的行为基础数据表，方便用户获得某类商品的行为统计信息，由此满足用户不同的实际需求，从而增强用户的网上交互体验。由此可见，权利要求1的技术方案相对于对比文件 1 与本领域公知常识的结合具有突出的实质性特点和显著的进步，具备创造性。①

就该案而言，从技术领域来看，权利要求 1 的技术方案与对比文件 1 的技术方案所适用的场景、所面向的用户群及统计的数据量均存在明显的不同。从技术方案来看，权利要求 1 是在数据库中存储商品的标准属性联盟 SPU，根据用户输入的所选商品的属性信息，输出满足该属性信息的商品，并生成和输出行为基础数据表；作为数据存储在数据库中的"标准属性联盟 SPU"，也是将该技术方案作为整体进行评价时所需要考虑的重要因素。而对比文件 1 所采用的技术手段是根据个体用户以前所观看电视节目的内容，自动构造一个查询条件库，从目前所接收的电视节目中抽取特征信息与上述查询条件库进行对比检索。从解决的技术问题和产生的技术效果来看，权利要求 1 是向用户输出所有用户对商品的行为基础数据表，使用户了解商品的购买次数、收藏次数以及浏览次数等，增强用户的网上交互体验。对比文件 1 是依靠个体用户的观看习惯来实现电视节目针对该用户的个性化自动检索。在评价涉及对数据库中的数据进行查询及后续处理的权利要求是否具备创造性时，不仅要考虑技术方案本身，还要考虑其所属的技术领域、所解决的技术问题和所产生的技术效果，将发明作为一个整体看待。进一步地，也要将权利要求的技术方案作为一个整体，分析数据库中的"标准属性联盟 SPU"数据与其他其技术特征之间的联系和相互作用，在考察现有技术的基础上判断其相对于现有技术是否显而易见，如果其技术方案相对于现有技术不是显而易见的，那么其技术方案就具备创造性。

具体而言，该案中涉及人为定义的数据性质"标准属性联盟 SPU"，但该数据性质与数据查询、数据处理等其他技术特征之间存在很强的技术关联，数据性质与这些技术特征一同解决了相应的技术问题。因此，在整体考量权利要求的创造性时应当注重数据性质与其他技术特征的技术联系。作为现有技术，对比文件 1 的技术方案中并没有公开该案权利要求中的数据性质，更没有公开数据性质与数据查询、数据处理之间的

---

① 1F196181 号复审决定，2016 年 5 月 6 日。

技术关联。在整体评价该案权利要求的创造性时，不仅不能将上述数据性质与数据查询、数据处理等其他技术特征进行剥离，反而应更注重它们之间的技术联系，关注它们如何协同作用解决了相应的技术问题，并获得了相应的技术效果。

三、涉及数据格式的发明专利申请的创造性判断

【案例3-7-6】

（一）案情介绍

【发明名称】用于导航数据库的格式描述

【背景技术】

导航系统包括比较巨大的数据库，用于存储表示诸如城市、街道、感兴趣点等条目的列表。一种方法是根据用于管理导航数据库所提供的大量数据的普通方法，用户定制专用二进制（或文本）数据格式，使存储需求最小化，并使针对特定应用的数据存取最优化。另一种方法是实施原始数据库格式中的数据范围，其在开始时被软件忽略，并且在原来数据库的信息不可用之后仅在被应用的软件的将来版本中被解释。

【问题及效果】

第一种方法的问题是：这种数据格式难以适应将来的未预见到的需求和格式扩展，为避免不兼容的格式更改，二进制数据需要包括未使用或仅部分使用的数据部分，因而要大于软件开发的给定阶段所必需的数据，带来了额外开销。

第二种方法的问题是：由于关于跳过比较旧的数据或关于解释用于扩展的数据条目的信息必须以数据库格式被存储，这导致大量的额外开销。此外，对数据库的扩展仅可在事先被预测的位置执行，从而格式更改的灵活性是有限的。

使用自描述格式，例如，可扩展标记语言（XML）作为文本格式，应用软件使用识别标签来过滤各自必需的信息，标签急剧增加了存储需求。而使用通用的数据格式在导航系统的导航数据库中，因为通用格式

没有针对实际应用进行优化,导致与专用数据格式相比,数据量更大,并且数据访问速度更慢。

本申请为解决上述问题,提供一种用于以高效可靠的方式管理导航数据库的方法,该方法允许进一步扩展且不损失兼容性。

【实施方式】

导航数据库1包括数据文件2,数据文件2包括格式描述表以及数据块3,数据块3由数据元素所组合成的记录构成。数据包括字符串,其中一些字符串是使用基于令牌的压缩方法被压缩的。

格式描述表由二进制行序列组成,每行由字组成,例如,16位数字。所有行的长度相同,并且该长度在格式描述表的头部中被定义。格式描述表包括语法ID和语义ID。例如,语法ID可以被用作格式描述表的各行的第二个字,并且语义ID可以被用作第三个字。通过使用语义ID,导航软件可以解释数据元素的含义;未知的语义ID将被忽略。因此,可以通过使用新的语义ID来实施格式扩展,而不损失导航软件和/或导航数据库的不同版本之间的兼容性。

图1示出了根据本发明的抽象机与格式描述的交互的实例。抽象机被实施为语法分析器。格式描述被实施为格式描述表,格式描述表包含在数据文件头中并且被语法分析器解释为字节代码。格式描述表包括具有相同长度的行,其中每行由一组字组成。特别地,格式描述表包括分析器指令,分析器指令控制语法分析器应读取何种二进制数据元素。

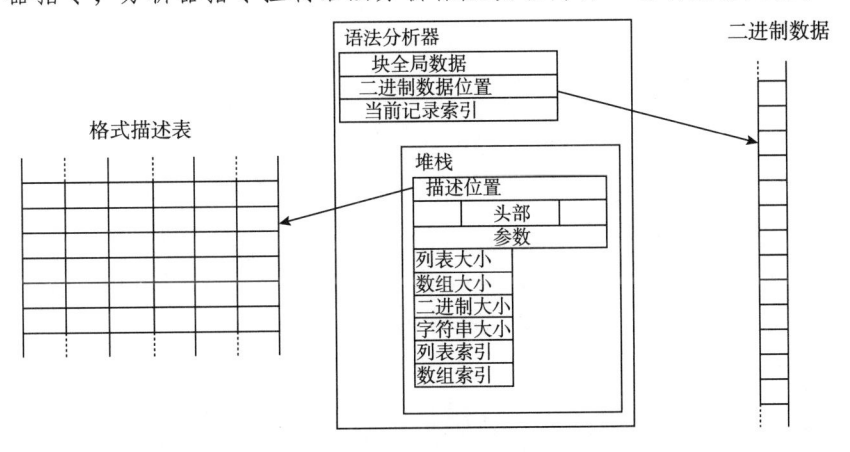

图1　抽象机的操作示意图

根据该实例，分析器使用寄存器。在寄存器堆栈中布置 9 个寄存器。描述位置寄存器指向格式描述表的当前指令。头部寄存器是工作寄存器，语法分析器在该寄存器中加载一个数值（例如，该数值可被用来控制表的各行的条件性执行）。参数寄存器被用于嵌套记录的管理，对于内部记录，该寄存器包含 32 位的参数值。列表大小寄存器、数组大小寄存器和二进制大小寄存器被用于数据列表和数组的管理。列表和数组索引寄存器分别被用于管理语法分析器对列表和数组元素的迭代。根据该实例，还使用了另外三个寄存器。块全局数据寄存器实际上表示存储当前被分析的块的全局信息（例如，唯一标识数据块的块索引）和该块中包含的记录数目的一组寄存器。二进制数据位置寄存器涉及块的二进制数据中的字节位置。当前记录索引包含指向当前被分析的记录或列表元素的指针的记录索引。

【权利要求】

1. 用于组织和管理包括至少一个数据文件的导航数据库中的数据的方法，包括：

将数据存储在所述至少一个数据文件中；对于所述导航数据库的所述至少一个数据文件，实施至少一个格式描述，其中所述格式描述表示字节代码，并且所述格式描述表明记录的类型是由不同数据类型组成的，并表明记录中各元素的顺序；实施分析器，用于解释存储在所述至少一个数据文件中的数据，和向应用软件分析所述数据，并且解释所述至少一个格式描述的字节代码。

2. 导航数据库，其包括至少一个数据文件和所述至少一个数据文件的格式描述，所述格式描述被配置成控制分析器，所述分析器被配置成解释存储在所述至少一个数据文件中的数据并向导航软件分析所述数据，其中所述格式描述表示字节代码，并且所述格式描述表明记录的类型是由不同数据类型组成的，并表明记录中各元素的顺序，并且所述分析器被配置成解释所述至少一个格式描述的字节代码。

（二）案例分析

对比文件 1 作为最接近的现有技术公开了一种非均匀比例制图方法，并具体公开了如下技术特征：方位分析器从诸如外部文件或内部文件的来源读取方位（相当于至少一个数据文件，将数据存储在所述至少一个数据文件中），方位分析器将所述方位转化为图形，节点在所述图形中代表十字路口，边代表连接所述十字路口的道路（相当于用于解释存储在所述至少一个数据文件中的数据，和向应用软件分析所述数据），系统并不包含道路数据库，而所有关于所述地图的信息都是从存储在离线的文本方位中获得的，服务器包括方位数据库（相当于导航数据库），所述方位数据库用于在起点和目的地之间识别一条合适的路径；在方位分析器分析完方位信息之后，所述路径图中的道路由道路规划模块缩放，道路规划模块向所述整个地图施加一个常量缩放因子使得所述地图适合一个具有预定维度的视口。

由此可知，权利要求1所请求保护的技术方案与对比文件1的区别技术特征在于：对于所述导航数据库的所述至少一个数据文件，实施至少一个格式描述，其中所述格式描述表示字节代码，并且所述格式描述表明记录的类型是由不同数据类型组成的，并表明记录中各元素的顺序；实施分析器，解释所述至少一个格式描述的字节代码。

同时，现有技术中对比文件2公开了一种不同种类导航数据源的集成方法，并具体公开了：将GDF和ATKIS的数据经过转换工具或分析器提取构建路径的对象数据，包含GDF和ATKIS映射到AWS的对象类关系，并将其转换成XML数据的AWML文件格式，每一个AWML文件由头部和数据部组成，头部承载了空间内容文件的元数据，包含所有的对象类、数据来源信息等。

对比文件2公开的数据是XML数据，其数据类、数据来源等并不代表字节代码，也不是二进制数据的描述信息，因此，对比文件2没有公开上述区别技术特征，也没有给出相应技术启示，同时，现有技术在扩展导航数据库时，通常或者采用在专用格式数据中提供可预见的格式说明数据，或者在采用导航系统可用的通用数据格式或者自描述格式，例如，在XML文件格式时，设定大量数据来识别导航应用所需的信息，因此，没有证据表明上述区别技术特征属于本领域的公知常识，因此，本领域技术人员通过结合对比文件1、对比文件2和本领域公知常识获得权利要求1的技术方案是非显而易见的，权利要求1的技术方案具备创造性。

权利要求 2 请求保护一种导航数据库，针对区别技术特征，对比文件 2 涉及的 XML 数据并不是专用于导航的二进制格式数据，其即使包括对象类、数据来源信息等也与本申请的字节代码不同，而且由于对比文件 2 将包括位置数据及其分析器的多种位置数据转换成的统一格式的 XML 数据，其用于导航还需要额外包括标签数据等应用相关数据，且并不包括如本申请所述解释格式的字节代码数据和相应格式的分析器，由此可知，其数据类型和本申请不相同。而且由于对比文件 1 用于地图数据制图，对比文件 2 用于数据集成，两者仅涉及通过一定格式（与本申请字节代码的数据格式不同）来表示位置数据，对比文件 1 和对比文件 2 的数据用途与本申请的导航数据库不同，没有理由和动机去通过字节代码来描述导航专用数据格式并结合相应分析器来便于导航专用数据库的修改和扩展。因此，权利要求 2 具备创造性。

由该案可以看出，对涉及数据格式的权利要求在进行创造性判断时，仍然是将权利要求的技术方案作为一个整体，分析其技术特征之间的联系和相互作用，在考察现有技术的基础上判断其相对于现有技术是否显而易见。

具体而言，该案中权利要求中涉及人为定义的数据格式，且上述数据格式与其他技术特征之间存在很强的技术关联，并且这种技术关联对于解决在不损失兼容性情况下扩展数据库的技术问题方面起到重要作用。因此，在整体考量权利要求的创造性时应当注重数据格式与其他技术特征的技术联系。作为现有技术，对比文件 1、对比文件 2 的技术方案中并没有公开该案中数据格式与其他技术特征之间的技术关联。在整体评价权该案权利要求的创造性时，不仅不能将上述数据格式与其他技术特征进行剥离，反而应更注重它们之间的技术联系，关注它们如何协同作用解决了相应的技术问题，并获得了相应的技术效果。

四、案例启示

对于涉及数据类型、数据性质以及数据格式的发明专利申请的整体创造性判断，要格外关注这些方面与其他技术特征之间是否存在紧密的技术联系，是否与其他技术特征一起构成了重要的技术手段，从而解决了相应的技术问题，获得了相应的技术效果。

需要强调的是，在进行整体创造性判断时，不能仅因为数据类型、数据性质以及数据格式等方面涉及数据定义，就简单将其与其他技术特征进行剥离，而应当从发明的整体出发，将涉及这些方面的技术特征与其他技术特征综合考虑。除了上述3个方面，本领域中涉及数据定义的相关方面还包括数据模型、数据结构等。

与这3个方面类似，对于涉及数据模型、数据结构等的发明专利申请进行创造性判断，同样要考虑其与其他技术特征的技术关联。尤其是随着大数据时代的到来，从结构化数据库发展到非结构化数据库，数据模型或数据结构的改变也同时意味着数据存储、处理等方式的改变，从而更要注重相关权利要求中数据模型、数据结构与其他技术特征之间的技术关联，以及关注它们如何协同作用构成技术手段，从而解决了相应的技术问题。

第八章
以程序改进为特征的疾病诊断方法和设备

概　　述

　　计算机软件技术的迅猛发展改变了各行各业的工作方式，作为要求尖端技术的医疗行业也不例外，计算机及相应的处理程序越来越多地渗透到医生的各项日常工作，成为辅助医生工作、提升其工作效率的重要手段。计算机及网络技术的发展不但改进了医生诊断和治疗的手段，也改变了医生的诊断和治疗方式。

　　借助于发达的信息网络通信技术，在技术上已经能够实现医生与患者之间通过网络通信技术远程交流，了解病人病情，获取病人相关数据，并给出相应的诊断意见，以此替代病人亲自到医院挂号、排队、问诊的烦琐过程。在技术实现层面，除通过视频通讯等进行传统的问诊之外，甚至可以通过结合远程传感器的处理系统来采集病患的相关病情信息，再通过网络传输到医生办公室的计算机中，由此医生可以在获知更多病患信息的情况下给出更为准确的诊断结果。

更进一步地，在某些情况下，在病患一端还可以配有诸如给药装置之类的治疗器械，医生可以在远端控制给药，实现远程治疗。例如，糖尿病人需要按时注射胰岛素，医生可以通过远程控制植入到病人身上的注射装置来实现定期注射，而不必要求病人亲自到医院接受注射。远程医疗活动通过计算机技术、遥感、遥测、遥控技术，利用大医院或专科医疗中心的医疗技术和医疗设备对医疗条件较差的地区或运载工具上的伤病员进行远距离诊断、治疗和咨询。

该领域的专利申请往往同时涉及计算机程序、疾病的诊断和治疗等多种因素，兼具几个领域的特点。同时，由于疾病诊断本身涉及人道主义因素，有些申请又与一般的图像处理技术相近，所以在判断申请是否构成专利保护客体以及是否对医生诊断构成了限制方面颇有难度。另外，就疾病诊断或治疗方案而言，其能否获得预期的诊断或治疗效果与保护方案相对于现有技术是否具备创造性之间的逻辑关系，也是该领域的审查重点和难点。

本章旨在以若干具体实例为例从保护客体判断、方案实质认定和创造性评判等多个方面来分析对涉及疾病诊断的特征及方案的认定。

第一节 "互联网+"医疗的相关政策

一、专利申请的形式和特点

涉及远程医疗或互联网医疗的发明专利申请一般以系统权利要求的形式出现。

示例1：一种远程自动影像分析系统，其特征在于，该远程自动影像分析系统包括信息收集单元、计算机单元、图像收发器、信息分析单元和信息回馈单元，所述的信息收集单元设置在远程自动影像分析系统的底部，起到收集病人基本信息和图像信息的作用；所述的计算机单元设置在信息收集单元的右侧，起到对信息进行整理的作用；所述的信息收发器设置在计算机单元的下部，起到信息收发的作用；所述的信息分析单元设置在图像收发器的右侧,起到对病人信息处理诊断的作用;所述的信息回馈单元设置在信息分析单元的上部,起到对病人信息的回收作用。

示例2:一种网络医疗系统,其特征在于:包括云服务器、远程端、中央端和网关设备,其中远程端、中央端分别与云服务器相连,远程端、中央端分别连接有远端设备、中央设备,远程端通过远程无线通信方式接受远端设备发送的数据;云服务器用于接收、存储中央端和远程端发送的业务数据,并处理和交互中央端、远程端数据;云服务器与远端设备相连,接受远端上传的生理指标数据,同时,云服务器与医生诊断终端相连,发送生理指标数据到医生诊断终端;网关设备用于接收远端设备、中央设备和医疗仪器发出的业务数据和控制数据,通过网络方式发送到云服务器;同时,网关设备接收云服务器发送的数据进行解析,获取发送给自身的控制信息,将除自身的控制信息以外的其他数据发送至相应的医疗仪器。

这类申请较早出现在2000年前后,申请量一直不大且较为平稳。随着近些年"云计算"、物联网以及"互联网+"概念的提出和相关行业的迅猛发展,这类申请的申请量也迅速增加。因为涉及远程操作,所以网络环境是其不可缺少的部分,根据实际的不同需求在终端的具体种类和功能而有所不同。在网络的终端一侧包括用于采集各种诊疗数据的传感或处理装置,在网络的服务器端一侧包括用于收集和分析处理从终端采集的各种数据的服务器或计算机,取决于实际诊断或治疗的需要,在终端和服务器端之间的数据传输可以是单向或双向的,无论何种方式终端必然要向服务器端发送基础数据,这是诊断的基础,服务器端根据实际需求会反馈最终的结果并作出响应。

二、现行政策和规定

虽然该领域的专利申请量增长较快,但是在实际生活中目前鲜见具体应用的此类远程医疗系统。通过研究发现,少有应用并非是技术不够成熟,更多的可能是国家政策有所限制。

例如，卫生部[①]于 2001 年颁布了《互联网医疗卫生信息服务管理办法》，其中第 2 条规定"互联网医疗卫生信息服务是指通过开办医疗卫生网站或登载医疗卫生信息向上网用户提供医疗卫生信息的服务活动"，第 4 条强调"医疗卫生信息服务只能提供医疗卫生信息咨询服务，不得从事网上诊断和治疗活动。利用互联网开展远程医疗会诊服务，属于医疗行为，必须遵守卫生部《关于加强远程医疗会诊管理的通知》等有关规定，只能在具有《医疗机构执业许可证》的医疗机构之间进行"。亦即将诊断行为限制在医疗机构之间的远程会诊，而不允许在执业医生和病患之间的直接远程诊断。根据这一办法不允许具有行医资格的执业医师开办互联网医疗诊所，也不允许正规的医疗机构直接对病患进行远程诊疗，患者必须实地诊疗。远程医疗只能是医疗机构之间的会诊，即此远程医疗实现的是互联网一端的医疗机构通过互联网另一端的医疗机构来对患者进行的间接诊断。虽然该办法在 2008 年被废止，但卫生和计划生育委员会在 2014 年又发布了《国家卫生计生委关于推进医疗机构远程医疗服务的意见》。[②] 在该意见中再一次指出远程医疗服务是一方医疗机构（以下简称"邀请方"）邀请其他医疗机构（以下简称"受邀方"），运用通讯、计算机及网络技术（以下简称"信息化技术"），为本医疗机构诊疗患者提供技术支持的医疗活动。并且特别提出非医疗机构不得开展远程医疗服务。可见，虽然《互联网医疗卫生信息服务管理办法》被废止，但是远程医疗服务仍然只是限于医疗机构之间，医生与患者之间的直接通道仍然没有打开。

因此，现今互联网上火热的好大夫在线、丁香园、春雨医生等一系列互联网应用从本质上说都属于仅能提供信息咨询类服务的互联网医疗，其运营主体均是上述意见中所述的非医疗机构，相比于远程医疗可以决定诊断及治疗的方案，互联网医疗不能涉及诊断及治疗，其所开展的业务仅限于健康咨询。以好大夫在线为例，其不是医疗机构，也不能提供基于网络的任何诊断、诊疗服务。好大夫在线提供的服务是基于网络平

---

① 2013 年拆并为国家卫生和计划生育委员会。
② 国卫医发〔2014〕51 号。

台实现患者查询医生出停诊信息、阅读医生撰写的科普文章等信息服务以及医生与患者在院外的咨询交流服务。所有服务仅限基于信息咨询，不涉及病情的诊疗。在每一个医疗咨询后面均可看见"郑重提醒：因不能面诊患者，无法全面了解病情，以上建议仅供参考，具体诊疗请一定到医院在医生指导下进行"，"因不能面诊患者，无法全面了解病情，建议您仅提供基于患者病情的意见建议，不允许涉及诊断、处方等行为"的提示信息。

我国目前在北京、上海等地的部分高等级医院分别建立了联接国内其他地区医院的远程医疗系统，东部省市如上海市、浙江省等积极建设远程医疗信息系统，并对口支援中西部欠发达省份的卫生工作。在国务院分别于2015年7月4日和2015年9月11日下发的《关于积极推进"互联网＋"行动的指导意见》和《关于推进分级诊疗制度建设的指导意见》中，明确提出了发展基于互联网的医疗卫生服务，充分发挥互联网、大数据等信息技术手段在分级诊疗中的作用。明确积极探索互联网延伸医嘱、电子处方等网络医疗健康服务应用。借着"互联网＋"的东风，作为乌镇互联网创新发展试验区的重大项目的乌镇互联网医院于2015年年底挂牌营业，并在2015年12月10日下午开出中国首张电子处方。乌镇互联网医院通过互联网连接了全国百姓和医生（现阶段以南方医院的医生为主），其核心业务不仅包括医医之间的会诊，更包括医患之间经互联网进行诊疗，当然需要注意的是，目前乌镇互联网医院并不接受互联网初诊，而只接受复诊，这样使得其能够满足医生亲自诊查病人的要求。乌镇互联网医院的建立相比此前的医院间的远程医疗系统是一种巨大的突破，它大幅降低了病患看病的时间和金钱成本，更接近真正意义上的"远程"医疗。远程医疗和互联网医疗伴随着"互联网＋"技术的推广而迅速发展，涉及疾病诊断的专利申请数量也越来越大，因此，如何准确判断把握涉及疾病诊断的方案实质及掌握相应的审查标准就显得更为重要。

第二节 诊断方法和诊断设备

一、疾病诊断方法不受专利保护的立意分析

疾病诊断和治疗方法在世界各国都不能被授予专利权,我国《专利法》第25条第1款第(三)项也规定了疾病的诊断和治疗方法不授予专利权。

主要原因在于,出于人道主义考虑,医生在诊断和治疗过程中应当有选择各种方法和条件的自由。以疾病诊断为例,如果疾病诊断方法被授予专利权,医生在诊断病人病情时便面临选择,一方面可以选择受专利保护的方法,该方法对于诊断来说更加准确且便捷,但是会因使用该专利方法而侵犯专利权,需要支付费用,带来额外的成本负担;另一方面也可以选择不受专利保护的方法,尽管该方法相对不够准确和快捷,但是使用该方法在经济上更加安全无风险。

这种选择会使医生在诊断过程中受经济利益的影响,考虑诊疗过程本身之外的因素,从而无法做到完全从最有利于病情诊断的角度出发。另外,这类方法直接以有生命的人体或动物体为实施对象,无法在产业上实施或应用,不属于专利法意义上的发明创造。因此,疾病的诊断和治疗方法不能被授予专利权。

但是疾病诊断和治疗装置可以被授予专利权,这主要是从两个方面的原因考虑的。一方面,技术只有获得一定的回馈才能获得更大的进步。如果疾病诊断和治疗装置也不能被授予专利权,则意味着医疗行业绝大部分技术都不能获得专利权的保护。短期来看,医院可能只需支付更少的成本即可获得更多的先进医疗设备来改善医疗水平,从而能够进一步降低医疗成本,似乎对整个社会更加有利。但从长远看来,相关的医疗器械公司、发明人等必然由于投入得不到回报而减少或放弃在这一行业的技术研究,最终必将影响整个行业的技术革新。

另一方面,如果疾病诊断和治疗装置可以被授予专利权,那么这些

装置本身即为专利产品，在社会上具备一定的竞争力。虽然由于包括了技术研发成本而使得价格相对昂贵，但是此价格因素在医院采购仪器设备时即可被充分考虑，出售该专利疾病诊断装置的医疗器械公司和购买该专利疾病诊断装置的医院会在市场经济规律的支配下充分考虑研发、成本、收益、器械功能等各方面因素就该专利疾病诊断装置的交易价格达成平衡促成交易。同时装置权利要求限制的是为生产经营目的制造、使用、销售、许诺销售、进口专利产品的行为。作为装置的用户，医生的使用行为如同使用药品的行为一样不被《专利法》所禁止。由于在购买疾病诊断装置时已经支付对应于专利费用的产品价格的情况下，医生在实际诊断过程中使用该专利装置时无须考虑这种使用是否会带来进一步的成本，所以医生可以根据诊疗需要尽其所能利用各种设备来救治病患。

在判断一项方法是否属于疾病的诊断方法时，《专利审查指南2010》规定：一项与疾病诊断有关的方法如果同时满足以下两个条件，则属于疾病的诊断方法，不能被授予专利权：（1）以有生命的人体或动物体为对象；（2）以获得疾病诊断结果或健康状况为直接目的。其中条件（1）较好理解，其强调的是判断的对象，除对象本身之外，对于离体样本的检测，也符合条件（1）。如果其直接目的是获得同一主题的疾病诊断结果或健康状况，即符合条件（2），那么也属于疾病的诊断方法。

二、程序模块架构类型的疾病诊断装置的认定

在涉及计算机程序的发明专利申请中，《专利审查指南2010》规定：对于全部以计算机程序流程为依据，按照与流程的各步骤完全对应一致的方式撰写的装置权利要求，该装置权利要求中的各组成部分应当理解为实现该方法步骤所必须建立的程序模块，不应当理解为主要通过硬件方式实现该解决方案的实体装置。如何理解其所要表达的含义，是否意味着这种装置权利要求与方法权利要求是相同的？我们以下面这个案例为例来进行分析。

【案例3-8-1】

1. 案情介绍

【权利要求】

1. 一种图像诊断支持处理装置，其特征在于，具备：

结节状区域决定单元，决定包含在表示被检体的内部的图像中的结节状区域；

折线近似处理单元，求出构成与上述结节状区域的轮廓一致的折线的多个节点；

参照位置决定单元，决定参照点的位置；以及

圆度计算单元，使用根据多个上述节点和上述参照点决定的多个区域的面积来计算出圆度。

在实质审查过程中，审查员认为上述权利要求为程序模块构架类型的产品权利要求，实际上是方法权利要求，因此以该权利要求属于《专利法》第25条第1款第（三）项规定的疾病诊断方法为由驳回了该申请，申请人对上述驳回决定不服，向专利复审委员会提出了复审请求，未对申请文件进行任何修改，并在意见陈述书中认为：

（1）计算机程序的权利要求有明确的撰写方法，即必须按照与计算机程序流程的各步骤完全对应一致的方式来撰写，但本申请的权利要求与计算机程序流程的各步骤不是完全对应一致。本申请的权利要求用程序模块限定，在说明书中记载有该程序模块可以由硬件来实现，应该理解为该程序模块的限定方法不是由程序而是由硬件实现的，因此，本申请的权利要求与计算机程序无关。

（2）本申请要保护的并非肺癌的诊断方法，本申请并不是以获得疾病诊断结果或健康状况为直接目的。在以往的技术中，如说明书所述，每一次扫描中生成几百张图像，从而导致读影中负担显著增大这样的问题。本申请的直接目的并不在于得到结节状病变的识别，而是如说明书所述，通过使用这样的轮廓圆度，可以以低的假阳性，并且以高的灵敏度来识别结节状病变。另外，本申请选择病变的重点在于以低的假阳性，并且以高的灵敏度进行选择，并非是针对诸如确定病变位置等进行选择。

因此，不属于疾病的诊断方法。

由以上程序可以看出，该案的争议焦点主要集中在两个方面：（1）该案是否是以计算机程序流程为依据；（2）该案是否属于疾病的诊断和治疗方法。

对于争议问题（1），根据该案说明书的记载，该图像诊断支持处理装置例如可以将通用的计算机装置用作基本硬件。而且，各个单元可以通过使搭载于上述计算机装置中的处理器执行图像诊断支持处理程序来实现。另外，上述各部的一部分或全部还可以通过逻辑电路等硬件来实现。另外，上述各部分还可以通过组合硬件与软件控制来实现。由此可见，说明书中记载的情形与大多数涉及计算机程序改进的发明类似，在限定用程序实现的同时，还要写明也可以利用硬件或软硬结合的方式来实现。对于这种情形，一般情况下，应当认为权利要求1的方案是以计算机程序流程为依据的程序模块构架类权利要求。

为了便于说明问题，这里对于问题（2）是否涉及疾病的诊断和治疗方法不做深入讨论，而是将该案暂且认定为涉及疾病的诊断。那么，围绕着该案是否是以计算机程序流程为依据引申出来的问题就是，当涉及疾病的诊断和治疗时，以计算机程序流程为依据，通过程序模块限定的装置权利要求是否也属于疾病的诊断和治疗方法，不能被授予专利权。

2. 案例分析

（1）权利要求类型的界定。

在《专利法》第11条中，专利分为两种类型，一种为专利产品，一种为专利方法。两类专利在专利侵权意义上的实施方式各不相同。为清楚地界定两类专利，《专利审查指南2010》第二部分第二章规定了产品权利要求与方法权利要求的撰写规则。其中一个重要原则是，权利要求中每一个特征的实际限定作用应当最终体现在权利要求所要求保护的主题上。因此，权利要求的主题名称是界定权利要求类型的核心。

（2）以计算机程序流程为依据的装置权利要求的解读。

对于软件改进的发明，为了避免仅允许相应的方法权利要求这一单一保护形式所带来的专利保护方面的局限性，2006版《审查指南》在对第九章的修改中，允许申请人通过"功能模块构架（即程序模块构架）"

类装置权利要求的形式对执行计算机程序流程所必须建立的程序模块的集合给予装置类型权利要求的保护。通过仔细阅读可知，这一规定中涉及3个层面的内容：

一是权利要求的依据。与含有功能性限定特征的权利要求不同，此类权利要求，从类型上属于产品权利要求，但其全部依据仅对应于方法类发明，即反映时间过程要素的活动——计算机程序流程。

二是权利要求的撰写形式。由于此类权利要求的撰写方式极易混同于一般含功能性限定特征的权利要求，为使二者相互区别，2006版《审查指南》借鉴了美国区别"means plus function"式限定特征与一般功能性限定特征的手段，对此类权利要求的撰写形式进行严格的规范：权利要求中的各组成部分与所对应的计算机程序流程的各个步骤"完全对应一致"。

三是权利要求范围的理解。由于这种权利要求的依据仅限于计算机程序流程，因此，其权利要求范围的理解与含有功能性限定的特征的权利要求不同。即"这种装置权利要求中的各组成部分应当理解为实现该程序流程各步骤或该方法各步骤所必须建立的功能模块，由这样一组功能模块限定的装置权利要求应当理解为主要通过说明书记载的计算机程序实现该解决方案的功能模块构架，而不应当理解为主要通过硬件方式实现该解决方案的实体装置。"据此，这类装置权利要求在满足撰写形式的特定要求的前提下，在判定是否得到说明书支持时不要求公开硬件实现的方式，同时，在保护范围上也不会扩展到包括硬件实现的方式。

（3）争议的产生和审查指南的正确解读。

争议产生的原因是由于对程序模块构架类装置权利要求的类型产生了疑惑，在对其保护范围进行解读时把这类权利要求理解为是一种方法权利要求，因而才把其归为疾病的诊断和治疗方法，认为不能被授予专利权。

涉及计算机程序的发明通常包含计算机程序流程，与之对应的权利要求通常为方法权利要求。然而，在某些情形下，此类方法权利要求无法有效地保护这类发明。为使申请人获得更为有效的专利保护，2006版

《审查指南》中才规定了"功能模块构架类"这一特殊类型的装置权利要求。如果把这类装置权利要求仍然理解为与方法权利要求一样,那么,《专利审查指南2010》中没有必要单独对其进行规定和解释,申请人在一件发明中申请两项保护范围完全相同的权利要求也不符合专利法的相关规定。

此外,从权利要求的撰写形式来说,程序模块构架权利要求的主题名称是产品,从类型上应当属于产品而不是方法。那么,在这样的权利要求中,对应于流程步骤的各特征的实际限定作用是否"最终体现在权利要求所要求保护的主题上"呢?《专利审查指南2010》对这类权利要求撰写的规定本身已经给出了肯定的回答。从技术角度看,计算机产品包括硬件与程序,对计算机程序流程的改进也是对计算机产品的改进方案。因此,对应于计算机程序流程步骤的限定特征与产品权利要求类型之间并无矛盾。事实上,《专利审查指南2010》中所述"不应当理解为主要通过硬件方式实现该解决方案的实体装置"中重点词不在于否定其为装置,而在于强调不是"主要通过硬件方式实现的方案"。其实际意义在于保证这样的权利要求的保护范围与说明书中公开的内容具有一致性。也就是说,这段文字解释的目的主要在于区分这类装置主要是由软件实现还是硬件实现。但不论采用何种方式实现,都不会影响到其权利要求的类型,其保护的仍然是一种装置。

因此,就该案而言,权利要求请求保护的是一种"图像诊断支持处理装置",尽管其是以计算机程序流程为依据,但其属于产品权利要求,而不是方法权利要求。《专利审查指南2010》第二部分第一章中明确指出,用于实施疾病诊断和治疗方法的仪器或装置可以被授予专利权。当前权利要求请求保护的"图像诊断支持处理装置",就属于用于实施疾病诊断的仪器或设备。该权利要求采用程序模块构架类的方式进行撰写,依据上述分析,可以明确其是主要通过软件方式实现的一种装置,而非硬件方式实现的实体装置。不论是硬件方式实现的仪器或设备,还是程序模块实现的仪器或设备,都不会影响到医生对疾病的诊断和治疗方法的选择和采用。因此,以计算机程序流程为依据的装置权利要求不属于疾病的诊断和治疗方法。

第三节 图像处理与疾病诊断

在疾病诊断过程中，一方面，经常会涉及与成像有关的内容，《专利审查指南2010》中列举的不能被授予专利权的例子包括的 X 光诊断法、超声诊断法、胃肠造影诊断法、内窥镜诊断法等均涉及与图像处理相关的内容。

但是另一方面，在医学领域中大部分图像处理方法所涉及的图像均与人体或动物体有关，并非所有的图像处理方法均是以获得疾病诊断结果或健康状况为直接目的。如果一项图像处理方法并非是以获得疾病诊断结果或健康状况为直接目的，而是以诸如优化图像质量、提升图像清晰度或对比度等为直接目的，那么这种图像处理方法与通常的图像处理方法并无二致，尽管其可以应用到医学领域，但并不妨碍其被授予专利权。

不过由于这种应用于医学领域的图像处理方法与采用图像处理手段的疾病诊断方法表现形式类似，涉及的技术内容也相似，所以甄别一个解决方案属于何种情况，并非是一件容易的事情，下面我们以两个示例来加以说明。

一、采用图像处理手段的疾病诊断方法

【案例3-8-2】

（一）案情介绍

【发明名称】用于分析两张成像图像的方法

【背景技术】

医学上常常在不同时刻用同样的成像方法对器官系统进行多次检查。通过比较成像图像，可以确定特定疾病的发展情况，特别是只能通过某个器官随时间出现的变化来识别的特定疾病，例如阿兹海默症（俗称老年痴呆症）。例如 MRT（磁共振断层造影）成像方法一般采用体积测定

方法来测定特定的大脑皮层区域,在不同时刻检查患者大脑,并通过比较确定萎缩的发展。但是该方法的缺点是待检测的差异往往特别小,易被忽略。因此用户通常无法确定不同成像图像中的与诊断有关的小差异是几何失真还是器官的实际变化。

此外,MRT方法所获得的成像图像具有这样的特点,即在不同时刻完成的成像图像可能具有不同的扭曲,尤其是失真。因此一般不能对这些成像图像始终保证刚好相同的拍摄条件,从而不同的成像图像始终具有相同的并因此是相类似的几何失真。从而MRT检查目前还不属于普遍承认的和稳定的阿兹海默症诊断方法,而是用于诊断其他疾病。

【问题及效果】

在其他医学课题中也存在类似的问题,如肿瘤疾病或骨质疏松。在MRT检查中同样也会出现上述几何失真的问题,但是其他检查模态如计算机断层造影也可能存在类似的问题,例如在有错的校准中。

【实施方式】

图1a和图1b示出大脑在同一位置的、在不同时刻的第一横断面1和第二横断面3。两个横断面在此分别来自一个利用MRT设备绘制的3D立体数据组。在该3D立体数据组中明显可相互分隔地对脑皮质5(或脑灰质)以及脑标记7(或脑白质)成像。

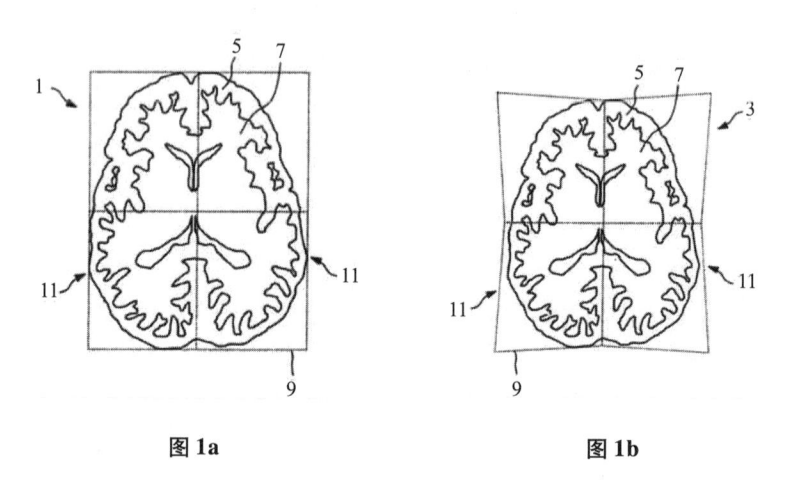

图1a   图1b

第二横断面3与第一横断面1相比具有不规则的几何失真。在图1a和图1b中通过所示出的矩形9来表示该失真。这种矩形9在此只用于表示很难指明和看见的失真,而且在通常给出的成像图像中看不见。如果用户要分析这两个横断面,那么因为在第二横断面 3 中的脑皮质虽然看起来比第一横断面 1 中的脑皮质更窄,但是用户不能确定该变化是否要归于失真。但是由于阿兹海默症这一退化过程主要会导致脑皮质 5 的体积变化,而脑标记 7 基本上保持不变。因此通过脑标记 7 的比较来确定该失真。

参照图 2a 和图 2b,首先分别从第一和第二横断面 1、3 中提取出第一脑标记区域 13 和第二脑标记区域 15。第一脑标记区域 13 和第二脑标记区域 15 具有由失真引起的差异。在图 2b 中示出在第二脑标记区域 15 中,因为在此第一脑标记区域 13 用点画线重叠地示出,从而该失真清楚可见。通过将第一脑标记区域 13 与第二脑标记区域 15 相比较确定将第一和第二脑标记区域 13、15 相互转化的配准进而获得对应的变换向量。在找到将第一和第二脑标记区域 13、15 相互转换的配准之后,将该配准扩展到其他区域。

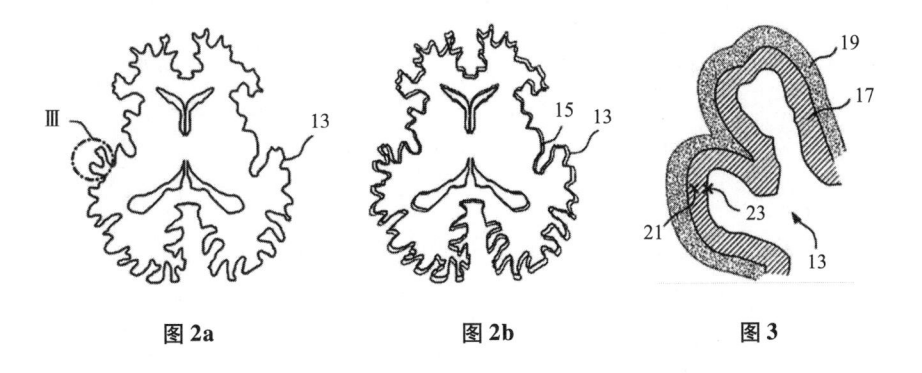

图 2a   图 2b   图 3

图 3 示出第一脑标记区域 13 中对应于图 2 的矩形 Ⅲ 的一个片段。除了第一脑标记区域 13 之外还示出第一扩张区域 17。第一扩张区域 17 在此由扩张第一脑标记区域 13 而得到。第一扩张区域 17 的像素全部位于第一脑标记区域 13 附近。现在对位于第一扩张区域 17 中以及还没有通过配准采集的像素 21 赋予一个变换向量。例如,可以对该像素 21 赋予在第一脑标记区域 13 中靠得最近的像素 23 的变换向量。替代式地,还可以赋予在脑标记 13 中多个靠近像素 21 的像素的变换向量的平均值(必要时加权)。另外,用于位于第一扩张区域 17 中的像素 21 的变换向

量也可以通过外推用于第一脑标记区域13的像素的变换向量来获得。在任何情况下都将配准从第一脑标记区域13扩大或外推到第一扩张区域17。在将该配准扩大到第一扩张区域17之后，可以重新迭代地执行该扩大，从而该扩大还覆盖第二扩张区域19和其他后续区域，直到也覆盖对脑皮层5成像的区域为止。

经过扩大的配准具有以下优点，即虽然该配准将用于获得该配准的区域（即脑标记7）相互转换，从而尽可能覆盖这些区域，但是其余区域（即脑皮层5）通过该扩大的配准只能发生使得由失真引起的扭曲得到平衡这样的改变。这种由其余区域的解剖特性发生变化而引起的改变，不能通过该配准得到平衡，从而在采用该配准时还要获得该信息。

在扩大了配准之后，两个横断面之一——在这种情况下是第二横断面3——用该配准变换，如图4所示。如果现在将经过变换的第二横断面25与第一横断面1比较，则作为该配准的起点的第一和第二脑标记区域13、15基本上重合。相反，对于脑皮层5来说通过该配准只能基本上校正由失真引起的差异，而由于病理变化引起的差异大部分还仍然获得。通过特别简单的方式例如图5所示可以向用户并排显示经过变换的第二横断面25和第一横断面1。通过平衡由成像系统引起的失真，用户可以将其视线集中在两张成像图像之间可以推断是病理变化的差异上。在扩展了配准之后，如果将经过变换的第二横断面25与第一横断面1比较，则作为配准基础的第一和第二脑标记区域13、15基本上重合。同时，对于脑皮层5来说通过该配准只能基本上校正由失真引起的差异，而仍然保留了由于病理变化引起的差异。两个横断面之间的差异27现在可以简单地可视化，例如通过将第一横断面1减去经过变换的第二横断面25或者通过有色地标识出差异27。

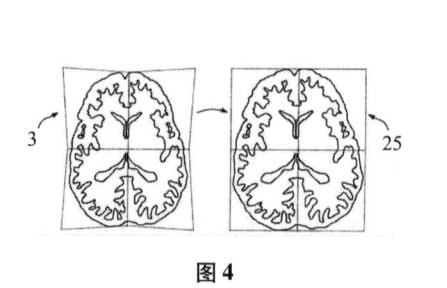

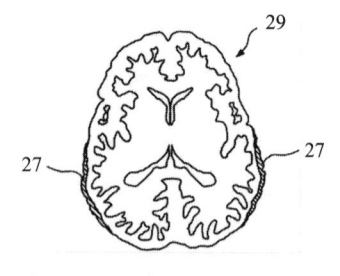

图4

图5

该方法的起点是器官系统的第一成像图像和与该第一成像图像对应的第二成像图像，它们分别是用医学成像系统在不同时刻拍摄的。在此该器官系统包括分别在两张成像图像有差异显示的第一区域和第二区域。通过本方法在这两张成像图像上检测可能出现的病理变化。由该病理变化知道该病理变化仅在该器官系统的第二区域中引起变化，而第一区域没有被该疾病图像中的病理变化覆盖。

在第一步骤中确定针对第一区域的配准，从而通过该配准将第一成像图像的第一区域和第二成像图像的第一区域相互对准。

在第二步骤中扩大只用于将两张成像图像中的第一区域相互对准的配准，从而通过该配准的扩展也一起采集了两张成像图像的第二区域。

在第三步骤中，借助经过扩展的配准变换两张成像图像之一，从而在第四步骤中通过比较经过变换的成像图像的第二区域与另一张成像图像的第二区域来自动或半自动获得两张成像图像在第二区域上的差异。

可替换地，在第五步骤中向用户并排显示经过变换的成像图像和另一张成像图像，从而用户可以通过肉眼观察两张图像而获得两张成像图像之间的差异。

在第六步骤中，将该方法的结果、即所获得的差异和/或经过变换的成像图像和另一张成像图像存储在存储介质中。

【权利要求】

1. 一种用于分析至少一个器官系统的两张相对应的、在不同时刻拍摄的成像图像以确定医学疾病图像中的病理变化的方法，其中所述至少一个器官系统具有第一区域和在成像图像中与该第一区域不同的第二区域，其中第二区域比第一区域更为强烈地被该医学疾病图像中的病理变化覆盖，该方法包括以下步骤：

确定针对第一区域的配准，从而通过该配准将第一成像图像的第一区域与第二成像图像的第一区域相互对准，

将针对第一区域的配准扩大为扩展的配准，从而通过该扩展的配准一起采集第二区域，

借助所述扩展的配准变换两张成像图像之一，

显示经过变换的成像图像和另一张成像图像，和/或通过比较经过变

换的成像图像的第二区域与另一张成像图像的第二区域来确定两张成像图像在第二区域上的差异。

（二）案例分析

出于人道主义的考虑和社会伦理的原因，医生在诊断和治疗过程中应当有选择各种方法和条件的自由。即为了保证医生选择诊断方法的自由，疾病的诊断和治疗方法不能被授予专利权。就该案而言，当权利要求的主题名称为医学成像方法时，其通过采用诸如磁共振断层造影（MRT）法获得不同时期的两张图像，通过比对来获得特定区域（如脑灰质或脑白质）上的差异。首先，可以明确该案针对的对象是有生命的人体，其是以潜在的患病人体器官为对象在不同时刻拍摄两张图像，此后通过将两张图像进行对比，获得两张图像在感兴趣的区域上所存在的差异，这种图像上的差异反映的是人体器官在不同时间的变化，根据现有技术中的医学知识和该申请公开的内容，在得知这种器官随时间变化的基础上，足以直接获得疾病的诊断结果或健康状况。例如，在所述器官为人体大脑，所述区域为脑灰质或脑白质的情况下，如果没有变化或变化非常小，则可以认定该对象没有患阿兹海默症或病情没有进一步恶化；相反，如果有明显变化，则说明该对象患有阿兹海默症或病情进一步恶化。可见，该方案的效果是以获得疾病诊断结果或健康状况为直接目的，而不仅仅是简单地对图像进行技术处理。换言之，在对两张图像进行配准比对处理获知差异后，无论是否在方案中直接表明获得的疾病诊断结果，均可根据此差异明确该对象的患病状况。因此，该案所请求保护的方法同时满足（1）以有生命的人体或动物体为对象；（2）以获得疾病诊断结果或健康状况为直接目的这两个条件，属于《专利法》第25条第1款第（三）项规定的疾病诊断方法，不能被授予专利权。

（三）案例启示

如果一项方法涉及图像处理，但其处理的对象为从有生命的人体或动物体直接获得的图像，则其满足第（1）个条件，即使在方案中并没有直接表明其获得了疾病诊断结果，但根据现有技术中的医学知识、依照图像处理的结果得到疾病诊断结果或健康状况，那么应认为其是满足了以获得疾病诊断结果为直接目的的条件，从而属于疾病诊断方法，不属于专利保护的客体。

二、可应用于医学诊断的图像处理方法

【案例 3-8-3】

（一）案情介绍

【发明名称】 一种分割乳腺病灶的方法

【背景技术】

大量乳腺病灶分割的研究都是在用户介入（如手动提供种子点）的情况下进行的半自动分割技术。有的是基于用户给出的灰度阈值来分析病灶的二维边缘和形态特征；有的在用户给出病灶内一个种子点后进行病灶的三维分割；有的是在用户定义的感兴趣区域内进行病灶分割。然而无论是给出感兴趣区域还是给出病灶内一个种子点，这些用户手动介入的过程都是非常耗时的。一种无需用户介入的全自动病灶分割技术可以节省大量的人力和时间，对乳腺病灶的分析有着非常重大的意义。一种不包括精确分割过程的全自动病灶的检测技术，利用细胞神经网络的方法先对乳腺区域进行划分，然后在划分好的乳腺区域内利用模板的方法可对病灶进行全自动的检测。然而利用细胞神经网络的方法有时不能准确地划分乳腺区域，高亮度的心脏部分有时会被归入乳腺区域，而且此方法不适用于抑脂的乳腺图像。再者利用模板的检测病灶方法由于模板自身的局限性，可能不适用于边缘增强内部较暗的病灶类型以及其他特殊病灶模态。

【问题及效果】

本发明解决的问题是提供一种分割乳腺病灶的方法，用以解决现有技术中必须在用户手动给出种子点的情况下，高效、准确地自动分割处理一个以上病灶的问题。

与现有技术相比，本发明具有以下优点：（1）本发明提出一种分割乳腺病灶的方法，无须用户手动提供种子点，简单、有效且快速，可广

泛应用于各种注射造影剂的核磁共振成像数据。(2) 稳定性以及鲁棒性强,不仅适用于普通的乳腺核磁共振成像,对于抑脂的乳腺图像也有效。(3) 不会因为成像脂肪部分不够饱满而出现乳腺区域分割不准确的情形。(4) 对分割后的乳腺区域进行病灶检测不存在模板局限性的问题。(5) 可以检测到一个以上的病灶区域。

【实施方式】

首先,执行步骤S11:对注射造影剂前的磁共振图像基于椭圆模型进行胸部粗分割,获得第一图像,所述胸部粗分割步骤用于去除诸如心脏等高亮部分的影像,减少图像处理过程中的数据计算量,同时减少高亮影像部分所导致的假阳性肿块,提高分割乳腺病灶的准确性。

所述第一图像的取得包括如下步骤:首先执行步骤S21:对所述注射造影剂前的磁共振图像从上到下逐行进行检测。当检测到连通域的范围达到阈值M时,停止检测并记录行数N'。接着执行步骤S22:以行数$N_1 = N' + n$作为椭圆的起始行,以所述注射造影剂前的磁共振图像的最后一行作为椭圆的终止行为行数N_2,在所述起始行N_1和终止行N_2之间进行椭圆分割处理。需要说明的是,两处乳房并不连通,所以乳腺部分连通域的面积小于胸部连通域的面积,可以通过设定阈值M来检测乳腺部分和胸部部分,进行所述胸部的粗分割。所述阈值M的取值范围为所述磁共振图像宽度的40%~60%,本实施例中优选阈值M为50%,所述行数n的取值范围为5~20行,以防遗漏乳房与胸部连接边缘的可疑病灶,本实施例优选n为10行。

继续执行步骤S23~S27:在所述椭圆分割处理后的磁共振图像上,从上到下逐行检测。当测得灰度值为非零值时,停止检测,记录行数N'_1作为乳腺部分的起始行,同时记录非零值的像素点所在的列数L。接着在所述椭圆分割处理后的磁共振图像上从下到上逐行检测第L列,当测得的灰度值为非零值时,停止检测,记录行数N'_2作为乳腺部分的终止行。最后在所述起始行N'_1和终止行N'_2之间提取所述乳腺部分,去除所述胸部椭圆分割操作后的背景,获得所述第一图像。

接着执行步骤S12:对所述注射造影剂前、后的磁共振图像进行剪影,获得剪影图像。接着根据第一图像,在所述剪影图像中提取乳腺部分，获得乳腺部分的剪影图像。所述注射造影剂前、后的磁共振图像进行剪影前，首先进行配准操作。

需要说明的是，本实施例中注射造影剂后的磁共振图像为造影剂初始增强的磁共振图像，所述造影剂初始增强的磁共振图像为注射造影剂后 60~70 毫秒采集到的磁共振图像，以区别其他增强图像造成的正常组织同样变亮而引起的误诊和漏诊。

继续执行步骤 S13：对每层乳腺部分的剪影图像进行病灶检测，获得第二图像，用以检测可疑的乳腺病灶并去除血管、小体积噪点等假阳性肿块，提高分割乳腺病灶的准确率。

首先执行步骤 S31~S33：对每层乳腺部分的剪影图像根据灰度直方图进行阈值分割，首先对每层乳腺部分的剪影图像计算灰度直方图，根据所述灰度直方图分别定义每层图像的高、低阈值，例如，第 k 层的高阈值 T_{k1} 和低阈值 T_{k2}。若第 k 层图像的高阈值 $T_{k1} < a \times T_{ave}$，则以高阈值 T_{k1} 对该层进行阈值分割；若第 k 层图像的高阈值 $T_{k1} \geqslant a \times T_{ave}$，则以低阈值 T_{k2} 对该层进行阈值分割，最终获得阈值分割后的磁共振图像。其中，所述 k 取自然数，阈值 T_{ave} 为各层乳腺部分剪影图的高阈值平均值，所述 a 为倍数，其取值范围为 0.9~1.2。

具体地，取两层乳腺部分的剪影图像，根据第一层乳腺部分剪影图像的灰度直方图选取保留至少最亮的 300 个像素点的高阈值 T_{11}，设定 $T_{11} = 1000$。同样地根据第二层剪影图像的灰度直方图选取保留至少最亮的 300 个像素点的高阈值 T_{21}，设定 $T_{21} = 3000$。两层剪影图像的高阈值平均值 $T_{ave} = 1500$，取倍数 $a = 1.2$，则 $T_{11} < 1.2 \times T_{ave}$，说明第一层剪影图像中比较亮的像素点数较少，含有可疑病灶的可能性较小，因此，以高阈值 $T_{11} = 1000$ 对该层进行阈值分割；而 $T_{21} \geqslant 1.2 \times T_{ave}$，说明该层包含比较亮的像素点数较多，含有病灶的可能性高，因此以该层的低阈值 T_{22} 对图像进行阈值分割，以尽可能保留潜在病灶的信息。例如第二层剪影图像的低阈值 $T_{22} = 2000$ 进行阈值分割后，可以获得至少最亮的 3000 个像素点，包含更多的潜在病灶信息，提高检测分割病灶的准确性。

接着执行步骤 S34：在阈值分割后的图像上首先进行滤波器去噪处理，获得去噪后的阈值分割图像。接着对所示去噪后的阈值分割图像进行检测，若三维像素点数的体积小于阈值 b，则去除所述三维像素点。因病灶具有一定体积，可以通过本步骤排除体积过小的噪音等干扰因素，提高分割病灶的准确性。本实施例中阈值 b 为经验值，依据图像情况而定，在本实施例中阈值 b 取 $10\sim 50\text{nm}^3$。

继续执行步骤 S35：首先在阈值分割后的图像上，依次得到三维连通域，依次对每个连通域进行二维投影，以防止不同层的血管与肿瘤在二维投影时发生重叠或连接，影响分割结果。接着依次对所述二维投影进行检测，当满足 $\dfrac{I_{max}}{2} > c \times \sqrt{\dfrac{S}{\pi}}$ 时，则去除所述三维连通域。其中，所述 I_{max} 为所述二维投影最长轴的长度，面积 S 为该连通域的二维投影面积，所述 c 为倍数，其取值范围为 $0.9\sim 1.2$。本步骤用于去除非圆形假阳性肿块，如血管等。最后执行步骤 S36：通过进行病灶检测，获得第二图像；所述第二图像为病灶检测后的磁共振图像。

本步骤通过阈值分割、三维像素点的体积大小以及连通域的二维投影面积与最长轴的比较，有效地去除不同形状、大小的假阳性肿块，提高本实施例分割乳腺病灶方法的准确性。

最后执行步骤 S14：在所述第二图像上依次找到三维连通域，依次以每个连通域的重心为种子点在所述剪影图像上进行自适应的区域增长，获得分割病灶后的磁共振图像，以供医生作为辅助医学诊断。

【权利要求】

1. 一种分割乳腺病灶的方法，其特征在于，包括如下步骤：

（1）对注射造影剂前的磁共振图像基于椭圆模型进行自动胸部粗分割，获得第一图像；所述第一图像的取得包括如下步骤：

a. 对所述注射造影剂前的磁共振图像从上到下逐行进行检测，当检测到连通域的范围达到阈值 M 时，停止检测并记录行数 N'；

b. 以行数 $N_1 = N' + n$ 作为椭圆的起始行，以所述注射造影剂前的磁共振图像的最后一行作为椭圆的终止行为行数 N_2，进行椭圆分割处理；

c. 对椭圆分割后的图像从上到下逐行检测，当测得的灰度值为非零值时，停止检测，记录行数 N_1' 作为乳腺部分的起始行，并记录所述非零值的像素点所在的列数 L；

d. 对椭圆分割后的图像从下到上逐行检测第 L 列，当测得的灰度值为非零值时，停止检测记录行数 N'_2 作为乳腺部分的终止行，以所述起始行 N'_1 和终止行 N'_2 提取所述乳腺部分，获得第一图像；

所述阈值 M 的取值范围为所述磁共振图像宽度的40%~60%，行数 n 取自然数，取值范围为5~20行；

（2）对注射造影剂前、后的磁共振图像进行剪影，在获得的剪影图像上基于所述第一图像提取乳腺部分的剪影图像；

（3）对每层乳腺部分的剪影图像进行病灶检测，获得第二图像，所述病灶检测包括：阈值分割、三维像素点的体积大小以及连通域的二维投影面积与最长轴的比较；

（4）在所述第二图像上依次找到三维连通域，依次对每个连通域以重心为种子点在所述剪影图像上进行自适应的区域增长，获得分割后的乳腺可疑病灶的磁共振图像。

2. 如权利要求1所述的分割乳腺病灶的方法，其特征在于，所述胸部粗分割前进行滤波器去噪处理和闭操作。

3. 如权利要求2所述的分割乳腺病灶的方法，其特征在于，所述滤波器去噪处理利用中值滤波器、高斯滤波器、高通滤波器、均值滤波器或低通滤波器。

（二）案例分析

本申请的目的是利用医学图像处理技术处理磁共振仪器拍摄的图像，辅助影像医师提高诊断时的准确率，权利要求1最终获得分割后的乳腺可疑病灶的磁共振图像，不能被看作是一种使用磁共振仪器检测乳腺癌的方法。此外，该发明处理的对象是病人注射造影剂前、后的潜在病灶区域的磁共振图像，权利要求1的方法步骤处理之后所获取的结果仍是潜在病灶区域的磁共振图像，两者的区别在于后者经过图像技术处理之后被分割，尽管其相对于原始图像可能提供更有助于准确诊断乳腺癌的信息，但是权利要求1并不包括任何诊断步骤，例如，将其转换为某种诊断指标的步骤，权利要求1的方法仅完成了图像的处理和转换。即权利要求1不能被直接用于判定病人是否患病或者病情严重程度，也并非是以获得疾病诊断结果或健康状况为直接目的。由此可见，权利要求1

的方法为使医师更准确地开展诊断活动提供了帮助,但不是以获得疾病诊断结果或健康状况为直接目的,因而不符合《专利审查指南2010》中给出的上述条件(2),不属于疾病诊断方法。其从属权利要求的附加技术特征是对权利要求1技术方案中的图像处理方法的进一步限定,也未引入与疾病诊断相关的特征。因此从属权利要求也不是疾病诊断方法。

结合以上两个案例可以看出,二者有相同之处,也有不同之处。二者的相同之处在于都涉及图像处理在医学诊断上的具体应用。但不同之处在于,案例3-8-2中的图像处理过程包括疾病诊断步骤,其将消除失真后的图像进行比对以发现差异的过程就是确定病灶发展的过程,亦即在案例3-8-2的方案中包括了根据器官随时间的变化来判断对象是否患病的诊断过程。而对于案例3-8-3而言,自始至终只是一个图像的分割处理过程,目的在于改进图像成像质量或突出显示确定部分,但其本身并不包含用于或能够确定病人是否患病或其严重程度的任何手段,因此,对于案例3-8-3而言,虽然其权利要求的主题为分割乳腺病灶的方法,但不同时满足《专利审查指南2010》中给出的条件(1)(2),因此不属于疾病诊断方法。

(三)案例启示

如果一项图像处理方法应用于疾病诊断,但该图像处理只是疾病诊断的一个中间过程,图像处理的目的只是使所要处理的图像更加清晰或明显,而并不会根据图像处理这一过程所获得的结果而进一步得出疾病诊断结果或健康状况,那么认为其不满足上述条件(2),不属于疾病诊断方法,属于专利保护的客体。

第四节 涉及疾病诊断方案的创造性评判

如果一个方案请求保护的是一种疾病诊断方法,则其不属于专利保护的客体。但如果申请人按照说明书的记载结合计算机等具体设备将其修改为一种产品,从而克服不属于保护客体的缺陷,那么应当如何认定其中与疾病诊断相关的手段在整个方案中的作用,特别是在通过客体审查之后的创造性评判中如何考虑这些内容?

一、在创造性判断中涉及疾病诊断的特征的认定

【案例3-8-4】

(一) 案情介绍

【发明名称】 用于融合临床和图像特征进行计算机辅助诊断的系统

【背景技术】

CADx系统能够估计通过CT扫描发现肺结节是恶性的可能性。对于肺结节而言,研究工作已经明确地分析了临床危险因素调节恶性统计概率的程度。出于性能效率的原因,希望能在用户访问系统之前执行尽可能多的计算机辅助诊断计算。当前诊断系统的问题在于需要输入所有数据,无论该数据是否是作出诊断实际需要的,所以效率低下。因此希望通过减少或消除那些不会显著改变诊断的无关临床数据的输入,从而减少用户必须输入的信息量。

【问题及效果】

一种使用医学图像数据执行计算机辅助诊断的系统。该系统通过将数据库中的医学记录和概率与当前图像数据比较以作出医学诊断,以假设医学诊断并提供诊断正确的概率。如果诊断概率下降到阈值水平以下,系统提示医学用户输入更多临床数据,以便提供更多信息,基于更多信息,系统能够生成正确概率更高的医学诊断。

【具体实施方式】

参考图1A,计算机辅助诊断方法100包括CADx分类器算法,其理想地基于两种数据("数据类型1"和"数据类型2")运行。CADx算法将患者CT图像中的图像数据(即数据类型1)与临床参数(即数据类型2)中的临床数据组合。该方法中的第一步包括从数据仓库110检索一组与患者相关联的数据的步骤。这种数据可以包括一个或多个定量变量。例如,从医院图片归档和通信系统中自动检索胸廓扫描的CT体积

（即数据类型1）。然后向数据类型1的数据应用CADx算法120。这种计算的结果尚未表示CADx算法步骤的最后诊断。优选无需用户交互进行这种操作。例如，CADx步骤100运行计算机辅助检测算法以在扫描上定位肺节结，运行分割算法以界定肺节结的边界，处理图像以从图像数据中提取一组描述节结的数值特征。模式分类算法然后仅仅基于成像数据估计这个节结是恶性的可能性。

该方法100尚未接收数据类型2的数据来完成诊断。因此方法100测试提出的数据类型2的数据的不同可能值，如果数据类型2有N个不同值，那么计算N个CADx结果，数据类型2的每个测试值对应一个结果。比较估计诊断步骤160比较N个不同候选CADx计算结果或针对恶性可能性的潜在方案并判断它们是否在预设公差之内。如果候选CADx结果在预设公差之内（即数据类型2无影响，依据数据类型1足以作出诊断），那么显示步骤190为用户显示平均诊断结果。例如，CADx算法发现肺气肿和淋巴结状态的四种组合在0~1的尺度上产生0.81、0.83、0.82和0.82的4种恶性可能性。由于这些值都非常接近，所以无须向用户征询这些变量或查询第二数据库。在放射科医师加载该病例时，该方法已经完成了所有前面步骤并报告CADx算法估计恶性可能性在0.81~0.83之间。

如果候选CADx计算结果差异很大（即数据类型2可能改变诊断），那么查询步骤170要求用户进一步提供重要的临床信息。然后使用这一精确信息识别向用户显示N个CADx输出值中的哪个。例如，对于另一位患者，CADx方法发现肺气肿和淋巴结状态的4种组合在0~1的尺度上产生0.45、0.65、0.71和0.53的4种恶性可能性。4种估计差别较大，因此数据类型2可能改变诊断结果。在放射科医师加载该病例时，该方法已经完成了所有前面步骤，但向放射科医师报告要完成CADx计算需要额外的信息（即数据类型2）。基于增加的数据类型2的数据，CADx选择4种可能性之一作为其最终估计。向用户显示这一最终结果。

分类案例分析

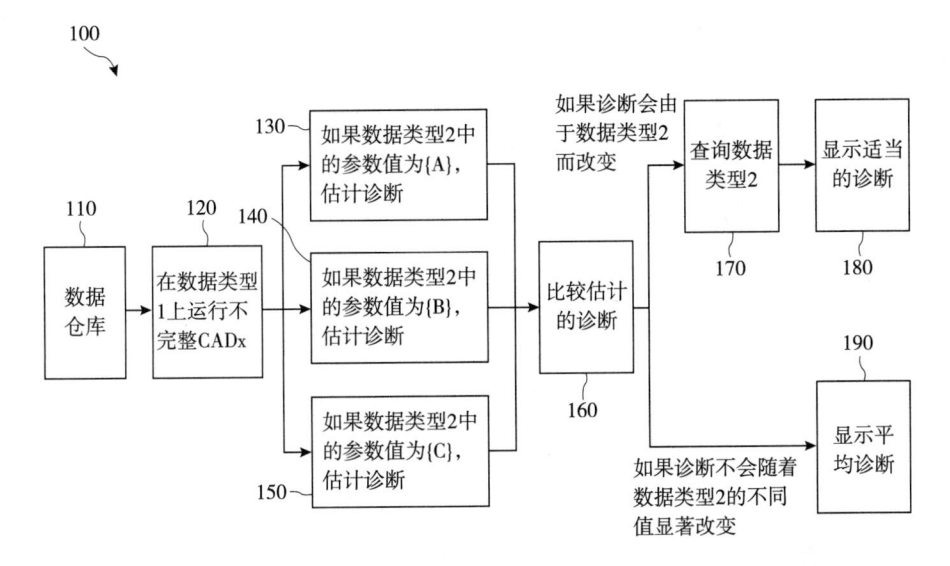

```
                    ┌──────────────────┐
                    │ 如果数据类型2中   │
              130 ─→│ 的参数值为{A}，   │
                    │ 估计诊断         │
                    └──────────────────┘
                                        ┌──────────────────┐    ┌──────────┐   ┌──────────┐
                                        │ 如果诊断会由     │    │ 查询数据 │   │ 显示适当 │
                                        │ 于数据类型2      │──→│ 类型2    │──→│ 的诊断   │
                                        │ 而改变           │    └──────────┘   └──────────┘
                                        └──────────────────┘        170            180
 ┌──────┐   ┌──────────┐   ┌──────────────────┐   ┌──────────┐
 │ 数据 │   │ 在数据类型│   │ 如果数据类型2中  │   │ 比较估计 │
 │ 仓库 │──→│ 1上运行不 │──→│ 的参数值为{B}，  │──→│ 的诊断   │
 └──────┘   │ 完整CADx │   │ 估计诊断         │   └──────────┘
    110     └──────────┘   └──────────────────┘        160              190
                 120              140                                ┌──────────┐
                                                                     │ 显示平   │
                    ┌──────────────────┐                             │ 均诊断   │
                    │ 如果数据类型2中  │   ┌──────────────────┐      └──────────┘
              150 ─→│ 的参数值为{C}，  │   │ 如果诊断不会随着 │
                    │ 估计诊断         │   │ 数据类型2的不同  │
                    └──────────────────┘   │ 值显著改变       │
                                           └──────────────────┘
```

图 1A

  参考图1B，提供了用于在计算机辅助诊断方法100中融合临床和图像的系统101，其并入了计算机可操作设备，包括，但不限于嵌入到计算机存储器之内的计算机数据库数据存储器、计算机输出显示终端、用于输入数据的键盘、用于导入和提取数据的接口以及实现应用功能需要的任何硬件和软件部件。系统执行图1A所描述的方法100的步骤。该系统使用软件处理来自数据仓库111的数据。该软件在处理器102上运行，处理器在基于CADx算法121的系统上实施不完整数据。利用处理器102处理数据，处理器102包括执行3种估计131、141、151中的至少一个并随后将这一生成的数据移动到比较器146的软件。比较器使用计算机可操作计算模块评估基于不完整数据的诊断是否与利用完整数据生成的估计诊断显著不同。如果不完整数据和完整数据的诊断数据没有显著差异165，那么两个结果是两个结果的平均值，由处理器102提供167平均值并在诸如视频显示器的计算机输出模块103上显示。然而，如果结果是不同的163，那么针对数据类型2的数据进行查询171，由处理器102提供诊断并在计算机可操作输出模块103中显示175。

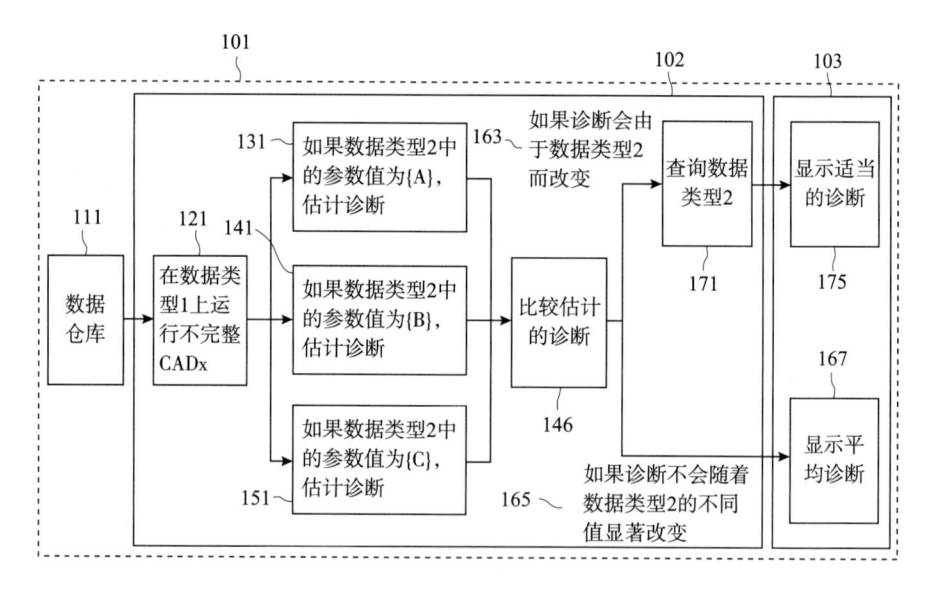

[图示：图1B 医学图像交互式计算机辅助分析系统流程图，包含模块101、102、103，节点111数据仓库、121在数据类型1上运行不完整CADx、131/141/151如果数据类型2中的参数值为{A}/{B}/{C}估计诊断、163如果诊断会由于数据类型2而改变、146比较估计的诊断、165如果诊断不会随着数据类型2的不同值显著改变、171查询数据类型2、175显示适当的诊断、167显示平均诊断]

图1B

【权利要求】

1. 一种用于提供医学图像的交互式计算机辅助分析的系统，包括：

图像处理器，其用于处理医学图像数据；

决策引擎，其用于仅基于经处理的医学图像数据产生诊断并基于具有可能的临床数据的经处理的医学图像数据进一步计算可能的诊断结果，并且用于基于所述诊断和所述可能的诊断结果判断是否需要额外的临床数据；

数据库，其包括在先诊断、在先诊断伴随的概率，以及用于在仅给出图像数据、给出具有不完整临床数据的图像数据或给出具有完整临床数据的图像数据时评估疾病概率的分类器算法；

接口引擎，其用于响应于所述判断请求和输入所述额外的临床数据；以及

显示终端，其用于显示所述计算机辅助分析的结果，

其中，所述决策引擎被进一步配置成：

基于可获得的图像数据和可获得的临床数据确定疾病的概率；

基于一系列针对不可获得的临床数据的可能值重新确定所述概率；

将可获得的数据得出的所述概率以及可获得的数据加潜在不可获得

278

的数据得出的所述概率进行比较；

基于对所述医学图像数据的评价估计疾病的可能性；

基于所述医学图像数据加上临床数据的不同值估计具体疾病的可能性；以及

比较所估计的可能性以确定哪种不可获得的数据会显著影响所估计的可能性。

（二）案例分析

该案借助计算机辅助系统来对诊断过程中可能需要的临床数据进行分析和选择，根据估计结果放弃获取那些不会显著影响疾病诊断的数据，或者确定会显著影响结果的数据并要求获得该部分数据。从而能够在保证结果的情况下减少数据获取和处理量，提高运行速度，节约系统资源。明显可以看出，在权利要求中决策引擎被配置实现的操作手段是该申请的核心处理手段，图像处理器、数据库、接口引擎和显示终端都是用于围绕此决策引擎设置的辅助性结构，而此操作手段的作用就在于根据临床数据估计患疾病的概率。虽然一项用于估计患疾病概率的方法作为疾病诊断方法不属于专利保护的客体，但是作为一项包括具体结构的系统，在整体判断其已经属于保护客体的情况下，在创造性评判阶段，仍然要秉持同样的整体判断原则，客观对待其中包括的每一个技术特征。因此，在评价创造性时需同等地考量图像处理器、数据库等结构或组成特征以及用于确定疾病概率的具体手段的方法或功能特征。

更进一步地，如前述章节中所述，疾病的诊断方法不能被授予专利权的原因在于不应限制医生在诊断过程中选择各种方法的自由，而并非这种疾病诊断方法自身不是技术性。因此，在创造性判断中对于该部分特征的考虑与一般技术特征并无二致，当该部分技术特征使得权利要求在整体上区别于现有技术而非显而易见时，应当肯定该权利要求的创造性。以该案为例，该申请的原始权利要求1中并不包括决策引擎被进一步配置的内容，因此被指出存在不具备创造性的缺陷，申请人在后续修改过程中补入了上述进一步用来根据临床数据估计患病概率以及如何选取临床数据的内容。虽然这些内容涉及患病概率的诊断，但由于该权利要求请求保护的是一种装置，不属于疾病诊断方法，所以需同样考虑这部分内容对于创造性的影响。鉴于此内容并未被对比文件公开，也不是本领域的公知常识，因此，使得整个方案相对于现有技术是非显而易见的。同时，具有上述决策引擎的技术方案能够带来减少用户输入信息的有益效果，因此，权利要求1具备创造性。

（三）案例启示

对于满足保护客体要求的涉及疾病诊断的系统，在创造性评判过程中，将同样地考量涉及疾病诊断部分的特征，不会因为其涉及疾病诊断而无视其技术作用。如果这部分内容使得整个方案相对于现有技术是非显而易见的，并且能够使方案获得有益效果，那么即认为该方案具备创造性。

二、无法确定诊断作用的特征的认定

【案例3-8-5】

（一）案情介绍

【发明名称】 一种治疗心理疾病和矫正人格的装置

【背景技术】

许多人由于性格、心理等方面的心理疾病而不能正常地学习、工作和生活，不仅增加了被治疗者本人的痛苦，也增加了被治疗者家庭和社会的负担。被治疗者的异常发展导致心理疾病和人格异常，心理疾病和人格异常通常是由于成长过程中的异常心理发展过程导致的，例如，可能是由于"童年创伤"也即所谓各种刺激造成的，例如，遭受殴打、被侮辱等；也可能是在心理发展过程中由于"部分过程缺失"造成的，所谓"部分过程缺失"是指由于被治疗者在成长过程由于认知、情感、意志等心理要素缺失，而影响到个性心理的正常发展，例如，导致情商缺失、性格异常等。"部分过程缺失"也可能是部分心理过程的缺失，例如，在童年时由于受到家长的过度保护引起正常心理发展过程受阻而导致第二反抗期缺失等。由上述原因造成个体心理不能正常地适应环境，使被治疗者在经历一些家庭事件、学校事件的刺激后，导致不良情绪或不合理的认知,最终导致"偏移性异常发展"和"缺失性异常发展"也即心理疾病和人格异常。

【问题及效果】

目前,在治疗心理疾病方面的医疗器械通常是通过播放音频、视频手段来影响大脑的边缘系统和脑干的网状结构,调节人体的神经系统、血液系统和内分泌系统等生理功能,从而改善被治疗者的情绪和精神状态,以达到治疗的目的。但是,通过上述人体生理信息的自身反馈来治疗被治疗者的心理疾病和人格异常,只是改善被治疗者的情绪和精神状态,却无法改变被治疗者固化的思维模式、不合理的认知模式和行为模式,也即人格异常,所以治疗心理疾病和人格异常的效果不稳定和持久、容易复发。

本发明治疗心理疾病和矫正人格的装置提供的实施例,通过设置单元根据被治疗者在成长过程中的一些负面事件或负面刺激等心理过程和个性心理特征的信息设置治疗和矫正数据,通过输出单元将治疗和矫正数据以音频和/或视频等方式向被治疗者播放,使被治疗者沉浸在新设置的成长情境中,诱导被治疗者根据成长情境进行新的成长想象,从而促使被治疗者形成新的成长记忆,以使被治疗者能矫正成长过程中一些负面事件或负面刺激等对自己造成的心理疾病和人格异常,避免由于心理疾病和人格异常而造成被治疗者长期处于紧张、痛苦、抑郁、焦虑、恐惧等不良情绪中,促进被治疗者得到治疗和康复。

【实施方式】

本实施例治疗心理疾病和矫正人格的装置包括:设置单元和输出单元,其中,设置单元用于根据被治疗者成长过程中的心理过程和个性心理特征的信息设置治疗和矫正数据,本实施例中的心理过程通常是指心理现象发生、发展和消失的过程,具有时间上的延续性,个性心理特征通常是指个体在其心理活动中经常地、稳定地表现出来的特征,这主要是人的能力、气质和性格。输出单元用于通过音频和/或视频等方式将治疗和矫正数据中的成长情境输出给被治疗者,使被治疗者沉浸在新设置的成长情境中,以促使被治疗者根据治疗和矫正数据中的成长情境对自身心理、性格等方面的心理疾病和人格异常进行治疗和矫正,其中,设置单元与输出单元连接。

在本实施例中，心理过程和个性心理特征的信息通常包括被治疗者在成长过程中导致被治疗者心理疾病和人格异常的负面事件或负面刺激等，可以根据被治疗者的心理过程和个性心理特征的信息以及被治疗者个体在不同年龄段遭受的心理、行为或人际交流等方面的问题。通过设置单元设置治疗和矫正数据，针对被治疗者的心理过程和个性心理特征的信息所设置的治疗和矫正数据包括被治疗者个体在不同年龄段的、与人格形成和发展相关的心理、行为或人际交流等方面的健康心理和人格的发展过程相适应的成长情境，例如，根据被治疗者的心理过程和个性心理特征的信息设置出具有一定正面情节的家庭事件或学校事件等成长情境。输出单元则将治疗和矫正数据中的各种成长情境以音频和/或视频等方式向被治疗者播放或显示，诱导被治疗者根据成长情境进行新的成长想象，促使被治疗者形成新的成长记忆，矫正被治疗者在成长过程中一些负面事件或负面刺激等对自己造成的心理疾病和人格异常，使被治疗者心理和人格得到再成长，继而使被治疗者得到完善、健全的心理和人格状态，避免被治疗者由于心理疾病和人格异常而长期处于紧张、痛苦、抑郁、焦虑、恐惧等不良情绪中，促进被治疗者康复，避免由于心理疾病和人格异常而造成被治疗者长期处于紧张情绪中，提高被治疗者的学习、生活和工作的质量。其中，音频可以是语音、歌声、琴声等音乐，视频可以是影视录像、动漫、电子游戏或图片等。

附图1为本发明提供的治疗心理疾病和矫正人格的装置的工作流程图。如图1所示，本实施例治疗心理疾病和矫正人格的装置的具体工作步骤包括：

步骤401，通过采集单元采集被治疗者的成长过程中的心理过程和个性心理特征的信息。在本实施例中，可以将心理疾病和人格异常的症状及导致该症状的假设心理过程和个性心理特征的信息存储在采集单元中，假设心理过程和个性心理特征的信息是指通常情况下导致被治疗者发生心理疾病和人格异常的比较普遍的成长过程中的心理过程和个性心理特征的信息，例如，导致被治疗者有交流障碍的假设心理过程和个性心理特征的信息通常是由于曾经遭受过当众训斥的家庭事件，导致自卑缺陷的假设心理过程和个性心理特征的信息通常是由于成绩不好而遭受嘲笑的学校事件。采集单元可以根据被治疗者的心理疾病和人格异常症状来获取被治疗者的假设心理过程和个性心理特征的信息。然后，被治疗者再根据自己的心理疾病和人格异常的症状和采集单元中对应的假设心理过程和个性心理特征的信息回忆或挖掘出导致自己心理疾病和人格异常的心理过程和个性心理特征的信息，从而实现通过采集单元采集导致被治疗者心理疾病和人格异常的心理过程和个性心理特征的信息，然后进入步骤402。

步骤402，通过输入单元输入被治疗者的心理过程和个性心理特征的信息。在本实施例中，输入单元将采集单元采集的导致被治疗者心理疾病和人格异常的心理过程和个性心理特征的信息输入到设置单元中，然后进入步骤403。在实际应用中，输入单元输入到设置单元中的心理过程和个性心理特征的信息通常包括在2～20岁期间导致被治疗者患有心理疾病和人格异常的家庭事件、学校事件等内容，输入到输入单元的被治疗者的个体信息可以包括被治疗者的性别、年龄、学历、职业等内容。

步骤403，通过设置单元设置治疗和矫正数据。在本步骤中，通过设置单元根据被治疗者的心理过程和个性心理特征的信息以及被治疗者的个体信息来设置治疗和矫正数据。治疗和矫正数据包括对被治疗者进行心理疾病治疗和人格矫正的各种音频和/或视频，音频、视频可以是语音、音乐、影视节目、动漫或图片等，然后将设置好的治疗和矫正数据存储在设置单元的存储模块中。通过设置具有正面的、健康的或斗志昂扬的成长情境的治疗和矫正数据，使被治疗者能够减少或消除成长过程中的负面事件和负面刺激对自己心理和人格的负面影响，继而使被治疗者的性格或心理得到健康地再成长，实现心理疾病治疗和人格矫正。例如，对于因为曾经遭受过当众训斥的家庭事件而导致的有交流障碍的被治疗者，可以设计被治疗者本人在众人面前侃侃而谈而获得赞美的掌声的成长情境；对于因为成绩不好而遭受嘲笑的学校事件而导致有自卑缺陷的被治疗者，可以设计被治疗者本人在求学时通过努力学习而使成绩名列前茅的成长情境。设置完成治疗和矫正数据之后，进入步骤404。

步骤404，通过输出单元将治疗和矫正数据显示给被治疗者。在本步骤中，通过输出单元中的音视频模块输出治疗和矫正数据中的语音、音乐、图片、影视节目、电子游戏或动漫等，并通过输出单元中的声音放大器和/或显示器将上述治疗和矫正数据输出给被治疗者，例如，使被治疗者能够听到优美的音乐、热烈的掌声或由衷的赞美，看到老师和同学们鼓励或支持的笑容，使被治疗者沉浸在新设置的成长情境中，以使被治疗者的心理、性格得到再成长，从而得到完善和健全的心理和人格，实现人格矫正。在实际中，通过多次播放治疗和矫正数据可以使被治疗者的心理疾病和人格异常得到彻底矫正或消除。

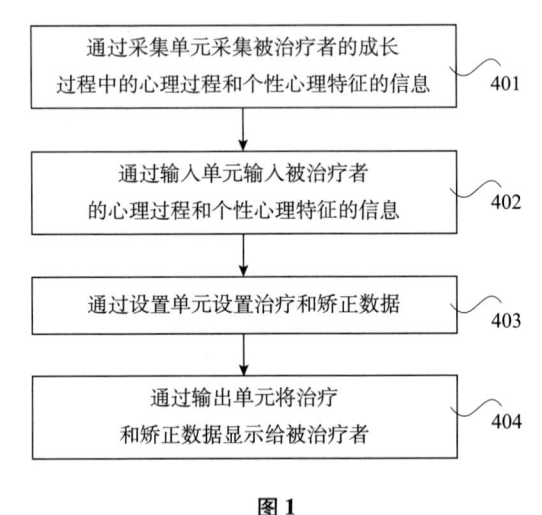

通过采集单元采集被治疗者的成长过程中的心理过程和个性心理特征的信息　401

通过输入单元输入被治疗者的心理过程和个性心理特征的信息　402

通过设置单元设置治疗和矫正数据　403

通过输出单元将治疗和矫正数据显示给被治疗者　404

图1

【权利要求】

1. 一种治疗心理疾病和矫正人格的装置，其特征在于，包括：

设置单元，用于根据被治疗者成长过程中的心理过程和个性心理特征的信息设置治疗和矫正数据，所述心理过程和个性心理特征的信息包括所述被治疗者在成长过程中导致心理疾病和人格异常的负面事件和负面刺激；

输出单元，用于将所述设置的治疗和矫正数据输出给所述被治疗者，以减少或消除所述被治疗者在成长过程中的负面事件和负面刺激对形成健康心理和人格的负面影响，形成新的成长记忆，所述治疗和矫正数据包括与所述被治疗者在不同年龄段形成健康心理和人格相适应的成长情境，所述设置单元与所述输出单元连接。

（二）案例分析

该案请求保护一种治疗心理疾病和矫正人格的装置，并非疾病的诊断和治疗方法，属于专利保护的客体，应正常评价其新颖性和创造性。通过检索现有技术发现，权利要求1请求保护的技术方案与最接近的现有技术公开的内容相比，区别在于：形成新的成长记忆，以及治疗和矫正数据包括与所述被治疗者在不同年龄段形成健康心理和人格相适应的成长情境。

更具体来说，该申请与现有技术均是通过建立虚拟环境来治疗心理疾病，二者区别在于，现有技术通过外来力量迫使患者中止其不良情绪、精神或心理疾病，阻断精神或心理疾病的症状的延续，以逐步强化正常反应，从而达到治疗心理疾病的目的。例如，为酗酒患者提供虚拟环境，在其沉浸于该虚拟环境中并尝试拿起啤酒时，改变虚拟环境使患者突然发现自己靠近悬崖，这样的虚拟环境给患者带来威胁感并使其下意识地后退一步；此时治疗师指出患者还有其他选择，并问他是否想再试试，患者回答"是"，这时患者跳过酒精选项并走向具有优美景色的门口，他的呼吸更加轻松。而该申请是针对被治疗者的心理过程和个性心理特征的信息所设置的治疗和矫正数据包括被治疗者个体在不同年龄段的、与人格形成和发展相关的心理、行为或人际交流等方面的健康心理和人格的发展过程相适应的成长情境；其中的输出单元将治疗和矫正数据中的各种成长情境输出给被治疗者，诱导被治疗者根据成长情境进行新的成长想象，促使被治疗者形成新的成长记忆，矫正被治疗者在成长过程中一些负面事件或负面刺激等对自己造成的心理疾病和人格异常，使被治疗者的心理和人格得到再成长，继而使被治疗者得到完善、健全的心理和人格状态。因此，两者的区别就在于治疗手段的不同，现有技术是通过技术构建虚拟视觉图像来进行针对性刺激，而该申请是使被治疗者沉浸在虚拟环境中试图使被治疗者形成新的记忆。

然而，使被治疗者沉浸在虚拟环境中，并且试图使被治疗者形成新的记忆，这一过程属于深度催眠。虽然催眠技术是业界的一种常用技术，但从催眠效果上看，取决于两方面的条件，一是催眠者的素质和技能，二是被催眠者是否易于被催眠，同时催眠活动自身也受当时环境或其他状况的影响，导致其效果是不确定的。由于该申请的治疗过程是借由人的思维活动作用于外界，结果难以验证和预测，治疗效果也是因人而异、因时而变，方案中又包含了人的心理变化这个要素，而该要素本身具有不确定性，导致心理治疗的效果也是不确定的。

因此，据此区别特征确定权利要求1的方案中所述的根据与被治疗者在不同年龄段形成健康心理和人格相适应的成长情境来实现记忆覆盖由于受内部和外部因素的影响，效果要依赖于被治疗者本身以及催眠的各种因素，导致其效果本身具有不确定性，并非是符合自然规律的技术效果。同理，正因为无法确认区别特征为整个方案所带来的技术效果，所以也不会认为其对请求保护的主题带来任何技术上的贡献，从而方案在整体上相对于现有技术不具备创造性。

(三) 案例启示

通过上述示例可以看出，对于包括与疾病诊断相关内容的产品权利要求而言，在判断其创造性时，与疾病诊断相关的特征与一般技术特征一样，会被同样予以考虑，不会因为其涉及疾病诊断或治疗而有所不同。但是该疾病诊断或治疗的手段必须是客观且确定的，亦即该特征能使整个方案获得的效果应该是确定的、符合自然规律的技术效果。如果其所能获得或实现的效果本身不是确定的或并非是符合自然规律的技术效果，甚至没有任何效果，那么这部分内容的存在即便构成了与现有技术的区别，也不能使方案具备创造性。